HANDBUCH KLEBTECHNIK 2020

adhäsion KLEBEN & DICHTEN
Industrieverband Klebstoffe e. V.

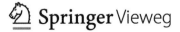

Springer Vieweg

Herausgeber: adhäsion KLEBEN & DICHTEN
                      Abraham-Lincoln-Straße 46
                      D-65189 Wiesbaden
                      Tel.: +49 (0) 6 11-78 78-2 83
                      www.adhaesion.com
                      E-Mail: adhaesion@springer.com

                      mit Unterstützung des:
                      Industrieverband Klebstoffe e. V.
                      Völklinger Straße 4 (RWI-Haus)
                      D-40219 Düsseldorf
                      Tel.: +49 (0) 2 11-6 79 31 10
                      Fax: +49 (0) 2 11-6 79 31 33

Verlag: Springer Vieweg | Springer Fachmedien Wiesbaden GmbH
                      Abraham-Lincoln-Straße 46
                      D-65189 Wiesbaden
                      www.springer-vieweg.de

| Österreich (A) | Schweiz (CH) | Deutschland (D) | Niederlande (NL) |

Alle Eintragungen in den Firmenprofilen und Bezugsquellen beruhen auf Angaben der jeweiligen Firma (Stand: 2020). Für Vollständigkeit sowie Richtigkeit der Angaben übernimmt der Verlag keine Gewähr.

Die Deutsche Nationalbibliothek verzeichnet diese Publikation in der Deutschen Nationalbibliografie; detaillierte bibliografische Daten sind Internet über http://dnb.d-nb.de abrufbar.

Einbandabbildung: Reinhardt-Technik GmbH

Layout/Satz: satzwerk mediengestaltung · D-63303 Dreieich

Gedruckt auf säurefreiem und chlorfrei gebleichtem Papier

Die Springer Fachmedien Wiesbaden GmbH ist Teil der Fachverlagsgruppe SpringerNature.
www.springer-vieweg.de

ISBN 978-3-658-30992-3   Schutzgebühr: € 25.90

Liebe Leserinnen und Leser,

es gibt heutzutage kaum mehr einen Industrie- oder Handwerkszweig, der auf den Einsatz der Klebtechnik als innovative und verlässliche Verbindungstechnologie verzichten kann. Sie ist essenziell, wenn es darum geht, verschiedene Werkstoffe unter Erhalt ihrer Eigenschaften langzeitbeständig zu kombinieren. Nur durch den Einsatz innovativer Klebstoffsysteme sind die Möglichkeiten für neue, prozesssichere Bauweisen gegeben. Über das eigentliche Verbinden hinaus können auch weitere Funktionalitäten in geklebte Bauteile integriert werden – so z. B. Ausgleich unterschiedlicher Fügeteildynamiken, Strom- und Wärmeleitfähigkeit, Korrosionsschutz, Schwingungsdämpfung oder Abdichten gegen Flüssigkeiten und Gase. Wie keine andere Verbindungstechnik erlaubt das Kleben die Umsetzung fortschrittlichen Designs durch eine optimale Kombination technologischer, ökonomischer und ökologischer Aspekte. Insofern gilt die Klebtechnik unbestritten als die Schlüsseltechnologie des 21. Jahrhunderts.

Der deutschen Klebstoffindustrie kommt dabei eine ganz besondere Bedeutung zu. Sie gilt – sowohl im europäischen als auch im globalen Wettbewerbsumfeld – als Technologieführer. Die Nachfrage nach Kleb- und Dichtstoffen „Made in Germany" aus dem Ausland ist ungebrochen hoch; die deutsche Klebstoffindustrie exportiert jährlich annähernd 45 % ihrer Produkte. Darüber hinaus generieren die Auslandsgesellschaften deutscher Klebstoffhersteller Umsätze von mehr als 8 Mrd. €; damit hält die deutsche Klebstoffindustrie einen Marktanteil von fast 20 % Kleb- & Dichtstoffe „Thought in Germany" am Weltmarkt.

Neben ihrer technologischen Spitzenstellung kommt der deutschen Klebstoffindustrie ebenfalls eine – von der Öffentlichkeit kaum wahrgenommene – hohe volkswirtschaftliche Bedeutung zu: In Deutschland werden jährlich mehr als 1,5 Mio. t Kleb- und Dichtstoffe sowie mehr als 1 Mrd. m² Klebefolien & Klebebänder produziert und damit einen Gesamtbranchenumsatz von aktuell annähernd 4 Mrd. € erzielt. Durch den Einsatz dieser Klebstoffsysteme wird ein Wertschöpfungspotential von mehr als 400 Mrd. € generiert. Diese enorme Wertschöpfung entspricht etwa 50 % des Beitrags des produzierenden Gewerbes und der Bauwirtschaft am deutschen Bruttoinlandsprodukt (BIP) – oder anders ausgedrückt: rund 50 % der in Deutschland produzierten Waren stehen mit Kleb- und Dichtstoffen in Verbindung.

Der Industrieverband Klebstoffe repräsentiert die technischen und wirtschaftspolitischen Interessen von derzeit 154 Klebstoff-, Dichtstoff-, Rohstoff- und Klebebandherstellern, wichtigen Systempartnern und wissenschaftlichen Instituten. Der Industrieverband Klebstoffe ist der weltweit größte und im Hinblick auf sein Service-Portfolio auch der weltweit führende Verband im Bereich der Klebtechnik.

In Kooperation mit seinen Schwesterverbänden – dem Fachverband Klebstoffindustrie Schweiz, dem Fachverband der Chemischen Industrie Österreichs und dem niederländischen Verband *Vereniging lijmen en kitten* – gibt der Industrieverband Klebstoffe in diesem Handbuch einen Einblick in die Welt der Klebstoffindustrie.

Es zählt zu den zentralen Aufgaben der Verbände, regelmäßig über die Schlüsseltechnologie „Kleben", die Hersteller von innovativen Klebstoffsystemen und über die Aktivitäten der Branchenorganisationen zu informieren. Dieses Handbuch enthält wichtige Fakten über die Klebstoffindustrie und ihre Verbände, und es informiert über die umfangreichen Liefer- und Leistungsprofile der Klebstoffhersteller, wichtiger Systempartner sowie wissenschaftlicher Institute.

Gemeinsam mit der Redaktion „adhäsion KLEBEN & DICHTEN" freuen wir uns, die nunmehr 14. Ausgabe des Handbuch Klebtechnik präsentieren zu können.

Dr. Boris Tasche	Dr. Vera Haye	Ansgar van Halteren
Vorsitzender des Vorstandes des Industrieverband Klebstoffe e. V.	Hauptgeschäftsführerin des Industrieverband Klebstoffe e.V.	Geschäftsführendes Vorstandsmitglied des Industrieverband Klebstoffe e. V.

German
Adhesives
Association

Industrieverband Klebstoffe e.V.

adhäsion KLEBEN+ DICHTEN

 Fraunhofer

IFAM

EMICODE® **GEV**

Industrieverband Klebstoffe e. V.
Völklinger Straße 4 (RWI-Haus)
D-40219 Düsseldorf
Phone +49 (0) 2 11-6 79 31 10, fax +49 (0) 2 11-6 79 31 33

Industrieverband
Klebstoffe e.V.

Innovationen erkleben

Inserentenverzeichnis

Titelbild: Fertig vergossene Kraftstofffilter nach automatisierter Gussmassen-Dosierung bei kurzen Taktzeiten (Quelle: Reinhardt-Technik GmbH)

Instandsetzung von Fahrzeugen

Entfüge- und Fügekonzepte für geklebte Leichtbaustrukturen

Ein wichtiger Bestandteil eines Fahrzeug-Lebenszyklus ist die Reparatur von beschädigten Fahrzeugstrukturen nach Verkehrsunfällen. Bevor eine fachgerechte Reparatur erfolgen kann, muss jedoch die vorhandene Serienverbindung gezielt werkstoffschonend entfügt werden.

Im Laufe des Produktlebenszyklus eines Fahrzeuges können als Folge von Unfällen Reparaturen notwendig werden. Die beschädigten Fahrzeugstrukturen müssen hierfür zunächst werkstoffschonend und ökonomisch entfügt werden. Vor allem die heutigen Karosseriekonzepte stellen die Reparaturbetriebe im Falle des Entfügens vor eine große Herausforderung. Unterschiedliche Stahlgüten – von weichen Tiefziehstählen bis zu warmgeformten höchstfesten Stählen – werden häufig mit Aluminium in Mischbaustrukturen eingesetzt /1/. Als Fügeverfahren wird neben einer Vielzahl punktförmiger thermischer (Widerstandspunktschweißen) und mechanischer (Stanznieten) Verfahren vor allem das Kleben eingesetzt /2/. Ziel einer Reparatur ist in jedem Fall, die mechanischen Eigenschaften der Serienverbindung wiederherzustellen.

Erkenntnisse auf dem Gebiet der Fahrzeuginstandsetzung liefern einen Beitrag zu dem im Rahmen der Roadmap Klebtechnik 2015 fokussierten Teilziel „Nachhaltigkeit (Ökologie, Ökonomie)". Die Positionierung im Themenfeld „Reparaturkonzepte" unterstreicht die aktuelle Relevanz der Untersuchungen /3/.

Zudem besagt die deutsche Unfall-Statistik, dass im Jahr 2015 mehr als 2,5 Millionen schwere und leichte Autounfälle von der Polizei registriert wurden /4/. Viele dieser Unfälle erfordern eine Reparatur in verschiedenen Ausprägungen. Daher sind praktikable Reparaturtechnologien zwingend erforderlich.

Fahrzeuginstandsetzung

Ein typischer Ablauf einer Fahrzeuginstandsetzung am Beispiel einer Stahl-Aluminium-Karosserie ist in Bild 1 dargestellt. Nach dem Schadensereignis müssen zunächst die mechanischen Fügeelemente entfernt werden. Auch im Rahmen der industriellen Gemeinschaftsforschung wurden hierfür entsprechende Techniken qualifiziert /5/. Das Entfügen der Klebverbindung (1K-Epoxidharz) wird aktuell vor allem durch eine Erwärmung der Fügezone unterstützt. Durch eine subjektiv gesteuerte Heißlufterwärmung werden Klebverbindungen erweicht und anschließend aufgemeißelt. Nach Reinigung und Vorbehandlung der Fügezone wird ein Reparaturklebstoff (2K-Epoxidharz) aufgetragen und das Ersatzteil gefügt. Die mechanische Verbindung wird z. B. durch Blindnieten /6/ wiederhergestellt und der Korrosionsschutz sowie Lackauftrag erneuert.

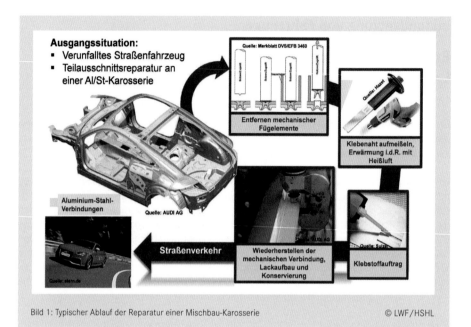

Bild 1: Typischer Ablauf der Reparatur einer Mischbau-Karosserie © LWF/HSHL

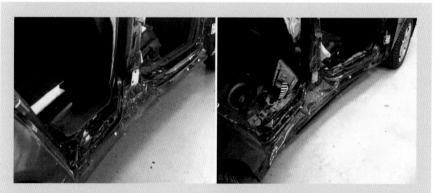

Bild 2: Plastische Deformation der B-Säule nach Seitenaufprall – links: Zustand nach Crash der Originalstruktur, rechts: Zustand nach zweitem Crash der falsch instand gesetzten Struktur /7/

© Kraftfahrzeugtechnisches Institut

Ein Beispiel einer unsachgemäßen Reparatur ist in Bild 2 zu sehen. Die an einer B-Säule eines Realfahrzeuges durchgeführten Crashtests belegen die signifikant reduzierte Steifigkeit der reparierten Struktur nach einer nicht sachgemäßen Instandsetzung. Durch hohe Wärmeeinbringung beim Entfügen und Richten der Bauteile veränderte sich das mechanische Eigenschaftsprofil der Baugruppe. Die damit einhergehende stärkere Intrusion in die Fahrgastzelle gefährdet direkt die Insassen /7/.

Problemstellung

Aus der im Automobilbau etablierten Mischbauweise aus konventionellen, höher- und höchstfesten Stahlgütern sowie Leichtmetallen ergeben sich im Falle der Unfallinstandsetzung von Karosserieteilen neue Herausforderungen. Leistungsfähige Entfügemethoden werden ebenso benötigt wie auch die Absicherung der Tragfähigkeit von an die zu entfügende Verbindung angrenzenden Fügezonen. Als besondere Herausforderung für das Entfügen und Instandsetzen hat sich das Kleben herausgestellt. Die inhärenten Vorteile der im Automobilbau eingesetzten Klebverfahren, wie zum Beispiel das flächige Verbinden von artverschiedenen Werkstoffen und die gute Crashstabilität, stellen für die Reparatur die zu überwindenden Hindernisse dar. Aufgrund der hohen Festigkeiten und Zähigkeiten etablierter Strukturklebstoffe ist das manuelle Lösen von Klebverbindungen wegen des sehr hohen Kraft- als auch Zeitaufwandes nicht effizient durchführbar. Insbesondere bei schlecht umformbaren Werkstoffen ist das Abschälen von Fügeteilen nicht möglich. Speziell für das Entfügen von strukturellen Klebverbindungen müssen daher grundlegende Verfahren und Entfügemechanismen untersucht werden. Diese sollen nicht nur effektiv, sondern auch schonend sein, da die betreffenden Strukturen im Bedarfsfall instand gesetzt werden müssen.

Zielsetzung

Das übergeordnete Ziel der Untersuchungen war es, aufbauend auf dem Stand der Technik und unter Berücksichtigung einer praxisgerechten Übertragbarkeit, wissenschaftlich abgesicherte Reparaturmethoden für Fahrzeugstrukturen in stahlintensiver Mischbauweise zu erproben. Dafür war es erforderlich, grundlegende Entfügemechanismen zu eruieren und die Leistungsfähigkeit verschiedener Entfügehilfsmittel zu analysieren. Zunächst wurden dazu anhand von Kreativitätstechniken Stoßrichtungen für die Untersuchungen ermittelt. Anhand der Ergebnisse mehrerer Kreativ-Workshops wurden mögliche Vorgehensweisen abgeleitet und im nächsten Schritt in einem umfangreichen Screening potentieller Entfügemethoden bewertet. Ebenso wurden Prozessfenster für Entfügevorgänge ermittelt, um im Anschluss anhand unterschiedlicher Probengeometrien die ausgewählten Verfahren für serienrelevante Verbindungen zu verifizieren. Neben dem Entfügevorgang an sich wurden die Verbindungseigenschaften vor und nach der Reparatur analysiert. Zudem war von großem Interesse, welchen Einfluss ein Entfügevorgang auf angrenzende Fügezonen ausübt. Die Anwender, insbesondere kleine und mittlere Unternehmen (KMU), sollten in die Lage versetzt werden, Entfüge- und Reparaturverfahren einzusetzen, die wissenschaftlich abgesichert sind. Damit soll ein weiterhin sicherer Betrieb der reparierten Fahrzeuge garantiert werden.

Vorgehensweise

Als Ausgangspunkt für die experimentellen Untersuchungen wurden Kreativ-Workshops durchgeführt, in denen die Themenfelder für das Entfügen entwickelt wurden. Durch die Auswahl von repräsentativen und auch real in Automobilkonstruktionen im Einsatz befindlichen Material-Dicken-Kombinationen und unterschiedlichen Probengeometrien konnten steigende Komplexitäten von Karosseriestrukturen in den experimentellen Untersuchungen abgebildet werden. Ausgehend von zweilagigen Verbindungen für erste Tastversuche über dreilagige bauteilähnliche Proben zur Charakterisierung elementar geklebter und hybridgefügter Verbindungen sind an großvolumigen Doppelhutproben Entfügeversuche für geklebte Verbindungen durchgeführt worden. Als seriennahe Hybridfügeverfahren wurden für Stahl-Stahl-Verbindungen das Widerstandspunktschweißkleben und für Aluminium-Stahl-Kombinationen das Halbhohlstanznietkleben eingesetzt und anschließend für die jeweiligen Material-Dicken-Kombinationen bemustert und charakterisiert. Als Reparaturverfahren kamen entsprechend das Reparaturwiderstandspunktschweißen und das Fließformnieten zum Einsatz – zusätzlich jeweils in Kombination mit dem Kleben.

Ergebnisse

Im Rahmen der Kreativ-Workshops wurden unterschiedlich spezialisierte Zielgruppen befragt. Dazu zählten neben den Experten aus dem projektbegleitenden Ausschuss sowie aus freien Reparaturbetrieben auch Studierende technischer Studiengänge. Somit konnte ein breites Meinungsspektrum erfasst werden.

Die Aufgabenstellung sah vor, anhand einer idealisierten Schwellerstruktur (Bild 3) Entfügemethoden zu entwickeln zu entwickeln. Das Ziel dabei war, die Außenhaut von der Unterstruktur zu lösen, d. h. das Entfügen der Klebschicht 2, und zwar ohne die Klebschicht 1 sowie die Schwellerverstärkung und die Innenlage zu beschädigen. Als wichtigstes Themenfeld wurde das definierte thermisch unterstützte Entfügen identifiziert und für das Projekt priorisiert. Dies beinhaltete das Lösen von Fügeteilen sowohl bei hohen als auch sehr tiefen Temperaturen.

Die am Anfang der experimentellen Untersuchungen stehenden Tastversuche an einfachen Geometrien dienten dazu, prinzipielle Entfügemechanismen zu analysieren. Es wurden Temperaturfenster für hohe Temperaturen oberhalb des Glasübergangspunktes des eingesetzten Klebstoffs identifiziert, in denen ein mechanisches Trennen der Klebverbindungen erleichtert wird. Eine Temperatur von 120 °C ermöglicht zum einen eine ausreichende Entfestigung der Klebverbindung, zum anderen liegt sie jedoch noch unterhalb der kritischen Temperaturen, bei denen angrenzende, zu erhaltende Klebverbindungen nachhaltig geschädigt werden können. Aus den Erkenntnissen der Tastversuche wurden mögliche Temperierhilfsmittel abgeleitet und analysiert. Neben kontinuierlicher Erwärmung der zu lösenden Fügezone, z. B. über Kontakterwärmung oder Infrarot, wurde das impulsartige Erwärmen durch einen hochenergetischen Plasmaimpuls untersucht.

Für die weiteren Versuche ist dann ein im Reparaturbetrieb gut zu handhabendes Gerät zur kontinuierlichen Erwärmung der eingesetzten Probengeometrien ausgewählt worden (Bild 4).

Mit dem ausgewählten Erwärmgerät wurden die Entfügeversuche an elementar geklebten und hybridgefügten Proben durchgeführt. Wichtiger Betrachtungsgegenstand war dabei zum einen der Entfügeprozess an sich, zum anderen jedoch im Wesentlichen auch die Beeinflussung der angrenzenden 2. Klebschicht. Neben der Erwärmung wurde die Tiefkühlung mittels Flüssigstick-

Bild 3: Aufgaben-stellung für die Kreativ-Workshops mit dem Ziel der Entwicklung neuer Entfügemethoden: Klebschicht 1 in der Originalstruktur darf beim Entfügen nicht negativ beeinflusst werden.

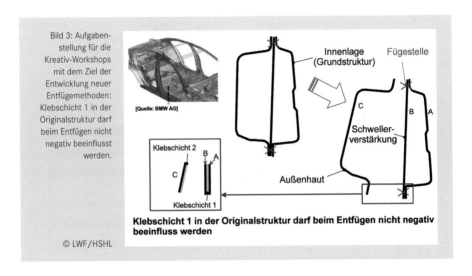

© LWF/HSHL

Bild 4: Drei beispielhafte Erwärm-verfahren: Infra-roterwärmung (1), Plasmaerwärmung (2), WIG-Erwärmung (3)

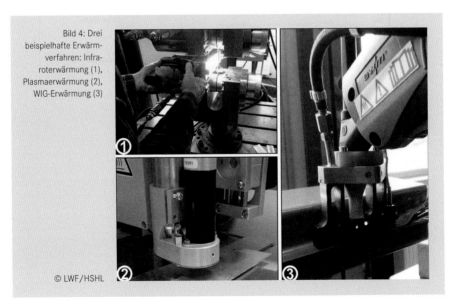

© LWF/HSHL

stoff zur Erleichterung des Entfügens untersucht. Es zeigte sich im Schlag-Schälversuch bei -100 °C eine signifikante Reduzierung der Rissinitiierungskraft im Vergleich zur Prüfung bei Raumtemperatur (RT) (Bild 5). Die Rissfortschrittskraft lag ungefähr bei null. Das Bruchverhalten änderte sich vom typischen Weißbruch bei RT zu einem spröden Bruchverhalten bei -100 °C (Bild 6).

Eine negative Beeinflussung der 2. Klebschicht (von der thermischen Energieeinbringung abgewandte Seite) durch den thermisch unterstützten Entfügevorgang konnte sowohl für elementar als auch hybridgefügte Verbindungen nicht festgestellt werden. Die Tragfähigkeit der hybriden Reparaturverbindungen erreichte ein ähnlich hohes Niveau wie die jeweiligen Verbindungen, die mittels Serienfügeverfahren hergestellt wurden (Bild 7).

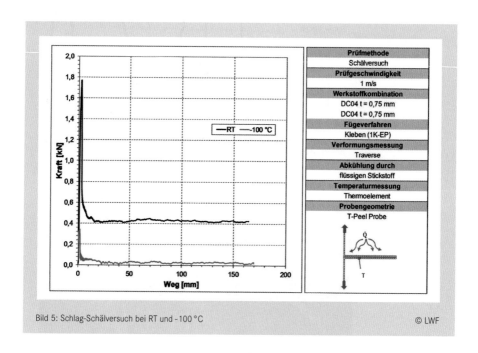

Bild 5: Schlag-Schälversuch bei RT und -100 °C

© LWF

Bild 6: Bruchbilder der
Schlag-Schälversuche
bei RT und -100 °C

© LWF/HSHL

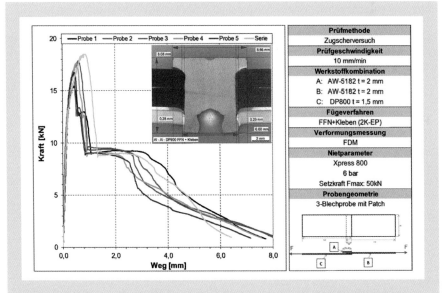

Bild 7: Exemplarische Verbindungsfestigkeiten unter quasistatischer Belastung einer Dreilagenverbindung: Gegenüberstellung einer Serienverbindung (Halbhohlstanznieten und 1K-Kleben) und einer Reparaturverbindung (Fließformnieten und 2K-Kleben)

© LWF

Zusammenfassung

Die Untersuchungen lieferten grundlegende Erkenntnisse auf dem Gebiet des Entfügens von strukturellen Klebverbindungen. Sowohl Temperaturen oberhalb von 100 °C als auch weit unterhalb des typischen Einsatzbereiches von – 40 °C bis 80 °C führten zu einer ausreichenden Entfestigung der Klebverbindungen. Bei hohen Temperaturen erweichten die Klebstoffe, sodass ihre Festigkeit abnahm. Bei tiefen Temperaturen erfolgte eine Versprödung, die das Energieaufnahmevermögen bei schlagartiger Belastung nahezu auf null reduzierte. Durch die Temperierung wurden die zu erhaltenden Klebschichten nicht geschädigt.

Die Erwärmung erweist sich zum aktuellen Zeitpunkt als eine gute und praktikable Möglichkeit zur Vorschädigung der Klebverbindungen. Die Tiefkühlung birgt ein großes Potenzial, ist jedoch derzeit nur mit sehr hohem technischen Aufwand durchführbar.

Die reparierten elementaren und hybriden Verbindungen erzielten mit der Serie vergleichbare Kraftniveaus. Somit konnten für aktuelle Material-Dicken-Kombinationen wirkungsvolle Entfüge- und Fügekonzepte qualifiziert werden.

Förderhinweis

Das Forschungvorhaben „Entfüge- und Fügekonzepte von Leichtbaustrukturen in der Karosserieinstandsetzung" (FOSTA-Projektnr.: P 1030) der Forschungsvereinigung Stahlanwendung e. V. – FOSTA, Sohnstraße 65, 40237 Düsseldorf, wurde von der Stiftung Stahlanwendungsforschung e.V. gefördert. Für die Förderung sei an dieser Stelle herzlich gedankt!

Literaturhinweise

/1/ Friedrich, H. (Hrsg.): Leichtbau in der Fahrzeugtechnik. Springer Vieweg, Wiesbaden, 2013

/2/ Rill, R., Selent, R.: Der neue BMW X3. Auf einer Mission. Weltweiter Anlauf. Fachvortrag und Abstract Aachener Karosserietage, 2018

/3/ Paul, F.: Dem Kleben Vertrauen schenken. adhäsion – KLEBEN & DICHTEN 59 (2015) [6] 20-23

/4/ ADAC e.V.: Ressort Verkehr (Hrsg.): Zahlen, Fakten, Wissen. Aktuelles aus dem Verkehr. Ausgabe 2016, München

/5/ Abschlussbericht FOSTA Forschungsvorhaben P 617: Werkstattreparaturkonzept für KFZ-Strukturen. LWF Universität Paderborn, 2005

/6/ Hahn, O., Leibold, S.: Optimierung des Hybridfügeverfahrens Blindnietkleben zum Verbinden von Feinblechwerkstoffen. EFB-Abschlussbericht, AiF-Nr. 14668N, 2008

/7/ Schmorrte, U.: Crash test results to analyse the impact of non-professional repair on the performance of side structure of a car. Paper Number 11-0310, Kraftfahrzeugtechnisches Institut, 2009

Die Autoren:

Dr.-Ing. Jan Ditter (jan.ditter@lwf.upb.de) arbeitet als wissenschaftlicher Mitarbeiter in der Fachgruppe Klebtechnik am Laboratorium für Werkstoff- und Fügetechnik (LWF) der Universität Paderborn.

Prof. Dr.-Ing. Gerson Meschut (gerson.meschut@lwf.upb.de) ist Lehrstuhlverantwortlicher am LWF.

Prof. Dr.-Ing. Tim Michael Wibbeke (michael.wibbeke@hshl.de) ist für das Lehrgebiet „Fertigungstechnologie Mechatronik" an der Hochschule Hamm-Lippstadt (HSHL) verantwortlich.

Wie Kleben die Kreislaufwirtschaft und Ökobilanzen unterstützt

Der nachhaltige Umgang mit Ressourcen wird nicht nur durch die Gesetzgebung bestimmt, sondern innerhalb der Gesellschaft auch gefordert. In der Industrie sind deshalb Materialentwicklungen und Verbindungstechnologien zur Ressourcenschonung sowie Vermeidung einer Linearwirtschaft gefragt. Vor diesem Hintergrund haben Experten des Fraunhofer IFAM ihr Fachwissen gebündelt und in einer kürzlich erschienenen Studie veröffentlicht.

Ihren Beitrag zur Ressourcenschonung stellt die Klebtechnik als wärmearme und nicht den Werkstoff verletzende Verbindungstechnik bereits in zahlreichen industriellen Anwendungen unter Beweis: Durch das Fügen artverschiedener Werkstoffe werden Autos leichter und verbrauchen weniger Kraftstoff, Rotorblatt-Halbschalen von Windenergieanlagen lassen sich nur sinnvoll mit Klebstoffen verbinden, und auch in E-Motoren oder Batterien für Elektroautos stellen Klebverbindungen zentrale Komponenten dar. Die Aufzählung ließe sich auch um Beispiele aus dem Flugzeug- oder dem Schienenfahrzeugbau erweitern. Die Fortschritte in der Fügetechnik mit dem einhergehenden komplexeren Materialmix führen jedoch auch zu Herausforderungen beim Recycling bzw. bei der Entsorgung. Beispielsweise werden durch das Auftrennen von stoffschlüssigen Metall-Kunststoff-Verbunden wirtschaftliche Grenzen erreicht, was einen effizienten Werkstoffkreislauf erschwert.

EU fordert Kreislaufwirtschaft

Unterstützung kommt unter anderem von der EU, die mit dem „Green Deal" und dem untergeordneten „Aktionsplan Kreislaufwirtschaft" zunehmend auch Konzepte für die Verwertung von ausgedienten Produkten erwartet.

Für den Einsatz von Ressourcen, der Entstehung von Abfall und Emissionen sowie einer effizienten Nutzung von Energie werden konkrete Zielsetzungen formuliert. Instrumente zur Umsetzung sind beispielsweise langlebige Konstruktionen, Instandhaltung, Sanierung, Reparaturfähigkeit, Wiederverwendung, Wiederaufarbeitung und -verwertung. Welche Rolle die Klebtechnik für die Kreislaufwirtschaft spielen kann, hat nun das Fraunhofer-Institut für Fertigungstechnik und Angewandte Materialforschung IFAM in einer ausführlichen Studie mit dem Titel „Kreislaufwirtschaft und Klebtechnik" dokumentiert.

Alle Klebverbindungen sind trennbar

Unter anderem gehen die Autorinnen und Autoren in der 300 Seiten umfassenden Studie ausführlich auf das Lösen und die Kreislauffähigkeit von Klebverbindungen ein. Dabei unterstreichen sie, dass grundsätzlich alle Klebverbindungen trennbar sind. Zumeist genüge Wärme und mechanische Last, da jeder Klebstoff ab einer gewissen Temperatur an Festigkeit verliere. Manche Klebstoffe ließen sich darüber hinaus auch mit Wasser, Lösemitteln, Licht, elektrischer Spannungen oder Hochfrequenzfeldern lösen. Die Studie zitiert auch die Idee, Klebstoffe mit Substanzen zu versetzen, die beim Erwärmen große Mengen an Gas freisetzen und die Verbindungen gewissermaßen aufsprengen. Bei allen genannten Verfahren sei jedoch essenziell, dass die Triggerbedingungen für das Lösen des Klebstoffs nicht bereits während der Produktnutzung auftreten können.

Demontagelinien für gleichartige Produkte

Bei der Vielzahl möglicher Trennverfahren konstatieren die Autoren allerdings, dass das gezielte Debonding für Reparatur, Rückbau oder Recycling bislang kaum industriell praktiziert werde. Dafür führen sie ökonomische und zum Teil auch ökologische Gründe an, wie im Fall des Einsatzes toxischer Substanzen. Anstelle des in der Entsorgung üblichen Schredderns verschiedenster Altprodukte schlagen sie spezielle Demontagelinien für gleichartige, in hoher Stückzahl produzierte Produkte vor, die die Bestandteile automatisiert und sortenrein zerlegen. Die Kosten dafür liegen nach Einschätzung der Autoren jedoch in einer vergleichbaren Größenordnung wie die Montage bei der Produktentstehung.

Die Demontage sollte im Sinne einer „kontrollierten Langlebigkeit" bereits während der Produktentwicklung im sogenannten Ökodesign berücksichtigt werden. Beispielsweise könne man Bauteile so konstruieren, dass Klebverbindungen während der Entsorgung für das Einbringen von Schälkräften zugänglich sind. Um das Recycling zu erleichtern, sollten – zumindest für höherwertige Produkte – Produktentwickler dokumentieren, welcher Klebstoff eingesetzt werde und wie mit ihm bei der Entsorgung umzugehen sei. Diese Informationen sollten dem Entsorgungsunternehmen dann mittels digitalem Zwilling oder RFID-Tag zugänglich sein.

Die Studie „Kreislaufwirtschaft und Klebtechnik" des Fraunhofer-Instituts für Fertigungstechnik und Angewandte Materialforschung IFAM beschreibt das technologische Potenzial der Klebtechnik für einen nachhaltigen Umgang mit Ressourcen.

© Fraunhofer IFAM

Klebrohstoffe lassen sich aus Reststoffen herstellen

Als unkritisch betrachten die Autoren anhaftende Klebstoffreste auf getrennten Materialien. Bei Metallen oder Glas verdampften diese im weiteren Recyclingprozess, bei Kunststoffen sei die Menge an Klebstoff unerheblich.

Im Hinblick auf die Verwendung nachwachsender Rohstoffe für Klebstoffe sehen die Autoren weiteren Forschungsbedarf. Synthetische Klebstoffe seien ihren naturbasierten Pendants in den meisten Fällen noch technisch überlegen und ermöglichten ihrerseits dadurch wiederum das Fügen und die Nutzung ressourcenschonender Werkstoffe. Anstelle von nachwachsenden Rohstoffen böten sich zudem auch Fraktionen aus dem Recycling von Massenpolymeren wie PET, PA oder PUR an, die sich nicht mehr direkt in die ursprünglichen Polymere umsetzen lassen. Auch Kohlendioxid ließe sich für die Herstellung von Klebrohstoffen verwenden, wie es etwa mit der Addition von CO_2 an Epoxide bereits untersucht werde.

Die komplette Studie steht auf Deutsch und Englisch kostenlos als Download zur Verfügung:

www.ifam.fraunhofer.de/de/Presse/Kreislaufwirtschaft-Klebtechnik.html

www.ifam.fraunhofer.de/en/Press_Releases/adhesive_bonding_circular_economy.html

FIRMENPROFILE

Klebstoffhersteller
Rohstoffanbieter

3M Deutschland GmbH

Carl-Schurz-Straße 1
D-41453 Neuss
Telefon +49 (0) 21 31-14 33 30
Telefax +49 (0) 21 31-14 32 00
E-Mail: kleben.de@mmm.com
www.3M-klebtechnik.de

Mitglied des IVK

Das Unternehmen

Gründungsjahr
1951

Größe der Belegschaft
7.000 Mitarbeiter (Deutschland 2020)

Besitzverhältnisse
100 %ige Tochter der 3M Company St. Paul, USA

3M Deutschland GmbH – Zweigniederlassungen
• 3M Medica – Neuss
• 3M Technical Ceramics – Kempten

3M Deutschland GmbH –Tochtergesellschaften
• 3M Services GmbH – Neuss
  mit Zweigniederlassung QNG in Hannover
• Dyneon GmbH – Burgkirchen
• TOP-Service für Lingualtechnik GmbH –
  Bad Essen
• Wendt GmbH – Meerbusch, Niederstetten,
  Jena, Hameln
• Fondermann GmbH – Ladenburg

Geschäftsführung
Dirk Lange, Prof. Dr. Joerg Dederichs,
Oliver Leick

Managing Director
Dirk Lange

Ansprechpartner
Industrie-Klebebänder, Klebstoffe und
Kennzeichnungssysteme
Stephanie Meusen
Telefon: 0 21 3 - 14 3330

Vertriebswege
Fachhandel, Direktgeschäft

Das Produktprogramm

**Anlagen/Verfahren/Zubehör/
Dienstleistungen**
Auftragssysteme (1 K-Systeme, 2K-Systeme)
Oberflächen reinigen und vorbehandeln
Vor Ort/telefonische Beratung bei Füge- und
Kennzeichnungsaufgaben

Klebstofftypen
1K-/2K-Konstruktionsklebstoffe
Schmelzklebstoffe
Cyanacrylat Klebstoffe
Lösemittelhaltige Klebstoffe
Dispersionsklebstoffe
Kleb- und Dichtmassen
Doppelseitige/einseitige Klebebänder
Flexible Druckverschlüsse
Selbstklebende Elastikpuffer
Oberflächenschutzfolien
UV-aushärtende Klebstoffe
Anaerobe Klebstoffe
Mechanische Verschlusssysteme

Für Anwendungen im Bereich
Papier/Verpackungs/Druckindustrie
Holz-/Möbelindustrie
Elektronik
Maschinen- und Apparatebau
Automobilindustrie, Luftfahrtindustrie
Klebebänder, Etiketten
Solarenergie
Fensterbau/Glas
Haushaltsgeräte
Marine
Werbetechnik
Kunststoffindustrie

Adtracon GmbH
Hofstraße 64
D-40723 Hilden
Telefon +49 (0) 21 03-2 53 17-0
Telefax +49 (0) 21 03-2 53 17-19
E-Mail info@adtracon.de
www.adtracon.de

Mitglied des IVK

Das Unternehmen

Das Produktprogramm

Gründungsjahr
2002

Größe der Belegschaft
15 Mitarbeiter

Gesellschafter
Dr. Roland Heider
Investitions- und Strukturbank
Rheinland Pfalz
KfW

Ansprechpartner
Dr. Roland Heider

Vertriebswege
direkt und Vertriebspartner

Weitere Informationen
Die Adtracon GmbH ist im Bereich der
Entwicklung, Produktion und dem Vertrieb
von reaktiven Schmelzklebstoffen tätig.
Die Adtracon GmbH bietet Know-how
und Laborkapazität für technische Fragestellungen.

Klebstofftypen
Reaktive Schmelzklebstoffe

Für Anwendungen im Bereich
Automobilindustrie
Holzverarbeitende Industrie
Buchbinderei
Textil-, Filter- und
Schuhindustrie
Allgemeine Industrie

Alberdingk Boley GmbH
Düsseldorfer Straße 53
D-47829 Krefeld
Telefon +49 (0) 21 51-5 28-0
Telefax +49 (0) 21 51-57 36 43
E-Mail: info@alberdingk-boley.de
www.alberdingk-boley.com

Mitglied des IVK

Das Unternehmen

Gründungsjahr
1828

Größe der Belegschaft
430 (weltweit)

Ansprechpartner
Geschäftsleitung
Leiter Forschung und Entwicklung:
Dr. Gregor Apitz

Anwendungstechnik und Vertrieb
Leiter Technisches Marketing:
Markus Dimmers
Leiter Verkauf Dispersionen:
Johannes Leibl

Tochterfirmen
Alberdingk Boley Leuna GmbH, Leuna
Alberdingk Boley, Inc., Greensboro, USA
Alberdingk Resins (Shenzhen) Co., Ltd.,
Shenzhen, China

Das Produktprogramm

Rohstoffe
Polymere:
Polyurethan-Dispersionen
Acrylat-Dispersionen
Styrolacrylat-Dispersionen
Vinylacetatcopolymere
UV-vernetzende Dispersionen

Für Anwendungen im Bereich
Holz-/Möbelindustrie
Metall- und Kunststoffindustrie
Baugewerbe, inkl. Fußboden, Wand u. Decke
Textilindustrie
Klebebänder, Etiketten
Automobilindustrie
Elektroindustrie

ALFA Klebstoffe AG
Vor Eiche 10
CH-8197 Rafz
Telefon: +41 43 433 30 30
Telefax: +41 43 433 30 33
E-Mail: info@alfa.swiss
www.alfa.swiss

Mitglied des FKS

Das Unternehmen

Gründungsjahr
1972

Größe der Belegschaft
63 Mitarbeiter

Besitzverhältnisse
Aktiengesellschaft, im Familienbesitz

Tochterfirmen
ALFA Adhesives, Inc. (Partner)
SIMALFA China Co. Ltd.

Vertriebswege
Internationales Distributionsnetzwerk

Ansprechpartner
Management:
info@alfa.swiss
Applikationstechnologie und Verkauf:
info@alfa.swiss

Weitere Informationen
Die ALFA Klebstoffe AG ist ein innovativer
Familienbetrieb, der wasserbasierte Klebstoffe und Hot-Melts entwickelt, produziert
und vertreibt. Die Firma bietet ihren Kunden
wesentliche Vorteile bei der ökonomischen
und ökologischen Gestaltung des Klebe-
prozesses.

Das Produktprogramm

Klebstofftypen
Dispersionsklebstoffe
Schmelzklebstoffe
Haftklebstoffe

Anwendungen im Bereich
Schaumstoffverarbeitende Industrie
Herstellung von Matratzen
Polsterei
Papier/Verpackungen
Buchbinderei/Grafikdesign
Holz-/Möbelindustrie
Automotive-Industrie, Luftfahrtindustrie
Hygiene

APM Technica AG
Max-Schmidheiny-Strasse 201
CH-9435 Heerbrugg
Telefon: +41 (0) 71 788 31 00
Telefax: +41 (0) 71 788 31 10
E-Mail: info@apm-technica.com
www.apm-technica.com

Mitglied des FKS

Das Unternehmen

Gründungsjahr
2002

Grösse der Belegschaft
135 Mitarbeiter

Firmenstruktur
- APM Technica AG
- APM Technica GmbH, Deutschland
- APM Technica AG, Philippinen
- APM Academy
- Polyscience AG, Cham
- Abatech Ingénierie SA, La Chaux-de-Fonds

Weitere Informationen
Die APM Technica AG ist Full-Service-Anbieter
auf den Gebieten Klebe- und Oberflächentech-
nologie und vertreibt daneben Handelsprodukte namhafter Hersteller.

Das Produktprogramm

Handel
- Klebstoffe und Silikone
- Feinkitte
- Schmierstoffe
- Lacke
- Lösungs- und Reinigungsmittel
- Equipment (Dosieren-Dispensing, UV-Aus-
  härtegeräte, Wärmeschränke, Plasma-
  reinigungsanlagen, Tiefkühlschränke,
  Speedmixer-Mischanlagen, Robotersysteme)
- tiefgekühlte Klebstoffe

Kundenspezifische Assemly
- Baugruppen im Bereich
  - Optronik-, Elektronik-, Automotive- und
    Medical- Anwendungen
- Gerätekomponenten:
  - Dosenlibellen
  - Glasfasern-Lichtleiter
  - Sensoren
  - Display's
- optische Beschichtungen
- funktionale Beschichtungen
  (Antikratz- & Antifog-Beschichtungen &
  Parylene Beschichtungen)

Testcenter
- Werkstoffprüfung und Werkstoffentwicklung
- Umweltsimulation

Beratung und Engineering im Bereich
- Oberflächen
- Klebstoffe
- Assembly

Seminare
- Klebeseminare
- Kundenspezifische Seminare

Zertifikate
ISO 9001, 14001, 13485, 17025 und IATF 16949

Arakawa Europe GmbH
Düsseldorfer Straße 13
D-65760 Eschborn
Telefon +49 (0) 6196-50383-0
Telefax +49 (0) 6196-50383-10
E-Mail: info@arakawaeurope.de
www.arakawaeurope.com

Mitglied des IVK

Das Unternehmen

Gründungsjahr
1998

Größe der Belegschaft
< 100 Mitarbeiter

Gesellschafter
Arakawa Chemical Industries Ltd.

Stammkapital
52.000,- €

Besitzverhältnisse
100 % Tochter Gesellschaft von Arakawa
Chemical Industries Ltd.

Ansprechpartner
Geschäftsführung: Nobuyuki Fuke
General Manager: Uwe Holland

Anwendungstechnik und Vertrieb:
Leiter Vertrieb, Dr. Ulrich Stoppmanns

Weitere Informationen
Herstellung und Vertrieb von hydrierten
Kohlenwasserstoffharzen

Das Produktprogramm

Rohstoffe
Harze

Für Anwendungen im Bereich Industrie
Papier/Verpackung
Buchbinderei/Graphisches Gewerbe
Holz-/Möbelindustrie
Fahrzeug, Luftfahrtindustrie
Klebebänder, Etiketten
Hygienebereich
Haushalt, Hobby und Büro

ARDEX GmbH

Friedrich-Ebert-Straße 45
D-58453 Witten
Telefon +49 (0) 23 02-6 64-0
Telefax +49 (0) 23 02-6 64-2 40
E-Mail: kundendienst@ardex.de
www.ardex.de

Mitglied des IVK

Das Unternehmen

Gründungsjahr 1949

Unternehmensform
Konzernfreies, unabhängiges
Familienunternehmen

Geschäftsführung
Mark Eslamlooy (Vorsitzender der Geschäftsführung)
Dr. Ulrich Dahlhoff, Dr. Hubert Motzet,
Uwe Stockhausen, Dr. Markus Stolper

Umsatz/Gruppe 2019: 840 Mio. €

Mitarbeiter/Gruppe 2020: 3.300

**Schulungs- und Informationszentren in
Deutschland an 4 Standorten**
Parchim/Mecklenburg, Altusried/Allgäu
Bad Berka/Thüringen, Witten/Ruhr

Vertriebsorganisation Deutschland
70 Gebietsleiter und 5 Verkaufsleiter in den
Verkaufsgebieten Nord, West, Mitte, Süd und Ost

Vertriebsorganisation weltweit
LUGATO GmbH & Co. KG, Deutschland
GUTJAHR Systemtechnik GmbH, Deutschland
ARDEX Schweiz AG, Schweiz
The W. W. Henry Company L.P., USA
ARDEX L.P., USA
ARDEX UK Ltd., Großbritannien
Building Adhesives Limited, Großbritannien
ARDEX Building Products Ireland Limited, Irland
ARDEX Australia Pty.. Ltd., Australien
ARDEX New Zealand Ltd., Neuseeland
ARDEX Singapore Pte. Ltd., Singapur
QUICSEAL Construction Chemicals Ltd., Singapur
ARDEX Manufacturing SDN.BHD., Malaysia
ARDEX Taiwan Inc., Taiwan
ARDEX HONG KONG LIMITED, China
ARDEX (Shanghai) Co. Ltd., China
ARDEX Vietnam ARDEX Korea Inc., Korea
ARDEX Endura (INDIA) Pvt. Ltd., Indien
ARDEX Baustoff GmbH, Österreich
ARDEX Epitöanyag Kereskedelmi Kft., Ungarn
ARDEX Baustoff s.r.o.. Tschechien
ARDEX EOOD, Bulgarien

Das Produktprogramm

Rohbauprodukte für Betonkosmetik
und -reparatur

Schnellzement/Estriche

Untergrundvorbereitungen

Bodenspachtelmassen zum Ausgleichen
und Nivellieren von Unterböden

Abdichtungen unter Fliesenbelägen

Fliesenkleber für Fliesen, Natursteine und
Dämmstoffe

Fugenmörtel für Fliesen und Marmor

Silicon-Dichtstoffe für den Baubereich

Wandspachtelmassen zum Glätten von
Wandflächen

Bodenbelags- und Parkettklebstoffe
für Teppich, Parkett etc.

ARDEX Russia OOO, Russland
ARDEX Yapi Malzemeleri Ltd. Sti., Türkei
ARDEX s.r.l, Italien
ARDEX Romania s.r.l, Rumänien
DUNLOP Romania, Rumänien
ARDEX Middle East FZE, Dubai
ARDEX Skandinavia A/S, Dänemark
ARDEX Skandinavia AS, Filial Norge, Norwegen
ARDEX-ARKI AB, Schweden
ARDEX OY, Finnland
ARDEX Polska Sp.zo. o., Polen
ARDEX France S.A.S., Frankreich
ARDEX CEMENTO S.A., Spanien
SEIRE Products S.L., Spanien
ARDEX Cementos Mexicanos, Mexiko
Wakol GmbH, Deutschland
Knopp Gruppe, Deutschland
DTA Australia Pty. Ltd., Australien
Nexus Australia Pty. Ltd., Australien
Ceramfix Argamassas E Rejuntes, Brasilien

Weiteres Vertriebsbüros
Belgien und Luxemburg, Niederlande

ARLANXEO Deutschland GmbH
Chempark Dormagen, Geb. F41
Alte Heerstraße 2
D-41540 Dormagen
www.arlanxeo.com

Mitglied des IVK

Das Unternehmen

ARLANXEO ist ein weltweit führender Anbieter für synthetischen Kautschuk, der 2019 einen Umsatz von rund 3 Milliarden Euro erzielte, etwa 3.900 Mitarbeiter beschäftigt und mit mehr als 20 Standorten in über zehn Ländern präsent ist. ARLANXEO wurde im April 2016 als Gemeinschaftsunternehmen von LANXESS und Saudi Aramco gegründet. Seit dem 31. Dezember 2018 ist ARLANXEO eine hundertprozentige Tochtergesellschaft von Saudi Aramco,

Der Konzern mit Sitz in Den Haag, Niederlanden, ist auf die Entwicklung, Herstellung und auf den Vertrieb von synthetischen Hochleistungskautschuken spezialisiert.

Ansprechpartner
Für Baypren® ALX und Levamelt®
Dr. Martin Schneider
High Performance Elastomers
Telefon: +49 221 8885 5908
E-Mail: martin.schneider@arlanxeo.com

Für Krynac®, Perbunan® und Baymod® N:
Dr. Katharina Gottfried
Telefon: +49 221 8885 1582
E-Mail: katharina.gottfried@arlanxeo.com

Für X_Butyl™ RB
Dr. Thomas Rünzi
Tire & Specialty Rubbers
Telefon: +49 221 8885 4829
E-Mail: thomas.ruenzi@arlanxeo.com

Das Produktprogramm

Roh- und Hilfsstoffe zur Herstellung von Kleb- und Dichtstoffen

Aufgrund ihrer besonderen Eigenschaften sind die Polymere aus den Baypren® (Chloropren-Kautschuk), Levamelt® (Ethylen-Vinylacetat Copolymer), Krynac®, Perbunan®, Baymod® N (Nitrilkautschuk) and X_Butyl® (Butylkautschuk) Produktlinien besonders geeignet für den Einsatz in Klebstoffanwendungen.

Die synthetischen Kautschuke bieten einzigartige Eigenschaften hinsichtlich Elastizität, Polarität und Klebrigkeit, wodurch sie sich besonders für vielseitige Anwendungen in der Kleb- und Dichtstoffindustrie eignen:

- Baypren®, Krynac®, Perbunan® and Baymod® N: Erste Wahl für lösemittelbasierte Kontaktklebstoffe
- Levamelt®: Basispolymer für Haftklebstoffe und als Modifier für strukturelle Klebstoffe und Hot Melts
- X_Butyl®: Basis für Haftklebe- und Dichtstoffe

ARPADIS Deutschland GmbH

Schlattskamp 17
D-46342 Velen
Telefon +49 (0) 28 63-383 10-0
Telefax +49 (0) 28 63-383 10-10
E-Mail: info@arpadis.de
www.arpadis.de

Mitglied des IVK

Das Unternehmen

Gründungsjahr
2002

Größe der Belegschaft
15 Mitarbeiter

Gesellschafter
Uwe Marburger, Volker Windhoevel,
Laurent Abergel

Stammkapital
150.000,- €

Ansprechpartner
Geschäftsführung:
Uwe Marburger, Volker Windhoevel

Anwenungstechnik und Vertrieb:
Thu Suong Dinh
E-Mail: t.dinh@arpadis.de

Weitere Informationen
www.arpadis.de

Das Produktprogramm

Rohstoffe
Additive
Harze
Lösemittel
Polymere (und Monomere)

Anlagen/Verfahren/Zubehör
Dienstleistungen
Dienstleistungen

Für Anwendungen im Bereich
Papier/Verpackung
Holz-/Möbelindustrie
Baugewerbe, inkl. Fußboden,
Wand und Decke
Elektronik
Fahrzeug, Luftfahrtindustrie
Textilindustrie
Klebebänder, Etiketten
Hygienebereich

artimelt AG

Wassermatte 1
CH-6210 Sursee
Telefon +41 41 926 05 00
Telefax +41 41 926 05 29
E-Mail: info@artimelt.com
www.artimelt.com

Das Unternehmen

Gründungsjahr
1981
2016 umfirmiert in artimelt AG

Besitzverhältnisse
100 % im Familienbesitz

Tochterfirmen
artimelt Inc., Tucker, GA 30084, USA

Vertriebswege
Direkter Vertrieb

Geschäftsführung
Walter Stampfli

Ansprechpartner
Christoph Lang
Telefon + 41 41 926 05 28
E-Mail: christoph.lang@artimelt.com

Weitere Informationen
artimelt entwickelt, produziert und vermarktet Schmelzklebstoffe und beschäftigt
weltweit 45 Mitarbeitende. Das Kompetenzzentrum ist in der Schweiz.

Das Produktprogramm

Klebstofftypen
Schmelzklebstoffe

Für Anwendungen im Bereich
Etiketten
Klebebänder
Verpackungen
Medizinprodukte
Sicherheitssysteme
Grafische Anwendungen
Baugewerbe

ASTORtec AG
Zürichstrasse 59
CH-8840 Einsiedeln
Telefon +41 55 418 37 37
Telefax +41 55 418 37 38
E-Mail: info@astortec.ch
www.astortec.ch

Mitglied des FKS

Das Unternehmen

Das Produktprogramm

Gründungsjahr
1970

Größe der Belegschaft
45

Besitzverhältnisse
private Aktionäre

Tochterfirmen
ASTORPLAST Klebetechnik GmbH, POLYSCHAUM Packtechnik und Isoliermaterial GmbH

Vertriebswege
Direktverkauf und Vertriebspartner

Ansprechpartner
Geschäftsführung: Roland Leimbacher

Anwendungstechnik und Vertrieb:
Guillaume Douard, Leiter Entwicklung

Weitere Informationen
Die ASTORtec AG entstand im 2019 aus der Fusion der ASTORplast AG mit der Astorit AG, beides Firmen mit über 50-jähriger Tradition. Die Firma ist ein Schweizer KMU mit Fokus auf Kundenlösungen mit dem Motto: klebt. dichtet. schützt. - passt.

Die ASTORtec AG bietet folgende Lösungen an:
• MISCHEN im Lohn:
  Chargengrösse 15 bis 1.000 Liter
  Reaktionsharze, Klebstoffe, chemische
  Rohstoffe, ATEX Produkte (EX-1 Zone),
  UV-sensitive Produkte, Öle, inkl. Rohstoff-
  Beschaffung
• ABFÜLLEN im Lohn
  Kartuschen: 1-K, 2-K Systeme (1:1 bis 1:10)
  Kleingebinde bis IBC (1000 Liter): Tuben, Dosen,
  Flaschen, Kessel, Fässer, dünnflüssig bis
  fettartig, breite Palette an Standard-Gebinden,
  auch unter ATEX Bedingung, inkl. Etikettierung
  und Gefahrenstoffdeklaration, Versand:
  weltweit, Lagerung möglich

Klebstofftypen
Schmelzklebstoffe; Reaktionsklebstoffe; lösemittelhaltige Klebstoffe; Dispersionsklebstoffe; Haftklebstoffe

Rohstoffe
Additive; Füllstoffe; Harze; Lösemittel

Für Anwendungen im Bereich
Baugewerbe, inkl. Fußboden,
Wand und Decke; Elektronik; Maschinen- und Apparatebau; Fahrzeug; Luftfahrtindustrie Textilindustrie; Klebebänder; Etiketten

---

• FORMULIEREN & ENTWICKELN
  kundenspezifische Anpassungen von
  Standardprodukten: Farbe, Viskosität,
  Füllstoffe, Verdünnen, Flexibilisieren,
  Beschleunigen
• DICHTUNGEN
  Roboter applizierte Dicht-Schäume
  (RADS/FIPFG), als Lohnfertigung auf
  Spritzguss- und Blechteile inkl. Montageschritte,
  Dichtbänder & Kreuzspulen aus selbstklebenden
  Schaumstoffen, Stanzteile aus Schaumstoff,
  Klebebändern
• PRODUKTSCHUTZ
  Stapelscheiben aus Kork, Schaumstoff,
  Karton-Wabenplatten, Abstandhalter aus
  Schaumstoff, Bänder/Profile für Dämm- und
  Lärmschutz im Bau
• QUALITÄTSSICHERUNG & SERVICE
  Labortests zu Eigenschaften der Klebstoffe,
  Viskosität etc., Prüfzertifikate, Anwendungs-
  beratung & Eignungstests
• HANDEL von Klebstoffen & chemischen
  Rohstoffen
  inklusive Abfüllung in kundenspezifische
  Gebinde und Anpassung der Eigenschaften,
  Farbe etc.

Avebe U. A.

Prins Hendrikplein 20
NL-9641 GK Veendam
Telefon +31 (0) 598 66 91 11
Telefax +31 (0) 598 66 43 68
E-Mail: info@avebe.com
www.avebe.com

Mitglied des VLK

Das Unternehmen

Gründungsjahr
1919

Größe der Belegschaft
1.311

Besitzverhältnisse
Cooperation of farmers

Vertriebswege
Direct and through specialized
distributors worldwide

Weitere Informationen
Avebe U. A. is an international Dutch starch
manufacturer located in the Netherlands
and produces starch products based on
potato starch and potato protein for use
in food, animal feed, paper, construction,
textiles and adhesives.

Das Produktprogramm

Rohstoffe
Dextrins and Starch based adhesives
Starch ethers

Für Anwendungen im Bereich
Paper and packaging
Paper sack adhesive
Tube winding adhesive
Remoistable envelope adhesive
Protective colloid in polyvinyl acetate
based dispersions
Water activated gummed tape adhesive
Wallpaper and bill posting adhesive
Additive – Rheology modifier for cement
and gypsum based mortars and tile
adhesives
Water purification

BASF SE
D-67056 Ludwigshafen
Telefon +49 (0) 6 21-60-0
www.basf.com/adhesives
www.basf.com/pib

Mitglied des IVK, FINAT, Afera

Das Unternehmen

Gründungsjahr
1865

Mitarbeiter
ca. 117.000 (Jahresende 2019)

BASF bietet ein umfassendes und innovatives Sortiment an Klebrohstoffen und Additiven an. Die Produkte der BASF ermöglichen die Herstellung leistungsstarker und umweltfreundlicher Kleb- und Dichtstoffe für unterschiedlichste Anwendungen. Fundierte technische Unterstützung kombiniert mit einer hohen Kompetenz in Toxikologie- und Umweltfragen machen BASF zum bevorzugten Partner der Klebstoffindustrie.

Kontakt:
1-9: adhesives@basf.com
5: info-pib@basf.com

Das Produktprogramm

1. Acrylat-Dispersionen (wasserbasiert)
2. Acrylat-Hotmelts (UV-härtend)
3. Polyurethandispersionen (PUD)
4. Styrol-Butadien-Dispersionen
5. Polyisobuten (PIB)
6. Polyvinylpyrrolidon (PVP)
7. Polyvinyl (PV)
8. Hilfsstoffe
   • Vernetzer
   • Entschäumer
   • Verdicker
   • Netzmittel
9. Additive
   • Antioxidantien
   • Lichtstabilisatoren
   • Andere

Anwendungsgebiete
Papier/Verpackungen
Buchbindung/Grafisches Design
Holz- und Möbelindustrie
Bauindustrie, inklusive Böden, Wände, Decken
Maschinen- und Anlagenbau
Automobil- und Luftfahrtindustrie
Textilindustrie
Klebebänder und Etiketten
Hygiene
Haushalt, Freizeit und Büro
Klebdichtstoffe

BCD Chemie GmbH
Schellerdamm 16
D-21079 Hamburg
Telefon +49 (0) 40 77173 0
Telefax +49 (0) 40 77173-2640
E-Mail: info@bcd-chemie.de
www.bcd-chemie.de

Mitglied des IVK

Das Unternehmen

Größe der Belegschaft
ca. 145 Mitarbeiter

Standorte
7 Niederlassungen in Deutschland
5 Verkaufsbüros in Europa

Ansprechpartner
Geschäftsführung:
Ronald Bolte (Vorsitzender), Lothar Steuer

Anwendungstechnik und Vertrieb:
Simone Jöhnk, Leitung Produkt- und
Marketingmanagement Performance
Chemicals

Das Produktprogramm

Rohstoffe
Additive:
Dispergiermittel, Entschäumer, Flamm-
schutzadditive, Haftvermittler, Hydrophobie-
rungsadditive, Netzmittel, Rheologieadditive,
Verdicker, Weichmacher

Bindemittel:
Acrylatharze, Reinacrylatdispersionen,
Styrolacrylatdispersionen, Vinylacetat-
dispersionen, Polybutadien

Lösemittel:
Ester, Ketone, Alkohole, Glycolether, Amine,
Benzine, Aliphaten, Aromaten u. v. m.

Pigmente:
Titandioxid

Reiniger:
PU-Löser, Silikonentferner, Entfetter,
Speziallöser

Stärke, Stärkeether

Für Anwendungen im Bereich
Papier/Verpackung
Buchbinderei/Graphisches Gewerbe
Holz-/Möbelindustrie
Baugewerbe, inkl. Fußboden, Wand und
Decke
Elektronik
Fahrzeug, Luftfahrtindustrie
Textilindustrie
Klebebänder, Etiketten
Hygienebereich
Haushalt, Hobby und Büro

BEARDOW ADAMS™
Unique Adhesives

Beardow Adams GmbH
Vilbeler Landstraße 20
D-60386 Frankfurt/M.
Telefon +49 (0) 69-4 01 04-0
Telefax +49 (0) 69-4 01 04-1 15
E-Mail: info@beardowadams.com
www.beardowadams.com

Mitglied des IVK

Das Unternehmen

Das Produktprogramm

Gründungsjahr
1875

Größe der Belegschaft
35 Mitarbeiter

Gesellschafter
Beardow & Adams (Adhesives) Ltd.,
UK, (100 %)

Besitzverhältnisse
Tochtergesellschaft von Beardow & Adams
(Adhesives) Ltd, 32 Blundells Road,
Bradville, Milton Keynes, UK, MK13 7HF

Vertriebswege
direkt und Vertretungen

Ansprechpartner
Geschäftsführung:
Janet Pohl, Nick Beardow

Verkaufsleitung:
Janet Pohl

Klebstofftypen
Schmelzklebstoffe
Dispersionsklebstoffe
Kasein-, Dextrin- und Stärkeklebstoffe
Haftklebstoffe

Für Anwendungen im Bereich
Papier/Verpackung/Etikettierung
Buchbinderei/Graphisches Gewerbe
Holz-/Möbelindustrie
Baugewerbe, inkl. Fußboden, Wand und
Decke
Elektronik
Maschinen- und Apparatebau
Fahrzeugindustrie
Non-Woven-Industrie
Filterindustrie
Klebebänder, Etiketten
Hygienebereich

Berger-Seidle GmbH

Parkettlacke · Klebstoffe · Bauchemie

Maybachstraße 2
D-67269 Grünstadt
Telefon +49 (0) 63 59-80 05-0
Telefax +49 (0) 63 59-80 05-50
E-Mail: info@berger-seidle.de
www.berger-seidle.de

Mitglied des IVK

Das Unternehmen

Gründungsjahr
1926

Größe der Belegschaft
100 Mitarbeiter

Besitzverhältnisse
100 %ige Tochtergesellschaft der
Phil. Berger GmbH

Vertriebswege
Großhändler, Verkaufspartner, Handels-
vertreter, Vertreter im Ausland

Ansprechpartner
Geschäftsführung:
Thomas M. Adam, Markus M. Adam

Vertrieb:
Andreas Bel

Das Produktprogramm

Klebstofftypen
SMP-Klebstoffe
Leime
PU Klebstoffe
EP Klebstoffe
lösemittelhaltige Klebstoffe
Dispersionsklebstoffe

Für Anwendungen im Bereich
Holz-/Möbelindustrie
Baugewerbe, inkl. Fußboden, Wand u. Decke
Etiketten

Biesterfeld Spezialchemie GmbH
Ferdinandstraße 41
D-20095 Hamburg
Telefon +49 (0) 40 320 08-4 89
Telefax +49 (0) 40 320 08-4 33
E-Mail: spezialchemie@biesterfeld.com
www.biesterfeld-spezialchemie.com

Das Unternehmen

Gründungsjahr
1998

Größe der Belegschaft
324 Mitarbeiter

Besitzverhältnisse
100 %ige Tochter der Biesterfeld AG

Standorte
Europaweit in mehr als 20 Ländern

Geschäftsführung
Peter Wilkes

Ansprechpartner
Dr. Martin Liebenau
Business Manager

Das Produktprogramm

Klebstofftypen
Schmelzklebstoffe
Reaktionsklebstoffe
lösemittelhaltige Klebstoffe
Dispersionsklebstoffe
pflanzliche Klebstoffe
Dextrin- und Stärkeklebstoffe
Haftklebstoffe
UV-Klebstoffe

Rohstoffe
Additive:
Netzmittel, Entschäumer, Dispergiermittel,
Emulgatoren, PUR-Katalysatoren, Rizinusöl-,
Amid-, PU-Verdicker, Xanthan Gum, CMC,
Antioxidantien, UV-Stabilisatoren, UV-Initia-
toren, Flammschutzmittel, Weichmacher,
Epoxidharz härter, STP-Katalysatoren, Cross-
linker, Reaktivverdünner, Nanosilica, Reak-
tivsiloxane

Polymere:
Acrylatharze, Polyesterpolyole,
Polyetherpolyole, Prepolymere, Bio Polyole,
UV aushärtende Oligomere, Silan modifi-
zierte Polymere

Gelb- und Weißdextrin, Stärkeester,
Stärkeether

Für Anwendungen im Bereich
Papier/Verpackung
Buchbinderei/Grafisches Gewerbe
Holz-/Möbelindustrie
Baugewerbe, inkl. Fußboden, Wand und
Decke
Maschinen- und Apparatebau
Textilindustrie
Klebebänder, Etiketten
Automobil, Elektronik, Luft- und Raumfahrt

Bilgram Chemie GmbH

Torfweg 4
D-88356 Ostrach
Telefon +49 (0) 7585-9312-0
Telefax +49 (0) 7585-9312-94
E-Mail: info@bilgram.de
www.bilgram.de

Mitglied des IVK

Das Unternehmen

Gründungsjahr
1971

Größe der Belegschaft
250

Besitzverhältnisse
Inhabergeführt

Vertriebswege
Direktvertrieb, Großhandel, Handelspartner

Anwendungstechnik
roland.opferkuch@bilgram.de

Vertrieb:
verena.leupolz@bilgram.de

Weitere Informationen
www.bilgram.de

Das Produktprogramm

Klebstofftypen
PVAC - Dispersionen
Latexemulsionen (Kautschuk)
Harnstoff/Formaldehydleim
(flüssig/Pulver)
Spezialhärter (flüssig/Pulver) für Harnstoff/
Formaldehydleime
Polyvinylpyrrolidone

Rohstoffe
Formaldehydabsorber
Beschleuniger für U/F - Systeme
Verzögerer für U/F - Systeme
Vernetzter
Reinigungsmittel

Für Anwendungen im Bereich
Fugenfurnierklebstoffe
Kaschierung/Laminierung
Sperrholz bzw. Biegegeholz/Formteile
Türen (Brandschutz/Strahlenschutz)
Parkett/Laminat
Sportartikel (Tischtennis)
Medizintechnik/Kosmetik (Hautklebstoff)
Baustoffindustrie (Armierung)

 **BOLTON ADHESIVES**

Telefax +31 (0) 88 3 235 800
E-Mail: info@boltonadhesives.com
www.boltonadhesives.com
www.bison.net, www.griffon.eu

Bison International B.V.
Dr. A.F. Philipsstraat 9
NL-4462 EW Goes
Telefon +31 (0) 88 3 235 700

Hauptsitz: Bolton Adhesives
Adriaan Volker Huis – 14th floor
Oostmaaslaan 67, NL-3063 AN Rotterdam

Mitglied des VLK

Das Unternehmen

Gründungsjahr
1938

Größe der Belegschaft
Bolton Adhesives: >700 Mitarbeiter

Gesellschafter
Bolton Adhesives B.V./Bolton Group

Tochterfirmen
Bison International, Zaventem (B)
Griffon France, Compiègne (F)
Productos Imedio S.A., Madrid (E)

Vertriebswege
Technischer Handel
Eisenwarenhandel
Baumärkte
Lebensmittelhandel
Papier-, Büro-, Schreibwarenhandel
Drogeriemärkte
Kauf- und Warenhäuser

Ansprechpartner
Geschäftsführung:
Rob Uytdewillegen, Danny Witjes

Anwendungstechnik:
Wiebe van der Kerk, Mariska Grob,
Charlotte Janse

Vertrieb:
Professional Business: Egbert Willemsen
DIY: Frank Heus

Das Produktprogramm

Klebstofftypen
2K-Epoxidharzklebstoffe
Cyanacrylatklebstoffe
Lösungsmittelhaltige Klebstoffe
Dispersionsklebstoffe
Konstruktions-/Montageklebstoffe
MS/SMP Klebstoffe

Dichtstofftypen
Acrylatdichtstoffe
Butyldichtstoffe
PUR-Dichtstoffe
Silikondichtstoffe
MS/SMP-Dichtstoffe

Für Anwendungen im Bereich
Holzverarbeitung
Metallverarbeitung
Elektrotechnik
Automobil
Papier/Verpackung
Sanitär- und Installationstechnik
u.v.a.

BODO MÖLLER CHEMIE
Engineer chemistry

Bodo Möller Chemie GmbH
Senefelderstraße 176
63069 Offenbach am Main
Deutschland
Telefon +49 (0) 69-83 83 26-0
Telefax +49 (0) 69-83 83 26-199
E-Mail: info@bm-chemie.de
www.bm-chemie.com

Das Unternehmen

Das Produktprogramm

Gründungsjahr
1974

Größe der Belegschaft
über 200

Geschäftsführer
Korinna Möller-Boxberger, Frank Haug,
Jürgen Rietschle

Besitzverhältnisse
In Familienbesitz

Tochterfirmen
Deutschland, Österreich, Slowenien, Schweiz,
Frankreich, Benelux, Großbritannien, Irland,
Dänemark, Schweden, Norwegen, Finnland,
Estland, Polen, Litauen, Lettland, Slowakei,
Tschechische Republik, Ungarn, Kroatien, Russland, Indien, China, Südafrika, Subsahara-Region,
Kenia, Ägypten, Marokko, Vereinigte Arabische
Emirate, Israel, USA und Mexiko

Vertriebswege
Eigene Vertriebs- und Logistikstrukturen in Europa,
Afrika, Asien und Amerika.

Weitere Informationen
Die weltweit tätige Bodo Möller Chemie ist mit
mehr als 40 Jahren Erfahrung in Anwendungstechniken verschiedener Industrien Experte für Klebstoffe, Elektrovergussmassen, Verbundwerkstoffe
und Textilveredelung. Das Unternehmen verfügt
über eigene Labore für Anwendungstests sowie
Produktionsstätten für kundenspezifische Polymerformulierungen und ist für die Luftfahrt sowie für
den Schienenfahrzeugbau zertifiziert.

Klebstofftypen
Epoxidharzklebstoffe, Polyurethanklebstoffe,
Methacrylatklebstoffe, Silikonklebstoffe,
Schmelzklebstoffe, Reaktionsklebstoffe
lösemittelhaltige Klebstoffe, Dispersionsklebstoffe, Haftklebstoffe, MS Polymere, Polykondensationsklebstoffe, UV-härtende Klebstoffe, Sprühklebstoffe, Anaerobe Klebstoffe, Cyanoacrylate

Dichtstoffe
Butyl Dichtstoffe, Polysulfid Dichtstoffe,
Polyurethan Dichtstoffe, Silikondichtstoffe,
MS/SMP Dichtstoffe, Acryl Dichtstoffe

Rohstoffe
Additive: Stabilisatoren, Antioxidantien, Rheologiemodifikatoren, Tackifier, Weichmacher,
Verdicker, Dispergiermittel, Flammschutzmittel,
Pigmente, Lichtschutzmittel: HALS und
UV-Stabilisatoren, Vernetzer

Füllstoffe: Bariumsulfat, Dolomit, Kaolin, Calciumkarbonat, Zink, Talk, Aluminiumoxid

Harze: Acrylat Dispersionen, Polyurethan
Dispersionen, Epoxidharze, Kolophoniumharze,
Reaktivverdünner, Cobaltfreie Trocknungsmittel

Polymere: Formulierte Polymere EP, PU, PA

Für Anwendungen im Bereich
Papier/Verpackung, Buchbinderei/Graphisches
Gewerbe, Holz-/Möbelindustrie, Baugewerbe,
inkl. Fußboden, Wand und Decke, Elektronik,
Maschinen- und Apparatebau, Fahrzeug, Luftfahrtindustrie, Textilindustrie, Sport, und Freizeit,
Marine, Klebebänder, Etiketten, Hygienebereich,
Haushalt, Hobby und Büro, Klebstoffanwendungen für Leichtbau, Composite Verklebung

Bona GmbH Deutschland
Jahnstraße 12
D-65549 Limburg/Lahn
Telefon +49 (0) 64 31-4 00 80
Telefax +49 (0) 64 31-40 08 25
E-Mail: bona@bona.com
www.bona.com

Mitglied des IVK

Das Unternehmen

Gründungsjahr
1953

Größe der Belegschaft
106 Mitarbeiter

Gesellschafter
Bona AB, Malmö

Stammkapital
1 Mio. €

Verkauf
Bona Vertriebsgesellschaft mbH
Jahnstraße 12, 65549 Limburg

Vertrieb und Marketing
Christian Löher

Geschäftsführung
Dr. Kerstin Lindell
Dr. Thomas Brokamp
Christian Löner

Vertriebswege
Handwerk, Großhandel

Ansprechpartner
Anwendungstechnik: Marcel Schmidt
Labor: Dr. Antti Senf

Weitere Informationen
Die „Bona GmbH" ist in 3 Firmen
aufgesplittet worden.
Produktion Klebstoffe: Bona GmbH
Deutschland
Verkauf: Bona Vertriebsgesellschaft mbH
Logistik: Bona AB

Das Produktprogramm

**Klebstofftypen für Parkett-,
Holzböden**
Silanklebstoffe
2K-PU-KLebstoffe
Dispersionsklebstoffe
Spachtelmassen
Grundierungen

**Versiegelungslacke, Öle und
Pflegemittel für Parkett-, Holz- und
Korkböden**
wasserbasierte Versiegelungslacke
Öle
Pflegemittel

Parkettbearbeitung
Parkettschleifmaschinen
Zubehör
Werkzeuge
Schleifmittel

Für Anwendungen im Bereich
Parkett-, Holz- und Korkböden

Bostik GmbH
An der Bundesstraße 16
D-33829 Borgholzhausen
Telefon +49 (0) 54 25-8 01-0
Telefax +49 (0) 54 25-8 01-1 40
E-Mail: info.germany@bostik.com
www.bostik.de
www.facebook.com/bostikgermany

Mitglied des IVK

Das Unternehmen

Gründungsjahr
1889 – im Oktober 2000 fusionierte die
Ato Findley Deutschland GmbH mit der
Bostik GmbH

Größe der Belegschaft
Weltweit 6.000 Mitarbeiter

Gesellschafter
Arkema

Tochterfirmen in:
Global, in mehr als 50 Ländern

Umsatz 2017
2 Millarden Euro

Geschäftsführung
Olaf Memmen

Ansprechpartner
Anwendungstechnik: Wilhelm Volkmann
R & D: Frank Mende
Marketing: Markus Hildner
Business Manager: Richard Riepe

Vertriebswege
Industrie: direkter Vertriebsweg
Baubereich: Handel, industriefähige
Objekteure

Das Produktprogramm

Klebstofftypen:
Schmelzklebstoffe, Reaktionsklebstoffe,
Dispersionsklebstoffe, Haftklebstoffe,
Polyurethanklebstoffe, Klebemörtel,
SMP-Klebstoffe

Für Anwendungen im Bereich:
Baugewerbe
Abdichten, Kleben, Verfugen von keramischen und Natursteinbelägen; Verfugung
von keramischen Belägen im chemikalien-
und säurebelasteten Bereich; Sanieren,
Grundieren und Spachteln im Wand- und
Bodenbereich; Verlegen von Wand-/Boden-
belägen und Parkett; Kleb- und Dichtstoffe
für Dach und Fassade; Bautenschutz

Papier/Verpackung
Packmittel – Herstellung
Packmittel – Verschluss
Folienkaschierung
Coldseal – Beschichtung
Reseal – Beschichtung

Holz/Möbelindustrie
Kantenverklebung
Profilummantelung
Kantenbeschichtung
Herstellung von Doppelböden
Holzleimbau
Fenster und Türen
Bauelemente

Textilindustrie
Textil – Kaschierung, Klebebänder,
Etiketten, Hygienebereich

Botament
Systembaustoffe
GmbH & Co. KG

Tullnerstraße 23
A-3442 Langenrohr
Telefon +43 (0) 22 72-6 74 81
Telefax +43 (0) 22 72-6 74 81-35
E-Mail: info@botament.at
www.botament.at

Mitglied des IVK

Das Unternehmen

Das Produktprogramm

Gründungsjahr
1993

Größe der Belegschaft
15 Mitarbeiter

Vertriebswege
an den Großhandel

Geschäftsführung
DI (FH) Markus Weinzierl

Verkaufsleiter
Prok. Ing. Peter Kiermayr

Anwendungstechnik und Vertrieb
Karl Prickl

Klebstofftypen
Reaktionsklebstoffe
Dispersionsklebstoffe
Fliesenkleber, Natursteinkleber

Dichtstofftypen
Silicondichtstoffe

Für Anwendungen im Bereich
Baugewerbe, inkl. Fußboden,
Wand und Decke

Brenntag GmbH
Messeallee 11
D-45131 Essen
Telefon +49 (0) 201 6496-0
Telefax +49 (0) 201 6496-1010
E-Mail: alain.kavafyan@brenntag.de
www.brenntag-gmbh.de

Mitglied des IVK

Das Unternehmen

Gründungsjahr
1874

Größe der Belegschaft
1.200

Geschäftsführung
Oliver Rechtsprecher
Mike Dudjan
Thomas Langer

Stammkapital
154,5 Mio. Euro (Brenntag AG)

Besitzverhältnisse
100%ige Tochter der Brenntag AG

Ansprechpartner
Management:
Alain Kavafyan

Anwendungstechnik und Vertrieb:
Markus Wolff und Michael Hesselmann

Das Produktprogramm

Rohstoffe
Additive:
Antioxidantien, Beschleuniger, Biozide,
Dispergiermittel, Entschäumer, Gleit- und
Verlaufsmittel, Haftvermittler, Kataly-
satoren, Mattierungsmittel, Molekularsiebe,
Polyetheramine, Rheologiehilfsmittel, Silane,
Steinwollfasern, Tenside, Verdicker, Weich-
macher, UV-Stabilisatoren

Bindemittel:
Acrylate (Dispersionen, Harze, Monomere,
Styrolacrylate)
Epoxid-Systeme (Harze, Härter, Modifizierer,
Reaktivverdünner)
Kohlenwasserstoffharze
PU-Systeme (Polyetherpolyole, aromatische
und aliphatische Isocyanate, Prepolymere,
PUR-Dispersionen)
Silikone (Harze, Emulsionen)

Pigmente:
Eisenoxidpigmente
Organische Pigmente
Perlglanzpigmente
Titandioxid

Für Anwendungen im Bereich
Papier/Verpackung
Buchbinderei/Graphisches Gewerbe
Holz-/Möbelindustrie
Baugewerbe, inkl. Fußboden, Wand und
Decke
Elektronik
Fahrzeug, Luftfahrtindustrie
Textilindustrie
Klebebänder, Etiketten

)(BÜHNEN

BÜHNEN GmbH & Co. KG
Hinterm Sielhof 25
D-28277 Bremen
Telefon +49 (0)4 21-51 20-0
Telefax +49 (0)4 21-51 20-2 60
E-Mail: info@buehnen.de
www.buehnen.de

Mitglied des IVK

Das Unternehmen

Gründungsjahr
1922

Größe der Belegschaft
100 Mitarbeiter

Besitzverhältnisse
Privatbesitz

Tochterfirmen
BÜHNEN, Polska Sp. z o.o.
BÜHNEN, B.V., NL
BÜHNEN, Klebesysteme GmbH, AT
BÜHNEN, HU

Ansprechpartner
Geschäftsführung:
Bert Gausepohl, Jan-Hendrik Hunke

Vertriebsleitung D/A/CH:
Jan-Hendrik Hunke

Marketing:
Heike Lau

Vertriebswege
Außendienst-Fachberater, Distributoren

Das Produktprogramm

Klebstofftypen
Schmelzklebstoffe
Reaktionsklebstoffe

**Anlagen/Verfahren/Zubehör/
Dienstleistungen**
Auftragssysteme

Für Anwendungen im Bereich
Papier/Verpackung/Display
Buchbinderei/Graphisches Gewerbe
Holz-/Möbelindustrie
Baugewerbe, inkl. Fußboden,
Wand und Decke
Verguss von Bauteilen
Elektronik
Fahrzeug, Luftfahrtindustrie
Textilindustrie und Schaumverklebungen
Haushalt, Hobby und Büro
Schuhindustrie
Filterindustrie
Floristik

BYK
Abelstraße 45
D-46483 Wesel, Deutschland
Telefon +49 (0) 281-670-0
Telefax +49 (0) 281-6 57 35
E-Mail: info@byk.com
www.byk.com

Mitglied des IVK

Das Unternehmen

Gründungsjahr
1962

Größe der Belegschaft
rund 2.200 Mitarbeiter weltweit

Geschäftsführung
Dr. Christoph Schlünken (Vorsitzender)
Alison Avery
Gerd Judith
Matthias Kramer

Besitzerverhältnisse
BYK ist ein Mitglied der ALTANA AG, Deutschland

Niederlassungen
Brasilien, China, Deutschland, Großbritannien, Indien,
Japan, Korea, Mexiko, Niederlande, Singapur, Taiwan,
Thailand, USA, V.A.E., Vietnam
• Warenlager und Vertretungen in über 100 Ländern
• Technische Service-Labors in Brasilien, China,
in Deutschland, Dubai, Großbritannien, Indien,
Japan, Korea, Niederlande, Singapur und USA
• Produktionsstätten in Deutschland, China, Groß-
britannien, Niederlande und USA

Vertriebswege
Weltweit – direkt (BYK) und indirekt (Vertretungen)

Nah am Kunden
BYK legt Wert auf die Nähe zum Kunden und den
kontinuierlichen Dialog. Nicht zuletzt deswegen ist das
Unternehmen in über 100 Ländern und Regionen der
Erde vertreten. In über 20 technischen Service-Labors
bietet BYK Kunden und Anwendungstechnikern Unterstützung bei konkreten Fragen.

Ansprechpartner
Herr Tobias Austermann
E-Mail: Tobias.Austermann@altana.com
Telefon: +49 281-670-2 81 28

Das Produktprogramm

Rohstoffe
Additive: Netz- und Dispergieradditive, Rheologie-
additive (PU Verdicker, organophile Schicht-
silikate, Schichtsilikate), Entschäumer und
Entlüfter, Additive zur Verbesserung der
Untergrundbenetzung und Verlauf, UV-Absorber,
Wachsadditive, Anti-blocking-Additive, Antistatik-
Additive, Wasserfänger, Haftvermittler

Für Anwendungen im Bereich
Papier- und Verpackungsbereich
Buchbinderei / Grafisches Gewerbe
Holz- und Möbelindustrie
Baugewerbe, inkl. Fußboden, Wand u. Decke
Elektronik
Dichtmassen
Fahrzeug-, Luftfahrtindustrie
Textilindustrie
Klebebänder, Etiketten
Hygienebereich
Haushalt, Hobby und Büro

Generelle Informationen über BYK
BYK ist ein führender Anbieter auf dem Gebiet
der Additive und Messinstrumente. Die Lack-, die
Druckfarben- und die Kunststoffindustrie gehören
zu den Hauptabnehmern von BYK Additiven.
Doch auch in der Öl- und Gas-Industrie, bei der
Herstellung von Pflegemitteln, der Herstellung von
Klebstoffen und Dichtungsmassen sowie in der
Bauchemie verbessern BYK Additive die Produktei-
genschaften und die Herstellprozesse.

BYLA GmbH

Industriestraße 12
D-65594 Runkel
Telefon +49 (0) 64 82-9 12 00
Telefax +49 (0) 64 82-91 20 11
E-Mail: contact@byla.de
www.byla.de

Mitglied des IVK

Das Unternehmen

Gründungsjahr
1975

Größe der Belegschaft
12 Mitarbeiter

Gesellschafter
Hans-Jörg Simon, Dipl.-Ing.

Stammkapital
97.145,46 €

Vertriebswege
Fachgroßhandel, Industrie,
weltweiter Export

Ansprechpartner
Geschäftsführung
Hans-Jörg Simon, Dipl.-Ing.

Das Produktprogramm

Klebstofftypen
Reaktionsklebstoffe

Für Anwendungen im Bereich
Holz-/Möbelindustrie
Baugewerbe, inkl. Fußboden, Wand u. Decke
Elektronik
Maschinen- und Apparatebau
Fahrzeug, Luftfahrtindustrie
Metallbau
Gummiindustrie
Medizintechnik
Dentalbereich
Kunststoffindustrie
Glasbau
Feinmechanik

Celanese Sales Germany GmbH

Industriepark Hoechst, C 657
D-65926 Frankfurt am Main
Telefon +49 (0) 69-4 50 09-22 87
Telefax +49 (0) 69-45009 52287
E-Mail: mowilith.info@celanese.com
www.celanese.com

Mitglied des IVK

Das Unternehmen

Gründungsjahr
1863

Größe der Belegschaft
7.400 Mitarbeiter (Celanese weltweit)

Geschäftsführung
Andreas Oberkirch
Thomas Liebig

Ansprechpartner
Anwendungstechnik und Vertrieb:
Dr. Bernhard Momper
Dorothee Harre

Klebstofftypen
Dispersionsklebstoffe

Das Produktprogramm

Rohstoffe
Polymere:
VAE, PVAC

Für Anwendungen im Bereich
Papier/Verpackung
Buchbinderei/Graphisches Gewerbe
Holz- und Möbelindustrie
Baugewerbe, inkl. Fußboden, Wand u. Decke
Fahrzeug, Luftfahrtindustrie
Textilindustrie

certoplast
Technische
Klebebänder GmbH

Müngstener Straße 10
D-42285 Wuppertal
Telefon +49 (0) 2 02-2 55 48-0
Telefax +49 (0) 2 02-2 55 48-48
E-Mail: verkauf@certoplast.com

Mitglied des IVK

Das Unternehmen

Gründungsjahr
1991

Größe der Belegschaft
ca. 80 Mitarbeiter

Gesellschafter
Dipl.-Kfm. Peter Rambusch
Dipl.-Kfm. Dr. René Rambusch

Geschäftsführung
Dipl.-Kfm. René Rambusch
Dr. Andreas Hohmann

Ansprechpartner
Vertriebsleitung:
Dr. Andreas Hohmann

Leiter Forschung und Entwicklung:
Dr. Timo Leermann

Zertifiziert nach:
DIN EN ISO 9001
ISO/TS 16949 : 2009

Das Produktprogramm

Klebebänder

Für Anwendungen im Bereich
Automobilindustrie
Papier/Verpackung
Baugewerbe inkl. Fußboden, Wand und Decke
Elektroindustrie
Maschinen- und Apparatebau
Haushalt, Hobby, Büro
Handwerk
Sonstige

We create chemistry

expect more +

CHEMETALL GmbH
Trakehner Straße 3
D-60487 Frankfurt
Telefon +49 (0) 69-71 65-0
Telefax +49 (0) 69-71 65-29 36

Mitglied des IVK

Das Unternehmen

Gründungsjahr
1982

Größe der Belegschaft
2.500 Mitarbeiter weltweit

Besitzverhältnisse
GmbH

Tochterfirmen
> 40 im In- und Ausland

**Vertriebsleitung
Aerospace Technologies**
Thomas Willems
Telefon +49 (0) 69 71 - 65 21 85
E-Mail: thomas.willems@basf.com

Anwendungstechnik und Vertrieb
Ralph Hecktor
Telefon +49 (0) 69 71 65 24 46
E-Mail: ralph-josef.hecktor@basf.com

Vertriebswege
Direktvertrieb mit technischer Beratung

Zertifiziert nach:
DIN EN ISO 9001, DIN EN 9100
ISO 14001, u. w.

Das Produktprogramm

Klebstofftypen
Reaktionsklebstoffe:
1 K-Klebstoffe auf Epoxidbasis,
2 K-PUR Klebstoffe und Gießharze,
2 K Polysulfid Kleb-, Dicht- und
Beschichtungsstoffe

Für Anwendungen im Bereich
Elektronik
Maschinen-, Fahrzeug- und Apparatebau,
Luftfahrtindustrie

Chemische Fabrik Budenheim KG

Rheinstraße 27
D-55257 Budenheim
Telefon +49 (0) 6139-89-0
E-Mail: info@budenheim.com
www.budenheim.com

Mitglied des IVK

Das Unternehmen

Gründungsjahr
1908

Größe der Belegschaft
1.000

Managing partners
Dr. Harald Schaub
Dr. Stefan Lihl

Besitzverhältnisse
Budenheim gehört seit 1923 zur familien-
geführten Oetker-Gruppe.

Ansprechpartner
Management:
E-Mail: coatings@budenheim.com

Anwendungstechnik und Vertrieb:
E-Mail: coatings@budenheim.com

Weitere Informationen
www.budenheim.com/clip4coatings

Das Produktprogramm

Rohstoffe
Additive
Füllstoffe
Flammschutzmittel

Für Anwendungen im Bereich
Holz-/Möbelindustrie
Baugewerbe, inkl. Fußboden,
Wand und Decke
Fahrzeug, Luftfahrtindustrie
Textilindustrie

**SMART CHEMISTRY
WITH CHARACTER.**

CHT Germany GmbH
Bismarckstraße 102
D-72072 Tübingen
Deutschland
Telefon +49 (0) 70 71-154-0
Telefax +49 (0) 70 71-154-290
E-Mail: info@cht.com
www.cht.com

Mitglied des IVK

Das Unternehmen

Gründungsjahr
1953

Größe der Belegschaft
2.200 Mitarbeiter weltweit

Vertriebswege
Mehr als 20 CHT
Gesellschaften und
Vertriebsvertretungen weltweit

Geschäftsführung
Dr. Frank Naumann (CEO)
Dr. Bernhard Hettich (COO)
Axel Breitling (CFO)

Ansprechpartner
Technische Beratung:
Dennis Seitzer (Textil, F&E Polymere)

Weitere Informationen
www.cht.com

Das Produktprogramm

Klebstofftypen
Reaktivklebstoffe
Lösemittelhaltige Klebstoffe
Dispersionsklebstoffe
High Solids Klebstoffe
Haftklebstoffe
Acrylatklebstoffe
PUR-Klebstoffe
Silikonklebstoffe

Dichtstoffe
Silikondichtstoffe

Rohstoffe
RTV-1/RTV-2 Silikone
LSR-Silikone
Acrylat-Dispersionen
PU-Dispersionen

Additive:
Haftvermittler und Primer
Rheologieadditive und Verdicker
Trennmittel
Vernetzer, Kettenverlängerer

Polymere:
Silanmodifizierte Polymere
Vinylmodifizierte Polydimethylsiloxane
Methoxymodifizierte Polydimethylsiloxane

Für Anwendungen im Bereich
Bauindustrie
Elektronik
Maschinen- und Apparatebau
Fahrzeug- und Luftfahrtindustrie
Textilindustrie/Technische Textilien
Papier und Verpackung
Klebebänder und Etiketten
Flock
Formenbau

CnP Polymer GmbH

Schultessdamm 58
D-22391 Hamburg
Telefon +49 (0) 40-53 69 55 01
Telefax +49 (0) 40-53 69 55 03
E-Mail: cnp.polymer@t-online.de
www.cnppolymer.de

Mitglied des IVK

Das Unternehmen

Gründungsjahr
1999

Besitzverhältnisse
privat

Vertriebswege
Außendienst, europaweit

Ansprechpartner
Christoph Niemeyer

Das Produktprogramm

Rohstoffe
KW Harze C5, C9, WW
SIS, SBS, SEBS, SSBR,
POST-IT Spezialkleber
PiB
EVA

Für Anwendungen im Bereich
Papier/Verpackung
Buchbinderei/Graphisches Gewerbe
Holz- und Möbelindustrie
Baugewerbe, inkl. Fußboden, Wand u. Decke
Fahrzeug-, Luftfahrtindustrie
Textilindustrie
Klebebänder, Etiketten
Hygienebereich
Haushalt, Hobby und Büro

Coim Deutschland GmbH
Novacote Flexpack Division
Schnackenburgallee 62
D-22525 Hamburg
Telefon +49 (0) 40-85 31 03-0
Telefax +49 (0) 40-85 31 03 69
E-Mail: info@coimgroup.com
www.coimgroup.com

Mitglied des IVK

Das Unternehmen

Das Unternehmen
Coim Deutschland GmbH

Niederlassungen
Coim zeichnet sich durch ein globales Netzwerk von Produktionsstätten, Verkaufsbüros sowie Agenturen aus.

Vertriebswege
Die Novacote Flexpack Division gehört zur Coim Gruppe und beschäftigt sich mit der Entwicklung und dem Vertrieb von Kaschierklebstoffen, Beschichtungslacken, Folienglanzkaschierungen sowie Thermoplastischen Polyurethanen für die Druckfarben Industrie.

Ansprechpartner
Geschäftsführung:
Frank Rheinisch

Anwendungstechnik:
Oswald Watterott

Vertrieb:
Joerg Kiewitt

Weitere Informationen
Während der letzten Jahre zeichnete sich die Novacote Flexpack Division durch ein starkes Wachstum im Markt wie auch organisatorisch aus. Hinsichtlich der globalen Organisation ist das Novacote Technology Center für die Entwicklung und Anwendungstechnik der Kaschierklebstoffe für flexible Verpackungen zuständig. Das Novacote Technology Center hat seinen Sitz in Hamburg/Deutschland.

Das Produktprogramm

Klebstofftypen
Reaktionsklebstoffe
Lösemittelhaltige Klebstoffe
Lösemittelfreie Klebstoffe
Wasserbasierende Klebstoffe

Anwendungen im Bereich
Papier/Verpackung
Buchbinden/Graphic Design
Etiketten
Hygiene
Technische-/Industrielle Verbunde

Collall B. V.

Electronicaweg 6
NL-9503 EX Stadskanaal
Telefon +31 (0) 599-65 21 90
Telefax +31 (0) 599-65 21 91

Mitglied des VLK

Das Unternehmen

Gründungsjahr
1949

Größe der Belegschaft
25

Besitzverhältnisse
Familienunternehmen

Ansprechpartner
Management:
Patrick van Rhijn

Das Produktprogramm

Klebstofftypen
lösemittelhaltige Klebstoffe
Dispersionsklebstoffe
pflanzliche Klebstoffe, Dextrin- und
Stärkeklebstoffe

Anwendungen im Bereich
Haushalt, Hobby und Büro
Buchbinderei/Graphisches Gewerbe
Holz-/Möbelindustrie

des Weiteren
Lieferant von verschiedenen kreativen
Materialien für Schule und Hobby

Collano AG
Neulandstrasse 3
CH-6203 Sempach Station
Telefon +41 41 469 92 75
E-Mail: info@collano.com
www.collano.com

Mitglied des FKS

Das Unternehmen

Gründungsjahr
1947

Besitzverhältnisse
Collano AG gehört zur
LAS Holding AG

Vertriebswege
Direkter Vertrieb und Handel

Ansprechpartner
Gianni Horber
Telefon +41 79 824 95 62

Das Produktprogramm

Klebstofftypen
Reaktive Klebesysteme
Dispersionsklebstoffe
Hotmelt

Für Anwendungen im Bereich
Holzbau
Fertigung
Montage
Innenausbau
Bauelemente Composites
Sandwichelemente
Baugewerbe (Baumaterialien)
Rohrsanierungen
Tiefbau
Transport

Coroplast Fritz Müller GmbH & Co. KG
Wittener Straße 271
D-42279 Wuppertal
Telefon +49 (0) 2 02-26 81-0
Telefax +49 (0) 2 02-26 81-3 80
www.coroplast-tape.com

Mitglied des IVK

Das Unternehmen

Gründungsjahr
1928

Größe der Belegschaft
(Coroplast-Gruppe) 7.000 Mitarbeiter

Ansprechpartner
Marcus Söhngen

Vertriebswege
Großhandel und Industrie

Das Produktprogramm

Klebstofftypen
individuelle Klebelösungen

Für Anwendungen im Bereich
Papier/Verpackung
Holz- und Möbelindustrie
Baugewerbe, inkl. Fußboden
Trockenbau und Dachausbau
Elektronik
Maschinen- und Apparatebau
Fahrzeug-, Luftfahrt-, Solarindustrie
Haushalt, Hobby und Büro

CSC JÄKLECHEMIE
Distribution • Beratung • Service

CSC JÄKLECHEMIE GmbH & Co. KG
Matthiasstrasse 10-12
D-90431 Nürnberg
Telefon +49 (0) 911 32 646-0
Telefax +49 (0) 911 32 646-111

Rubbertstraße 44
D-21109 Hamburg
Telefon +49 (0) 229 457-0
Telefax +49 (0) 229 457-99
E-Mail: info@csc-jaekle.de
www.csc-jaekle.de

Das Unternehmen

Das Produktprogramm

Gründungsjahr
1886

Größe der Belegschaft
138 Mitarbeiter

Gesellschafter
CG Chemikalien GmbH & Co. Holding KG,
Familie Späth

Stammkapital
7,5 Mio. Euro

Besitzverhältnisse
2/3 - 1/3

Tochterfirmen
CSC JÄKLECHEMIE Austria GmbH,
CSC JÄKLEKÉMIA Hungaria Kft.,
CSC JÄKLECHEMIE Czech s.r.o.

Vertriebswege
Direktvertrieb, Großhandel

Ansprechpartner
Geschäftsführung:
Robert Späth, Dr. Michael Spehr,
Dr. Bernhard Schmid

Anwendungstechnik und Vertrieb:
Uwe Goldmann, Harald Gebbeken,
Dr. Anett Mangold

Weitere Informationen
Anwendungsfelder: Kunststoffbeschichtungen, Industrielackierungen, Textilbeschichtungen, Bodenbeschichtungen, Automobillackierungen, Baubeschichtungen, Klebstoffe, Metallbeschichtungen, Dichtmassen,

Klebstofftypen
Schmelzklebstoffe; Reaktionsklebstoffe;
Lösemittelhaltige Klebstoffe; Dispersionsklebstoffe; Haftklebstoffe

Rohstoffe
Additive; Füllstoffe; Harze; Lösemittel;
Polymere

**Anlagen/Verfahren/Zubehör/
Dienstleistungen**
Oberflächen reinigen und vorbehandeln
Dienstleistungen

Für Anwendungen im Bereich
Papier/Verpackung
Buchbinderei/Graphisches Gewerbe
Holz-/Möbelindustrie
Baugewerbe, inkl. Fußboden, Wand und
Decke
Elektronik
Maschinen- und Apparatebau
Fahrzeug, Luftfahrtindustrie
Textilindustrie
Klebebänder, Etiketten
Hygienebereich
Haushalt, Hobby und Büro

Korrosionsschutz, Möbellacke, Holzbeschichtungen

Hauptprodukte: Bindemittel/Polyole/
Polyamine/STP/Härter/Pigmente/Pasten/
Slurries/Feuchtigkeitsfänger/Weichmacher/
Additive/Modifizierer/Abtönpasten

Covestro Deutschland AG

D-51365 Leverkusen
Telefon +49 (0) 214 6009 7184
E-Mail: adhesives@covestro.com
www.adhesives.covestro.com

Mitglied des IVK

Das Unternehmen

Gründungsjahr
2015

Größe der Belegschaft
17.200 Mitarbeiter (Stand: 31. Dezember 2019)

Ansprechpartner
Covestro Deutschland AG
BU Coatings, Adhesives and Specialties
Gebäude Q 24
D-51365 Leverkusen

Marketing Europa
Tel.: +49 (0) 214 6009 7184
E-Mail: adhesives@covestro.com

Das Produktprogramm

Rohstoffe/Polymere
Polyurethan-Dispersionen
(Dispercoll® U, Baybond® PU, Bayhydrol®)
Hydroxylpolyurethane
(Desmocoll®, Desmomelt®)
Polyisocyanate (Desmodur®, Bayhydur®)
Polyurethane Prepolymers (Desmodur®,
Desmoseal®)
Silanterminierte Polyurethane
(Desmoseal® S)
Polyesterpolyole (Baycoll®)
Polyetherpolyole (Desmophen®, Acclaim®)
Polychloropren-Dispersionen
(Dispercoll® C)
Halogeniertes Polyisopren (Pergut®)
Siliziumdioxid-Dispersion (Dispercoll® S)

cph Deutschland Chemie GmbH

Chem. Prod. u. Handelsges. mbH
Heinz-Bäcker-Straße 33
D-45356 Essen
E-Mail: service@cph-group.com

Mitglied des IVK

Das Unternehmen

Gründungsjahr
1975

Das Produktprogramm

Klebstofftypen
Schmelzklebstoffe
Dispersionsklebstoffe
pflanzliche Klebstoffe, Dextrin- und Stärke-
klebstoffe
Haftklebstoffe

Für Anwendungen im Bereich
Papier/Verpackung
Holz- und Möbelindustrie
Klebebänder, Etiketten
Hygienebereich

Spezialität
Bio-based Produkte
umweltfreundliche Etiketten-Klebstoffe

CTA GmbH
Voithstraße 1
D-71640 Ludwigsburg
Telefon +49 71 41-29 99 16-0
E-Mail: info@cta-gmbh.de
www.cta-gmbh.de

Mitglied des IVK

Das Unternehmen

Gründungsjahr
2005

Größe der Belegschaft
200 Mitarbeiter

Besitzverhältnisse
Tochtergesellschaft der Tubex Holding GmbH

Vertriebswege
Direkt

Ansprechpartner
Geschäftsführung:
Martin Kummer
Hans-Dieter Worch
Vertrieb:
Franco Menchetti

Weitere Informationen
Das Kerngeschäft der CTA beinhaltet eine
Vielzahl von Dienstleistungen in verschiedenen Bereichen:

Die Produktherstellung umfasst die
Entwicklung oder Verbesserung von
Rezepturen sowie die Herstellung nach
Kundenvorgaben.

Die Abfüllung von nieder- bis hochviskosen
chemischen Produkten in unterschiedlichen
Primärverpackungen – in allen Tuben- und
Kartuschenvarianten, Flaschen, Dosen,
Siegelrandbeutel, Kanister und Tiegel.

Das Produktprogramm

Klebstofftypen
lösemittelhaltige Klebstoffe
Dispersionsklebstoffe
1K-Isocyanatbasierte Klebstoff
1K- und 2K-Epoxybasierte Klebstoffe
Haftklebstoffe

Für Anwendungen im Bereich
Papier/Verpackung
Holz- und Möbelindustrie
Baugewerbe, inkl. Fußboden, Wand
und Decke
Elektronik
Maschinen- und Apparatebau
Fahrzeug-, Luftfahrtindustrie
Textilindustrie
Haushalt, Hobby und Büro

Die Verpackung und Konfektionierung in
unterschiedliche Kartonagen, Blister, Displays
etc. für den „Point of Sales".

Die Entwicklung der geeigneten Verpackung
nach Produktanforderungen und in Abstimmung mit den Marketingzielen des Kunden.

**Die Beschaffungs- und Distributions-
Logistik** runden das Leistungspaket für die
unterschiedlichsten Wirtschafts- und
Industriebereiche ab.

Cyberbond Europe GmbH – A H.B. Fuller Company
Werner-von-Siemens-Straße 2, D-31515 Wunstorf
Telefon +49 (0) 50 31-95 66-0, Telefax +49 (0) 50 31-95 66-26
E-Mail: info@cyberbond.de, www.cyberbond.eu.com

Mitglied des IVK

Das Unternehmen

Gründungsjahr
1999

Größe der Belegschaft
24 Mitarbeiter

Gesellschafter
H. B. Fuller

Stammkapital
50.000 €

Tochterfirmen
Cyberbond France SARL, Frankreich
Cyberond Iberica S.L., Spanien
Cyberond CS s.r.o., Tschechische Republik

Vertriebswege
direkt in die Industrie und über exklusive
Landesvertretungen sowie ausgewähltes
Private Label Geschäft

Geschäftsführung
Holger Bleich
Gert Heckmann
James East
Robert Martsching

Ansprechpartner
Anwendungstechnik:
Nora Grotstück
Vertrieb und Marketing:
Holger Bleich

Das Produktprogramm

Klebstofftypen
Cyanacrylatklebstoffe
Anaerobe Kleb- und Dichtstoffe
UV-und lichthärtende Systeme
2-K Methylmethacrylat Klebstoffe
Ergänzendes Beiprogramm
Aktivatoren, Primer, D-Bonder
Dosierhilfen

Geräte-, Anlagen und Komponenten
LINOP Baukastensystem für genaues
Applizieren von
1K-Reaktionsklebstoffen
LINOP UV LED Aushärte Equipment

Für Anwendungen im Bereich
Automobil-/Automobilzulieferindustrie
Elektronikindustrie
Luftfahrtindustrie
Elastomer-/Kunststoff-/
Metallverarbeitung
Maschinen- und Apparatebau
Medizin/Medizintechnik
Möbelindustrie
Schuhindustrie
Haushalt, Hobby und Büro

Weitere Informationen
Cyberbond –
The Power of Adhesive Information

Cyberbond ist zertifiziert nach:
IATF 16949
ISO 13485
ISO 9001
ISO 14001

DEKA (Dekalin) Kleben & Dichten GmbH
Gartenstraße 4
D-63691 Ranstadt
Telefon +49 (0) 60 41-8 23 80
Hotline +49 (0) 8 00-3 35 25 46
Telefax +49 (0) 60 41-82 12 20
E-Mail: info@dekalin.de
www.dekalin.de

Mitglied des IVK

Das Unternehmen

Das Produktprogramm

Gründungsjahr
1999

Größe der Belegschaft
6 Mitarbeiter

Besitzverhältnisse
Konzernbesitz

Vertriebswege
Klima- & Lüftungsbau: direkt
eigener Außendienst
Baugewerbe + Raumausstatter
Sattler: Fachgroßhandel
Caravaning: Fachgroßhandel

Ansprechpartner
Geschäftsführer:
Michael Windecker

**Deutschland-Vertretung der
DEKALIN B.V.**
Bergeiyk, Niederlande

Klebstofftypen
Reaktionsklebstoffe
lösemittelhaltige Klebstoffe
Dispersionsklebstoffe
Haftklebstoffe
Dichtstoffe
Dichtungsbänder

Für Anwendungen im Bereich
Papier/Verpackung
Holz-/Möbelindustrie
Baugewerbe, inkl. Fußboden, Wand u. Decke
Lüftungsbau
Caravanbau
Maschinen- und Apparatebau
Fahrzeug
Textilindustrie

Weitere Informationen
Materialen zum Kleben und Dichten im
Fahrzeug-, Caravan-, Eisenbahn-, für
Fahrzeugaufbauten, Fassadensysteme, Bauelemente, Isoliertechnik, Sattlerei, Klima-/
Lüftungstechnik, Maschinen- und Apparatebau, zum Verkleben von PVC-Folien
sowie Dampfbremsen; Kleb- und Dichtstoffe
für die allgemeine Industrie, Dichtbänder,
elastische und plastische Dichtstoffe, An-
tidröhnmassen; Klebstoffe für die Flaschen-
kapselherstellung

DELO Industrie Klebstoffe

DELO-Allee 1
D-86949 Windach
Telefon +49 (0) 81 93-99 00-0
Telefax +49 (0) 81 93-99 00-144
E-Mail: info@delo.de
www.DELO.de

Mitglied des IVK

Das Unternehmen

Gründungsjahr
1961

Größe der Belegschaft
800 Mitarbeiter

Gesellschafter
Dr.-Ing. Wolf-Dietrich Herold
Dipl.-Ing. Sabine Herold

Geschäftsführung
Dr.-Ing. Wolf-Dietrich Herold
Dipl.-Ing. Sabine Herold
Dipl.-Ing. Robert Saller

Vertriebswege
Über eigenen Außendienst in Deutschland

Tochtergesellschaften in den USA, China,
Japan und Singapur

Repräsentanzen in Taiwan, Südkorea und
Malaysia

Eigene Vertriebsingenieure und Vertretungen in acht europäischen Ländern

Das Produktprogramm

Klebstofftypen
Licht-, dualhärtende und lichtaktivierbare
Epoxide/Acrylatklebstoffe
1K- und 2K-Epoxidharze
Anaerobe Klebstoffe
Cyanacrylate
Silikone
Elektrisch leitfähige Klebstoffe

Für Anwendungen im Bereich
Unterhaltungselektronik
Elektronik/Mikroelektronik
Elektrotechnik
Smart Card/Smart Label
Automobilindustrie
Maschinenbau/Feinmechanik
Photovoltaik/flexible Elektronik
Kunststoffverarbeitung
Optik

Weitere Produkte
Auf Klebstoffe abgestimmte LED-Aus-
härtungslampen und Dosierequipment sowie
Reiniger und Vorbehandlungsverfahren,
Beratung und Entwicklung von Systemlösun-
gen gemeinsam mit den Kunden.

Distona AG

Hauptplatz 5
CH-8640 Rapperswil
Telefon +41 (0) 55 533 00 50
Telefax +41 (0) 55 533 00 51
E-Mail: info@distona.ch
www.www.distona.ch

Mitglied des FKS

Das Unternehmen

Gründungsjahr
2014

Größe der Belegschaft
5 Mitarbeiter

Geschäftsführung
Daniel Altorfer
David Nipkow

Das Produktprogramm

Rohstoffe
Additive:
Antioxidantien, Biozide, Flammschutzmittel,
Silane, Siloxane, Rheologie

Füllstoffe:
Bentonit, Kaolin, Kreide, Talkum, Zeolit

Harze:
Epoxidtechnologien, Isocyanate, Polyole,
Acrylatmonomere

Lösemittel:
„Bio"-Lösungsmittel

DKSH GmbH
Baumwall 3
D-20459 Hamburg
Telefon +49 (0) 40-3747-340
Telefax +49 (0) 40-492 190 28
E-Mail: info.ham@dksh.com
www.dksh.de

Mitglied des IVK

Das Unternehmen

Gesellschaft
DKSH Group

Niederlassungen der DKSH Group
850 Geschäftsniederlassungen
33.350 Mitarbeiter
CHF 11,6 Milliarden Nettoumsatz

Sales Manager
Sven Thomas
Telefon: +49 (0) 40 3747 3433
E-Mail: sven.thomas@dksh.com

Weitere Informationen
DKSH ist das führende Unternehmen im Bereich
Marktexpansionsdienstleistungen. Die Gruppe
hilft Unternehmen dabei, in den Geschäftseinheiten Healthcare, Konsumgüter, Spezialrohstoffe
und Technologie zu expandieren. Das Dienst-
leistungsangebot umfasst Beschaffung, Markt-
analyse, Marketing und Vertrieb, E-Commerce,
Distribution und Logistik sowie Kundendienst.
Die Gruppe ist an der SIX Swiss Exchange kotiert.
Die DKSH Geschäftseinheit Spezialrohstoffe
vertreibt Spezialchemikalien und Inhaltsstoffe
für die Pharma-, Kosmetik-, Nahrung mittel- und
Getränkeindustrie sowie für industrielle Anwendungen. DKSH bietet eine große Bandbreite
an Spezialchemikalien und zwar hauptsätchlich
in den Industriebereichen Klebstoffe, Grafik und
Elektronik, Farben und Lacke sowie Polymere.

Das Produktprogramm

Rohstoffe
Acryl, Oxetan
Breites Produktspektrum für Epoxi und PU
Flüssiger Isoprene Kautschuk
Haftvermittler für Polyolefin PP und
Harze: Co- Polyester, Vinyl, Polyamide-Imide,
Heißsiegelmaterialien
HPC Cellulose
IR und UV Dyes
Leitfähiges Titandioxid
Modifizierte Olefin basierende Siegelmaterialien
Polyolefinische Haftvermittler, Primer und
PRO-NBDA
Silanisierte Silikonrohstoffe
Substrate (CPO auch wässrig und Chlorfrei)
Urethan (reaktive) Acryl Oligomere
UV Monomere und Oligomere
verschiedenste Wachsdispersionen und
Emulsionen
Wasserfänger für PU (PTSI)
Weichmacher

Für Anwendungen im Bereich
Automobil- und Luftfahrtindustrie
Bauindustrie
Elektronikindustrie und gedruckte Elektronik
Elektronischer Verguss
Graphische Industrie
Holz- Möbelindustrie
Hygieneklebstoffe
Klebebänder, Etiketten
Papier/Verpackung

Drei Bond GmbH
Carl-Zeiss-Ring 13
D-85737 Ismaning
Telefon +49 (0) 89-962427 0
Telefax +49 (0) 89-962427 19
E-Mail: info@dreibond.de
www.dreibond.de

Mitglied des IVK

Das Unternehmen

Gründungsjahr
1979

Größe der Belegschaft
48

Gesellschafter
Drei Bond Holding GmbH

Stammkapital
50.618 €

Tochterfirmen
Drei Bond Polska sp.z o.o. in Krakau

Vertriebswege
Direkt in die Automobilindustrie
(OEM + Tier 1/Tier 2), sowie in die Allgemein-
industrie, indirekt über Handelspartner, Private
Label Geschäft

Ansprechpartner
Geschäftsführung: Herr Thomas Brandl

Anwendungstechnik Kleb- u. Dichtstoffe:
Johanna Wiethaler, Dr. Florian Menk

Anwendungstechnik Dosiertechnik:
Sebastian Schmid, Marco Hein

Vertrieb Kleb- u. Dichtstoffe:
Thomas Hellstern, Christian Eicke

Vertrieb Dosiertechnik:
Sebastian Schmidt, Marco Hein

Weitere Informationen
Drei Bond ist zertifiziert nach ISO 9001-2015 und
ISO 14001-2015

Das Produktprogramm

Klebstoff-/Dichstofftypen
• Cyanacrylat Klebstoffe
• Anaerobe Klebe- u. Dichtstoffe
• UV Licht härtende Klebstoffe
• 1K/2K – Epoxidklebstoffe
• 2K – MMA Klebstoffe
• 1K/2K – MS Hybridkleb- u. Dichtstoffe
• 1K – lösungsmittelhaltige Dichtstoffe
• 1K – Silikondichtstoffe
Ergänzende Produkte:
• Aktivtoren, Primer, Cleaner

Geräte-, Anlagen und Komponenten
• Drei Bond Compact Dosieranlagen → halbau-
tomatischer Auftrag von Klebe- u. Dichtstoffen,
Fetten und Ölen Dosiertechnik: Druck/Zeit
und Volumetrisch
• Drei Bond Inline Dosieranlagen → vollauto-
matischer Auftrag von Klebe- u. Dichtstoffen,
Fetten und Ölen
Dosiertechnik: Druck/Zeit und Volumetrisch
• Drei Bond Dosierkomponenten:
Behältersysteme: Tanks, Kartuschen,
Fasspumpen
Dosierventile: Exzenterschneckenpumpen,
Membranventile, Quetschventile, Sprühventile,
Rotorspray

Für Anwendungen Im Bereich
• Automobil -/Automobilzulieferindustrie
• Elektronikindustrie
• Elastomer -/Kunststoff -/Metallverarbeitung
• Maschinen- u. Apparatebau
• Motoren- u. Getriebebau
• Gehäusebau (Metall- und Kunststoff)

DuPont Deutschland

Hugenottenallee 175
D-63263 Neu-Isenburg
Telefon +49 (0) 6102-18-0
Telefax +49 (0) 6102-18-12 24
E-Mail: ti.comms@dupont.com
www.DuPont.com

Mitglied des IVK

Das Unternehmen

Gründungsjahr
1802 (DuPont)

Größe der Belegschaft
5.550 Mitarbeiter,
Transportation & Industrial

Besitzverhältnisse
Transportation & Industrial ist ein Geschäftsbereich von DuPont de Nemours, Inc.

Ansprechpartner
Dr. Andreas Lutz, Head of R&D/TS&D EMEA
Thorsten Schmidt,
EMEA Regional Commercial Leader

Weitere Informationen
Über DuPont Transportation & Industrial:
DuPont Transportation & Industrial (T&I) verfügt über ein breites Portfolio an technologiebasierten Produkten und Lösungen, für Bereiche, wie unter anderem Transport, Elektronik,Gesundheit, Industrie oder Konsumgüter.. Gemeinsam mit seinen Kunden werden durch ein fundiertes Fachwissen und Expertise bei Polymeren und anderen Werkstoffen innovative Entwicklungen vorangetrieben. Das T&I Team arbeitet in allen Stufen der Wertschöpfungskette eng mit seinen Kunden zusammen, um Werkstoffsystemlösungen für anspruchsvolle Anwendungen und Umgebungen zu ermöglichen. Weitere Informationen über DuPont Transportation & Industrial erhalten Sie auf unserer Website: Home Page.

Über DuPont:
DuPont (NYSE: DD), ist ein globaler Innovationsführer mit technologiebasierten Materialien, Inhaltsstoffen und Lösungen, die dazu beitragen, die Industrie und den Alltag zu verändern. Unsere Mitarbeiter wenden vielfältige wissenschaftliche

Das Produktprogramm

Klebstofftypen
Epoxidklebstoffe – BETAMATE™
Polyurethanklebstoffe – BETAFORCE™
Polyurethanklebstoffe für Glas – BETASEAL™
Primersysteme–BETAPRIME™
Haftvermittler-MEGUM™, THIXON™

Für Anwendungen im Bereich
Das Angebot an 1K- und 2K-Klebstoffen der DuPont richtet sich an alle Fahrzeugtypen in der Erstausrüstung sowie den Werkstatt- und Reparaturbereich. Es lassen sich nahezu alle im Fahrzeugbau gängigen Materialien untereinander fügen, z. B. Stahl, Aluminium, Kunststoff, Verbundwerkstoffe, Gummi mit Metall, Glas oder Holz. Zu den Einsatzbereichen zählen im Wesentlichen der Karosseriebau, die Montage inklusive Dächer, Verkleidungen und Glasverklebungen sowie die Ersatzverglasung und Karosserieinstandsetzung. Haftvermittler finden Anwendung beispielsweise im Antriebsstrang oder bei Fahrwerkskomponenten.

Erkenntnisse und Erfahrungen an, um Kunden dabei zu unterstützen, ihre besten Ideen voranzubringen und wichtige Innovationen in Schlüsselmärkten wie Elektronik, Transport, Bauwesen, Wasserwirtschaft, Gesundheit und Wellness, Lebensmittel und Arbeitssicherheit hervorzubringen. Weitere Informationen finden Sie unter www.dupont.com

Dymax Europe GmbH
Kasteler Straße 45
D-65203 Wiesbaden
Telefon +49 (0) 611-962 7900
Telefax +49 (0) 611-962 9440
E-Mail: info_DE@dymax.com
www.dymax.de

Mitglied des IVK

Das Unternehmen

Gründungsjahr
1995

Größe der Belegschaft
350+ Mitarbeiter weltweit

Gesellschafter
Dymax Corporation, USA

Vertriebswege
Eigener Außendienst und
weltweite Vertriebspartner

Ansprechpartner
Geschäftsführung:
Christoph Gehse, Martin Senger

Technische Leitung:
Dr. Thérèse Hemery, Wolfgang Lohrscheider

Niederlassungen
Torrington, CT, USA (Hauptsitz)
Wiesbaden, Deutschland
Irland
China
Hong Kong
Singapur
Korea

Weitere Informationen
Dymax bietet effiziente Komplettlösungen
bestehend aus lichthärtenden Materialien,
Dosier- und Aushärtungssystemen, sowie
umfassender technischer Beratung.

Das Produktprogramm

Klebstofftypen
UV- und lichthärtende Klebstoffe
temporäre Abdeckmasken
Schutzbeschichtungen (Conformal Coating)
Vergussmassen
Verkapselungsmaterialien
Flüssigdichtungen (FIP/CIP)
Ergänzend: aktivator- und hitzehärtende,
sowie feuchtigkeitsvernetzende Materialien

Für Anwendungen im Bereich
Medizintechnik
Orthopädische Implantate
Elektronik
Displays (Optical Bonding)
Automobilindustrie
Luft- und Raumfahrt
Optik
Glasindustrie

Weitere Produkte
UV- Punkt- und Flächenstrahler
(Quecksilberstrahler oder LED)
UV-Förderbandsysteme
Radiometer
Dosiersysteme
Technische Beratung

ekp Coatings GmbH
Ersteiner Straße 11
D-79346 Endingen am Kaiserstuhl
Telefon +49 (0) 7642-9260-0
E-Mail: info@ekp-coatings.com
www.ekp-coatings.com

Mitglied des IVK

Das Unternehmen

Das Produktprogramm

Gründungsjahr
2000

Größe der Belegschaft
50 Mitarbeiter

Gesellschafter
Stefan Ermisch

Stammkapital
120.000,- €

Besitzverhältnisse
Inhaber Stefan Ermisch

Vertriebswege
Direktvertrieb

Ansprechpartner
Geschäftsführung:
Stefan Ermisch
Anwendungstechnik und Vertrieb:
Darja Rebernik

Klebstofftypen
lösemittelhaltige Klebstoffe
Dispersionsklebstoffe

Für Anwendungen im Bereich
Papier/Verpackung

Eluid Adhesive GmbH
Heinrich-Hertz-Straße 10
D-27283 Verden
Telefon +49 (0) 42 31-3 03 40-0
Telefax +49 (0) 42 31-3 03 40-17
E-Mail: info@eluid.de
www.eluid.de

Mitglied des IVK

Das Unternehmen

Das Produktprogramm

Gründungsjahr
1932

Größe der Belegschaft
7 Mitarbeiter

Gesellschafter
Andreas May

Geschäftsführung
Andreas May

Ansprechpartner
Andreas May
Karin Münker

Vertriebswege
Eigener Außendienst sowie Vertretungen
und Händler im gesamten Bundesgebiet,
Vertretungen und Händler in Europa und
Übersee.

Klebstofftypen
Acrylat, Styrol-Acrylat, Polyurethan- und
Vinylacetatdispersionen (A, RA, SA, PUD,
PVAC, VAE,) für Klebstoffe und Lacke/
Beschichtungen
Dispersionshaftklebstoffe
PVOH Klebstoffe
Dextrin-, Kasein- und Stärkeklebstoffe
APAO, EVA-, PSA, PO, PUR Schmelzstoffe

Für Anwendungen im Bereich Industrie
Beschichtungen für Folien (bedruckbar)
Beschichtungen für Folien (Soft Touch)
Buchbinderei/Grafisches Gewerbe Papier-
und Verpackungsindustrie Briefumschlags-
industrie Buchschutzfolien
Dämmtechnik
Etikettenindustrie
Flexible Verpackung
Glanzfolienkaschierung
Haftklebstoffe für Folien selbstklebend
(wiederablösbar, permanent)
Heißsiegelprodukte
Holzklebstoffe D2 + D3
Klebebänder, einseitige/doppelseitige
Schaumstoffverarbeitende
Industrie Schutzfolien
Sicherheitsdokumente
Tapetenvliesindustrie
Tapetenindustrie
Textilindustrie
Transformerboards

emerell
the future of your production

Emerell AG
Neulandstrasse 3
CH-6203 Sempach Station
Schweiz
Telefon +41 (0) 41 469 91 00
E-Mail: info@emerell.com
www.emerell.com

Mitglied des FKS

Das Unternehmen

Als unabhängiger Auftragsfertiger unterstützt und begleitet Emerell verschiedene Unternehmen bei der Herstellung chemisch technischer Spezialprodukte. Dies erfordert viel Know-how, die richtigen Anlagen und flexible Kapazitäten. Emerell konzentriert sich auf die reine Auftragsfertigung und geniesst durch den Verzicht auf eigene Produkte hohes Vertrauen. Von der Pilotierung bis zur Serienreife ist Emerell als reiner Auftragsfertiger Ihr Partner für kundenspezifische Lösungen und höchste industrielle Ansprüche.

Geschäftsführender
Dr. Michael Lang

Ansprechpartner
MarcoMontagner
Head of Marketing & Sales
Telefon: +41(0) 41 469 93 24
E-Mail: marco.montagner@emerell.com

Das Produktprogramm

Technologien
Emulsionspolymerisation
Lösungspolymerisation
Mischtechnologien
1K- & 2K-Reaktivmischungen
Pilotierungen und Kleinmengen
Spezialtechnologien

Dienstleistungen
Auftragsfertigung
Lohnfertigung

Zentrale Anwendungsbereiche
Befestigungstechnik
Baugewerbe
Klebstoffeanwendungen
Papierherstellung
Wasch- und Reinigungsmittel
Wasserbehandlung

EMS-CHEMIE AG
Business Unit EMS-GRILTECH
Via Innovativa 1
CH-7013 Domat/Ems
Telefon +41 81 632 72 02
Telefax +41 81 632 74 02
E-Mail: info@emsgriltech.com
www.emsgriltech.com

Mitglied des FKS

Das Unternehmen

Gründungsjahr
1936 wurde das Unternehmen als Holzverzuckerungs AG (HOVAG) gegründet.
Nach der Umbenennung in EMSER WERKE AG 1960, wurde das Unternehmen im Jahre 1981 in EMS-CHEMIE AG umbenannt und trägt heute noch den Firmennamen.

Mitarbeiterkennzahlen
Per Dezember 2019 zählte die EMS-Gruppe 2.537 Mitarbeiter.

Verkaufswege
Direktverkauf, Distributoren, Agenten

Kontakt
Anwendungstechnik und Verkauf:
Telefon: +41 81 632 72 02, Telefax: +41 81 632 74 02
E-Mail: info@emsgriltech.com, www.emsgriltech.com

Kontakt Partner
EMS-GRILTECH ist ein Unternehmensbereich der EMS-CHEMIE AG, die zur EMS-CHEMIE HOLDING AG gehört.

Wir produzieren und verkaufen Grilon, Nexylon und Nexylene Fasern, Griltex Schmelzklebstoffe, Grilbond Haftvermittler, Primid Pulverlackhärter und Grilonit Reaktivverdünner. Diese Werkstoffe und Additive haben wir zu herausragenden Spezialitäten für technisch anspruchsvolle Anwendungen entwickelt. Damit schaffen wir Mehrwert für unsere Kunden, weil auch sie in ihren Märkten nur dann erfolgreich sind, wenn sie sich ständig verbessern.

Thermoplastische Schmelzklebstoffe für technische und textile Verklebungen werden unter dem Markennamen Griltex® vertrieben. EMS-GRILTECH besitzt jahrelanges Know-how in der Herstellung massgeschneiderter Co-polyamide und Copolyester für verschiedene Anwendungsbereiche. Der Schmelzbereich und die Schmelzviskosität können auf die unterschiedlichen Anforderungen eingestellt werden. Die Kleber sind als Pulver in verschiedenen Korngrössen oder als Granulat erhältlich. Die Herstellung erfolgt auf eigenen Polymerisations- und Mahlanlagen.

Das Produktprogramm

Klebstofftypen
Thermoplastische Schmelzklebstoffe

Rohstoffe
Additive
Harze
Polymere

Anlagen/Ausstattung
Anwendungstechnikum, Produktionsanlagen, Labor, Analytik

Für Anwendungen im Bereich
Papier/Verpackungen
Holz/Möbelindustrie
Bauindustrie, inklusive Bodenbelag, Wände und Decken
Elektronik
Mechanische Bauteile
Automobilindustrie, Luft-und Raumfahrt
Textilindustrie
Hygieneindustrie
Haushaltsgeräte, Freizeit- und Büroanwendungen
Verbundwerkstoffe, Masterbatches

Griltex® für die Verkleben von glatten Oberflächen
Wir haben spezielle Schmelzklebstoffe für die Verklebung von Metall, Kunststoff, Glas und anderen glatten Oberflächen entwickelt.

Das Stammhaus von EMS-GRILTECH mit Forschung und Entwicklung befindet sich in Domat/Ems (Schweiz). In Sumter S.C. (USA) und Neumünster (Deutschland) haben wir weitere Produktionsstätten mit Anwendungstechnika. In Japan, China und Taiwan verfügen wir über Verkaufsbüros und ein Kundendienstlabor. EMS-GRILTECH ist weltweit mit eigenen Verkaufsgesellschaften oder durch Agenten vertreten.

EUKALIN Spezial-Klebstoff Fabrik GmbH
Ernst-Abbe-Straße 10
D-52249 Eschweiler
Telefon +49 (0) 24 03-64 50 0
Telefax +49 (0) 24 03-64 50 26
E-Mail: eukalin@eukalin.de
www.eukalin.de

Mitglied des IVK

Das Unternehmen

Das Produktprogramm

Gründungsjahr
1904

Größe der Belegschaft
70 Mitarbeiter

Gesellschafter
100 % im Familienbesitz

Geschäftsführung
Jan Schulz-Wachler
Timm Koepchen

Vertriebswege
Direktvertrieb durch Außendienst
und Agenten

Klebstofftypen
Schmelzklebstoffe
Dispersionsklebstoffe
Pflanzliche Klebstoffe
Haftklebstoffe
Polyurethanklebstoffe
Gallerte
Kaseinklebstoffe

Für Anwendungen im Bereich
Papier/Verpackung
Buchbinderei/Graphisches Gewerbe
Klebebänder, Etiketten
Flexible Verpackungen
Behälteretikettierungen

Evonik Industries AG

D-45764 Marl, www.evonik.com/crosslinkers,
www.evonik.com/adhesives-sealants,
www.evonik.com/designed-polymers

D-45764 Marl, www.vestamelt.de
D-64293 Darmstadt, www.visiomer.com
D-45127 Essen,
www.evonik.com/polymer-dispersions
www.evonik.com/hanse, www.evonik.com/tegopac
D-63457 Hanau, www.aerosil.com,
www.dynasylan.com, www.evonik.com/fp

Mitglied des IVK

Das Unternehmen

Gründungsjahr
2007

Ansprechpartner
Evonik Adhesives & Sealants Industry Team
Telefon +49 (0) 23 65-49-48 43

E-Mail adhesives@evonik.com
E-Mail aerosil@evonik.com
E-Mail fillers.pigments@evonik.com
E-Mail vestamelt@evonik.com
E-Mail visiomer@evonik.com
E-Mail: info@polymerdispersion.com,
E-Mail hanse@evonik.com
E-Mail TechService-Tegopac@evonik.com

Weitere Informationen
Evonik ist ein weltweit führendes Unternehmen der Spezialchemie. Der Konzern ist in über 100 Ländern aktiv und erwirtschaftete 2019 einen Umsatz von 13,1 Mrd. € und einen Gewinn (bereinigtes EBITDA) von 2,15 Mrd. €. Dabei geht Evonik weit über die Chemie hinaus, um als Partner unserer Kunden wertbringende und nachhaltige Lösungen zu schaffen. Mehr als 32.000 Mitarbeiter verbindet dabei ein gemeinsamer Antrieb: Wir wollen das Leben besser machen, Tag für Tag.

Das Produktprogramm

Klebstoffe
Schmelzklebstoffe (VESTAMELT®) (DYNACOLL®S) (VESTOPLAST®)

Dichtstoffe
Acryldichtstoffe (DEGACRYL®)

Rohstoffe
Additive: Siliziumdioxid- Nanopartikel (Nanopox®), Silikonkautschuk-Partikel (Albidur®), Methacrylat Monomere (VISIOMER®), Pyrogene Kieselsäuren und pyrogene Metalloxide (AEROSIL®, AEROXIDE®), Gefällte Kieselsäuren (SIPERNAT®), Funktionelle Silane (Dynasylan®), Wachse (VESTOWAX®, SARAWAX), Entschäumer (TEGO® Antifoam), Netzmittel (TEGOPREN®), Verdicker (TEGO® Rheo)

Vernetzer: Spezialharze, aliphatische Diamine (VESTAMIN®), aliphatische Isocyanate (VESTANAT®) Amine (Ancamine®) Härter (Ancamide®) Dicyandiamine (Dicyanex®, Amicure®) Imidazole (Imicure®, Curezol®)

Polymere: amorphe Poly-alpha-Olefine (VESTOPLAST®), Polyester-Polyole (DYNACOLL®), Flüssige Polybutadiene (POLYVEST®) Polyacrylate (DEGACRYL®, DYNACOLL® AC), silanmodifizierte Polymere (Polymer ST, TEGOPAC®), durch Kondensation aushärtende Silikone (Polymer OH)

Für Anwendungen im Bereich
Papier/Verpackung
Buchbinderei/Graphisches Gewerbe
Holz-/Möbelindustrie
Baugewerbe, inkl. Fußboden, Wand und Decke
Elektronik
Fahrzeug, Luftfahrtindustrie
Textilindustrie
Klebbänder und Etiketten
Hygienebereich
Herstellung von Schmelzklebstoffen
Windenergie (Rotorblätter)

Fenos AG

Steinheimer Straße 3
D-71691 Freiberg a.N.
Telefon +49 (0) 7141 992249-0
Telefax +49 (0) 7141 992249-99
E-Mail: info@fenos.de
www.fenos.de

Mitglied des IVK

Das Unternehmen

Gründungsjahr
2015

Größe der Belegschaft
10 Mitarbeiter

Vertriebswege
Direktvertrieb und Handelspartner weltweit

Geschäftsführung
Dr. Rüdiger Nowack
Dr. Natalia Fedicheva
Yvonne Steinbach

Anwendungstechnik und Vertrieb
Dr. Rüdiger Nowack

Weitere Informationen
Die Fenos AG ist ein unabhängiges Formulierhaus. Neben Klebstoffen werden auch Polyurethan Formschaumsysteme kundenspezifisch entwickelt und auf Produktionsprozesse angepasst.

Das Produktprogramm

Klebstofftypen
Schmelzklebstoffe
Reaktionsklebstoffe
Dispersionsklebstoffe
Haftklebstoffe

Für Anwendungen im Bereich
Papier/Verpackung
Holz-/Möbelindustrie
Baugewerbe, inkl. Fußboden, Wand und Decke
Fahrzeug, Luftfahrtindustrie
Textilindustrie
Klebebänder, Etiketten
Hygienebereich
Haushalt, Hobby und Büro

Fermit GmbH

Zur Heide 4
D-53560 Vettelschoß
Telefon +49 (0) 26 45-22 07
Telefax +49 (0) 26 45-31 13
E-Mail: info@fermit.de
www.fermit.de

Mitglied des IVK

Das Unternehmen

Gründungsjahr
2008

Größe der Belegschaft
16

Gesellschafter
Barthélémy S.A.

Besitzverhältnisse
100 % Tochter

Vertriebswege
Sanitärfachhandel
Heizungsfachhandel
Ofenfachhandel
Technischer Handel
Großhandel
Industrie

Geschäftsführung
Alois Hauk

Anwendungstechnik und Vertrieb
Guido Wiest (Süddt.)
Matthias Schütte (Norddt.)
Willi Kutsch (Dt. Mitte)

Das Produktprogramm

Klebstofftypen
lösemittelhaltige Klebstoffe
annerobe Kleber

Dichtstofftypen
Silicondichtstoffe
MS Dichtstoffe
Dichtpasten
Schamottkleber
Sonstige

Für Anwendungen im Bereich
Installation, Kamin- und Ofenbau
Baugewerbe, Heizungsbau
Haushalt, Hobby und Büro
Industrie allg.

fischerwerke GmbH & Co. KG

Klaus-Fischer-Straße 1
D-72178 Waldachtal
Telefon +49 (0) 74 43 12-0
E-Mail: info@fischer.de
www.fischer.de

Mitglied des IVK

Das Unternehmen

Gründungsjahr
1948

Größe der Belegschaft
5.200

Besitzverhältnisse
Familienunternehmen

49 Landesgesellschaften in 37 Ländern
(Argentinien, Belgien, Brasilien, Bulgarien,
China, Dänemark, Deutschland, Finnland,
Frankreich, Großbritannien, Griechenland,
Indien, Italien, Japan, Kroatien, Mexiko, Nieder-
lande, Norwegen, Österreich, Philippenen,
Polen, Portugal, Rumänien, Russland,
Schweden, Serbien, Singapur, Slowakei,
Spanien, Südkorea, Thailand, Tschechien,
Türkei, Ungarn, USA, Vereinigte Arabische
Emirate, Vietnam)

Vertriebswege
Fach- und Einzelhandel, Industrie und Handwerk, DIY

Ansprechpartner
Vertrieb:
Michael Geiszbühl
E-Mail: Michael.Geiszbuehl@fischer.de

Weitere Informationen
Weltmarktführer in chemischen
Befestigungssystemen

Das Produktprogramm

Klebstofftypen
* Reaktionsklebstoffe
* lösemittelhaltige Klebstoffe
* Dispersionsklebstoffe
* MS/STP Klebstoffe
* UV-härtender Klebstoff

Dichtstofftypen
* Acryl Dichtstoffe
* Silicone
* MS/STP Dichtstoffe

Für Anwendungen im Bereich
* Holz-/Möbelindustrie
* Baugewerbe, inkl. Fußboden,
  Wand u. Decke
* Haushalt

Follmann GmbH & Co. KG

Heinrich-Follmann-Str. 1
D-32423 Minden
Telefon +49 (0) 5 71-93 39-0
Telefax +49 (0) 5 71-93 39-3 00
E-Mail: info@follmann.com
www.follmann.com

Mitglied des IVK

Das Unternehmen

Gründungsjahr
1977

Größe der Belegschaft
170 Mitarbeiter

Management
Dr. Jörn Küster,
Dr. Jörg Seubert

Schwestergesellschaften
OOO Follmann
(Moskau/Russische Föderation)

ZAO Intermelt (St. Petersburg/Russische
Föderation)

Follmann (Shanghai) Trading Co., Ltd.
(Shanghai/China)

Follmann Chemia Polska sp.z.o.o.
(Poznań/Polen)

Sealock Ltd. (Andover/Großbritannien)

Ansprechpartner
Martin Haupt (Sales General Assembly)
Holger Nietschke (Sales Wood + Furniture)
Antoni Delik (Sales Polen)
Vyacheslav Shkurko (Sales Russland)
Mark Greenway (Sales Großbritannien)

Das Produktprogramm

Klebstofftypen
Dispersionsklebstoffe
Schmelzklebstoffe
Reaktive Schmelzklebstoffe
Haftklebstoffe / PSA
Stärke- und Kaseinklebstoffe
Plastisole
1K-Polyurethanklebstoffe
2K-Epoxidklebstoffe

Für Anwendungen im Bereich
Holz-/Möbelindustrie
Papier/Verpackung
Grafische Industrie / Buchbinderei
Polster-/Matratzenindustrie
Automobilindustrie
Montage
Textilindustrie
Klebebänder
Etikettierung
Filterindustrie
Schleifmittelindustrie
Caravan-/Wohnmobilindustrie
Paneel-/Sandwichindustrie
Flat Lamination

Forbo Eurocol Deutschland GmbH

August-Röbling-Straße 2
D-99091 Erfurt
Telefon +49 (0) 3 61-7 30 41-0
Telefax +49 (0) 3 61-7 30 41-91
www.forbo-eurocol.de

Mitglied des IVK

Das Unternehmen

Gründungsjahr
1919 / 1920

Größe der Belegschaft
78 Mitarbeiter

Gesellschafter
Forbo Beteiligungen GmbH
D-79761 Waldshut-Tiengen

Stammkapital
2.000.000 €

Besitzverhältnisse
Gesellschafter 100 %

Geschäftsführung
Dr. Stefan Vollmuth, Jochen Schwemmle

Anwendungstechnik
Leitung:
Dr. Uwe Hong

Vertriebswege
Direktvertrieb
Handel für Bodenbeläge und Zubehör

Niederlassung
Forbo Eurocol Deutschland GmbH
A-8142 Wundschuh (Österreich)

Das Produktprogramm

Klebstofftypen
• Klebstoffe für die Verlegung von
  elastischen Bodenbelägen und Parkett
• Beschichtungen
• Versiegelungen für elastische Boden-
  beläge und Parkett

Für Anwendungen im Bereich
Baugewerbe, inkl. Fußboden,
Wand u. Decke

H.B. Fuller

Connecting what matters.™

H.B. Fuller Europe GmbH
Talacker 50
CH-8001 Zürich
www.hbfuller.com

Mitglied des IVK, FKS, VLK

Das Unternehmen

Globale Tätigkeit
H.B. Fuller verfügt über drei regionale Hauptquartiere:
- Americas: St. Paul, Minn., U.S.A.; Europa, Indien, Mittlerer Osten, Afrika (EIMEA): Zürich, Schweiz; Asien-Pazifik-Raum: Shanghai, China

Das Unternehmen ist in 36 Ländern direkt vertreten und bedient Kunden in mehr als 125 Ländern.

Präsenz in Europa
H.B. Fuller verfügt über ein Netzwerk spezialisierter Produktionsstätten, das sich über ganz Europa erstreckt und Kunden der Bereiche Elektronik, Einweg-Hygiene/Vliesstoffe, Medizin, Transport, Luft- und Raumfahrtindustrie, erneuerbare Energien, Verpackungsindustrie, Bauindustrie, holzverarbeitende Industrie, sowie andere allgemeine Industrie und Konsumgüter bedient.

Weitere Informationen
Seit 1887 ist H.B. Fuller als weltweit führendes Unternehmen in der Klebstoffindustrie tätig. Dabei richtet das Unternehmen seinen Fokus auf die Perfektionierung von Klebstoffen, Dichtungsmitteln und anderen chemischen Spezialprodukten, um Produkte und das Leben der Menschen zu verbessern. H.B. Fuller erzielte im eschäftsjahr 2019 einen Nettoumsatz von mehr als 3 Mrd. US-Dollar. Das Engagement von H.B. Fuller in bezug auf Innovation vereint Menschen, Produkte und nachhaltige Prozesse für einige der größten Herausforderungen der Industriezweige mit denen H.B. Fuller zusammen arbeitet. Der zuverlässige, reaktionsschnelle Service des Unternehmens schafft dauerhafte und verteilhafte Beziehungen zu Kunden, um neue Lösungen nachhaltig und effektiv umzusetzen. Mit den spezialisierten F&E Zentren bietet man Kunden und Industriepartnern

Das Produktprogramm

Klebstofftypen
- Schmelzklebstoffe
- Polymer- und Spezialtechnologien
- Reaktive Klebstoffe, Polyurethan-Klebstoffe, Epoxid-Klebstoffe
- Wasserbasierte Klebstoffe
- Lösungsmittelbasierte und Lösungsmittelfreie Klebstoffe

Unsere Märkte
- Automobil und Transport
- Bauindustrie
- Elektro- und Montagematerialien
- Emulsionspolymere
- Gebrauchsgüter
- Holz-/Möbelindustrie
- Hygieneartikel/Vliesstoffe
- Luft- und Raumfahrtindustrie
- Medizinische Anwendungen
- Papierverarbeitung
- Erneuerbare Energie
- Technische Industrie
- Verpackungswesen

die Platform gemeinsam an maßgeschneiderten Innovationen zu forschen.
Weitere Informationen finden Sie unter www.hbfuller.com.

Nachhaltigkeit und gemeinnütziges Engagement
- Ambitionierte Nachhaltigkeitsziele und unternehmensübergreifende Programme, die mit den UN Zielen für nachhaltige Entwicklung einhergehen.
- Jährlich leisten unsere Mitarbeiter insgesamt mehr als 8.000 Stunden freiwillige, gemeinnützige Arbeit in über 20 Ländern.
- Firmen- und Mitarbeiterspenden übertreffen jedes Jahr weltweit 1,3 Mio. USD.

GLUDAN (Deutschland) GmbH

Am Hesterkamp 2
D-21514 Büchen
Telefon +49 (0) 41 55-49 75-0
Telefax +49 (0) 41 55-49 75-49
E-Mail: gludan@gludan.de
www.gludan.com

Mitglied des IVK

Das Unternehmen

Gründungsjahr
1989

Größe der Belegschaft
28 Mitarbeiter

Gesellschafter
Tochterfirma von GLUDAN GRUPPEN A/S

Anwendungstechnik
Kim Szöts,
Dr. Olga Dulachyk

Weitere Informationen
www.gludan.com

Das Produktprogramm

Klebstofftypen
Dispersionsklebstoffe
Haftklebstoffe
Schmelzklebstoffe (Hot Melt)
Gallerte

Rohstoffe
Additive
Füller
Polymere
Stärke

Für Anwendungen im Bereich Industrie
Papier- und Verpackungsindustrie
Buchbunderei/Graphisches Gewerbe
Holz-/Möbelindustrie
Baugewerbe, inkl. Fußboden, Wand u. Decke
Textilindustrie
Klebebänder, Etiketten
Hygienebereich
Haushalt, Hobby und Büro

Service
Leimkurse
Anlagenbau

Gößl + Pfaff GmbH

Münchener Straße 13
D-85123 Karlskron
Telefon +49 8450 932-0
Telefax +49 8450 932-13
E-Mail: info@goessl-pfaff.de
www.goessl-pfaff.de

Mitglied des IVK

Das Unternehmen

Gründungsjahr
1984

Größe der Belegschaft
20 Mitarbeiter

Gesellschafter
Roland Gößl, Josef Pfaff

Vertriebswege
Technischer Vertrieb, Web-Shop

Ansprechpartner
Geschäftsführung:
Josef Pfaff
Roland Gößl

Anwendungstechnik und Vertrieb:
Franziska Haller
Martina Reithmeier

Das Produktprogramm

Klebstofftypen
Reaktionsklebstoffe

Geräte-/Anlagen und Komponenten
zum Fördern, Mischen, Dosieren und für
den Klebstoffauftrag

Für Anwendungen im Bereich
Holz-/Möbelindustrie
Baugewerbe, inkl. Fußboden, Wand und
Decke
Elektronik
Maschinen- und Apparatebau
Fahrzeug, Luftfahrtindustrie

Grünig KG
Häuserschlag 8
D-97688 Bad Kissingen
Telefon +49 (0) 9736 75710
Telefax +49 (0) 9736 757129
E-Mail: info@gruenig-net.de
www.gruenig-net.de

Mitglied des IVK

Das Unternehmen

Gründungsjahr
1961

Größe der Belegschaft
35 Mitarbeiter

Gesellschafter
Thomas und Sabine Ulsamer

Vertriebswege
Direktvertrieb mit technischer Beratung

Ansprechpartner
Geschäftsführung:
Thomas und Sabine Ulsamer

Anwendungstechnik und Vertrieb:
Dietmar Itt, Andreas Schwab,
Reinhold Teufel, Michał Kozieł,
Iwona Greczanik

Das Produktprogramm

Klebstofftypen
Dispersionsklebstoffe
Dextrin- und Stärkeklebstoffe

Für Anwendungen im Bereich
Papier/Verpackung
Buchbinderei/Graphisches Gewerbe
Holz-/Möbelindustrie
Baugewerbe inkl. Fußboden, Wand und
Decke
Hygienebereich
Haushalt, Hobby und Büro

Gustav Grolman GmbH & Co. KG

Fuggerstraße 1
D-41468 Neuss
Telefon +49 (0) 2131 9368-01
telefax +49 (0) 2131 9368-264
E-Mail: info@grolman-group.com
www.grolman-group.com

Mitglied des IVK

Das Unternehmen

Gründungsjahr
1855

Ansprechpartner
Anwendungstechnik und Vertrieb:
Dr. Mathias Dietz (Anwendungstechnik)

Weitere Informationen

Die Grolman Gruppe steht für den internationalen Vertrieb von Produkten der Spezialchemie. Das Unternehmen unterhält einzelne Verkaufsbüros in allen europäischen Ländern, der Türkei und Maghreb, die jeweils durch technischen Vertrieb, Kundenserviceteams und Lagerhaltung unterstützt werden.

Das in der fünften Generation geführte Familienunternehmen befindet sich seit seiner Gründung im Jahre 1855 in Privatbesitz. Der Schlüssel zum Unternehmenserfolg liegt in einer kundenorientierten und effizient organisierten Unternehmensstruktur, bei der die Bedürfnisse der Kunden die treibende Kraft sind.

Grolman. Qualität seit 1855.

Das Produktprogramm

Rohstoffe
Additive
Füllstoffe
Polymere

Für Anwendungen im Bereich
Papier/Verpackung
Buchbinderei/Graphisches Gewerbe
Holz-/Möbelindustrie
Baugewerbe, inkl. Fußboden, Wand und Decke
Elektronik
Maschinen- und Apparatebau
Fahrzeug, Luftfahrtindustrie
Textilindustrie
Klebebänder, Etiketten
Hygienebereich
Haushalt, Hobby und Büro

GYSO AG
Steinackerstrasse 34
CH-8302 Kloten
Telefon +41 (0) 43 255 55 55
E-Mail: info@gyso.ch
www.gyso.ch

Mitglied des IVK

Das Unternehmen

Gründungsjahr
1957

Größe der Belegschaft
130 Mitarbeiter

Besitzverhältnisse
inhabergeführtes Familienunternehmen

Vertriebswege
Direkt zum Endkunden sowie über Bauhandel

Ansprechpartner
Geschäftsführung:
Roland Gysel

Anwendungstechnik und Vertrieb:
Kandid Vögele, Thomas Emler

Weitere Informationen
Die Firma GYSO AG ist ein schweizerisches Familienunternehmen, das im Jahre 1957 gegründet wurde. Seit Anbeginn beschäftigte sich die Firma mit Kleb- und Dichtstoffen. Im Verlauf der Zeit sind Dichtbänder, Klebebänder, Folien und weitere Produktesparten dazugekommen.

Heute verfügt GYSO über eine breite und umfassende Produktepalette, ausgerichtet auf die Bereiche Kleben, Dichten, Schützen, Schleifen, Lackieren und Finish. Die Entwicklung ist immer von der Idee geleitet, hohe Qualität und praxisorientierte Lösungen anzubieten.

Unsere grosse und treue Kundschaft aus dem Baugewerbe und dem Automotive ist für uns Bestätigung und gleichzeitig Motivation für die Zukunft. Vom 1-Mann Betrieb hat sich die GYSO AG zu einem leistungsfähigen und modernen Unternehmen mit über 130 Mitarbeitern entwickelt.

Ein kompetenter Partner bei dem die Kundenzufriedenheit immer im Vordergrund steht.

Das Produktprogramm

Klebstofftypen
Ein- und zweikomponenten Klebstoffe auf Silikon-, Hybrid- und Polyurethan-Basis; Dispersionsklebstoffe; Schmelzklebstoffe; lösemittelhaltige Klebstoffe; Glutinleime

Für Anwendungen im Bereich
Papier/Verpackung; Holz-/Möbelindustrie; Baugewerbe, inkl. Fußboden, Wand und Decke; Klebebänder, Etiketten; Haushalt, Hobby und Büro

GYSO AG beschäftigt ca. 130 Mitarbeiter, wovon über 30 im Aussendienst unsere Kunden in allen Landesteilen und Sprachregionen betreuen. Seit der Firmengründung hat sich der Markt im Baugewerbe, im Automotive- und Industriebereich in ungeahnter Weise gewandelt. Die Firma GYSO AG ist stolz, dass sie in all den Jahren mit der Entwicklung Schritt halten und ihre Produkte immer wieder den neuen, teils sehr hohen Anforderungen anpassen konnte.

Unsere klar strukturierte Verkaufsorganisation mit dynamischen und innovativen Mitarbeitern gewährt eine rasche, kompetente und praxisnahe Beratung. Dank langjähriger Erfahrung, verbunden mit fundierten Fachkenntnissen bieten wir individuelle, den Kundenbedürfnissen angepasste Problemlösungen an. Unser Aussendienst-Team, vertreten in allen Regionen der Schweiz, ist in kurzer Zeit an jedem Ort verfügbar. Persönliche und fachliche Unterstützung bei der Planung und Ausführung auf dem Bau. Sachliche Informationen und Schulungen in Form von Fachtagungen bei Kunden und an Schulen sind unser Beitrag zu Gewinnung und Erhaltung optimaler Bauqualität.

Fritz Häcker GmbH + Co. KG

Im Holzgarten 18
D-71665 Vaihingen/Enz
Telefon +49 (0) 70 42-94 62-0
Telefax +49 (0) 70 42-9 89 05
E-Mail: info@haecker-gel.de
www.haecker-gel.de

Mitglied des IVK

Das Unternehmen

Gründungsjahr
1885

Größe der Belegschaft
23 Mitarbeiter

Gesellschafter
Familienbesitz

Geschäftsführung
Ralf Müller

Ansprechpartner
Bereich Proteinklebstoffe:
Ralf Müller
Thomas Klett

Bereich technische Gelatine:
Thomas Klett

Vertriebswege
Direkt über eigenen Außendienst in
deutschsprachigen Ländern

Auslandsvertretungen
weltweit

Das Produktprogramm

Klebstofftypen
Proteinklebstoffe/Glutinleime:
Plakal
Gelmelt
Gelbond
Technische Gelatine:
Geltack
Matchtack
Hitack

Lösungsmittelfreie Reinigungsmittel:
Partinol
Dispersionsklebstoffe
Schmelzklebstoffe
Haftklebstoffe

Für Anwendungen im Bereich
Papier/Verpackung
Buchbinderei/Graphisches Gewerbe
Schachtelherstellung + Kaschierung
Schleifpapierherstellung
Zündholzherstellung
Klebebänder

HANSETACK GmbH

Saseler Strasse 182
D-22159 Hamburg
Telefon +49 40 237 242 67
Telefax +49 40 237 242 69
E-Mail: info@hansetack.com
www.dercol.pt

Mitglied des IVK

Das Unternehmen

Gründungsjahr
2020

Größe der Belegschaft
3 Mitarbeiter

Stammkapital
350.000,- €

Ansprechpartner
Geschäftsführung:
Lars-Olaf Jessen

Anwendungstechnik und Vertrieb:
Lars-Olaf Jessen

Das Produktprogramm

Rohstoffe
Harze

Für Anwendungen im Bereich Industrie
Papier/Verpackung
Buchbinderei/Graphisches Gewerbe
Holz-/Möbelindustrie
Baugewerbe, inkl. Fußboden, Wand und Decke
Elektronik
Fahrzeug, Luftfahrtindustrie
Textilindustrie
Klebebänder, Etiketten
Hygienebereich
Haushalt, Hobby und Büro

Henkel AG & Co. KGaA
Henkelstraße 67
D-40191 Düsseldorf
Telefon +49 (0) 2 11-7 97-0
www.henkel.com

Mitglied des IVK

Das Unternehmen

Eigentümerstruktur
Henkel AG & Co. KGaA

Ansprechpartner
Business Unit Adhesive Technologies
Tel.: +49 (0) 2 11-7 97-0
Fax +49 (0) 2 11-7 98-4008

Weitere Informationen
Henkel Adhesive Technologies ist weltweit
führend in den Märkten für Klebstoffe, Dichtstoffe und funktionale Beschichtungen. Wir
ermöglichen die Transformation ganzer
Industriezweige, verschaffen unseren Kunden
einen Wettbewerbsvorteil und bieten Verbrauchern ein einzigartiges Erlebnis.
Innovatives Denken und Unternehmergeist
sind Teil unserer DNA. Als Branchen- und
Anwendungsexperten in Fertigungsindustrien
weltweit arbeiten wir eng mit unseren Kunden und Partnern zusammen, um nachhaltig
Werte zu schaffen – mit starken Marken und
hochwirksamen Lösungen, basierend auf
einem einzigartigen Technologieportfolio.

Unser Portfolio von Industrieprodukten ist
in fünf Technology Cluster Brands unterteilt –
Loctite, Technomelt, Bonderite, Teroson und
Aquence. Bei den Produkten für Konsumenten und Handwerker fokussieren wir
uns auf die vier globalen Markenplattformen
Pritt, Loctite, Ceresit und Pattex.

Das Produktprogramm

Klebstoffportfolio
Strukturklebstoffe
Kaschierklebstoffe
Sekundenklebstoffe
Schmelzklebstoffe
Reaktionsklebstoffe
Lösemittelbasierte Klebstoffe
Dispersionsklebstoffe
Auf natürlichen Rohstoffen
basierende Klebstoffe
Haftkleber

Dichtstoffportfolio
Acrylat
Butyl Dichtstoffe
Polyurethan Dichtstoffe
Silikon Dichtstoffe
MS Polymer

UNSER BEITRAG FÜR EINE KREISLAUFWIRTSCHAFT

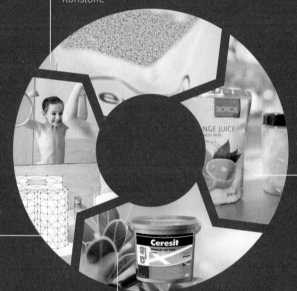

Rohstoffe
Einsatz nachwachsender Rohstoffe

Design
Technologien zur besseren Recyclingfähigkeit von flexiblen Verbundverpackungen

Recycling
Technologien zur Umstellung auf recyclingfähige Papierverpackungen

Produktion
Einführung Rezyklat-basierter Produktverpackungen

Wir führen mit Technologien und Lösungen bei Klebstoffen, Dichtstoffen und Funktionsbeschichtungen und fokussieren uns auf die Entwicklung von Innovationen, die einen zentralen Beitrag zur Lösung aktueller und zukünftiger ökologischer und gesellschaftlicher Herausforderungen leisten. Mit unserem innovativen Portfolio verbessern wir Energieeffizienz, Materialeinsatz, Haltbarkeit und Recyclingfähigkeit einer Vielzahl von Produkten entlang der gesamten Wertschöpfungskette und treiben damit eine Kreislaufwirtschaft voran.

innovative
Klebtechnik
Zimmermann

Dienstleistung • Produktion • Forschung • Beratung

iKTZ GmbH
Franz-Loewen-Straße 4, D-07745 Jena
Telefon +49 (0) 36 41 - 53 40 61 - 0
Telefax +49 (0) 36 41 - 53 40 61 - 9
E-Mail: info@iktz.de, www.iktz.de

Das Unternehmen

Gründungsjahr
2002

Größe der Belegschaft
15 Mitarbeiter

Geschäftsführung
Dipl.-Ing. Edith Zimmermann

Ansprechpartner
Dipl.-Ing. Edith Zimmermann

Ansprechpartner
Geschäftsführung:
Dipl. Ing. Edith Zimmermann

Sekretariat:
Rita Feege

Fertigung:
Andreas Martin

Weitere Informationen:
Die Firma **iKTZ**
• arbeitet für Kunden in Deutschland, der EU, in der Schweiz und in Singapur
• ist ein Spezialist für Klebstoff im Hochtemperaturbereich (> 300 °C)

Das Produktprogramm

Die Firma **iKTZ**

• ist ein Dienstleistungsunternehmen für das Kleben, Dichten oder Vergießen von Baugruppen und übernimmt Outsourcingprozesse (Lohnfertigung)

• stellt Verklebungen mit folgenden Eigenschaften her: hochfest, ausgasarm, chemisch beständig, optisch angepasst, biokompatibel, hochtemperaturbeständig

• verwendet Werkstoffe wie: Metalle, Kunststoffen, Keramiken, Kristalle, Glas, Faserverbundwerkstoffe u. a. m.

• führt Dienstleistungen in folgenden Bereichen durch: Maschinen- und Apparatebau, Automobilindustrie, Elektronik, Medizintechnik, Luftfahrtindustrie, bis hin zur Architektur

• unterstützt Kunden mit Innovationen, Flexibilität, Qualität und Service

• ist permanent an der Erforschung/ Weiterentwicklung neuer Einsatzgebiete für Klebstoffe bzw. Klebstoffmodifikationen für spezielle Anwendungen tätig

• modifiziert konventionelle Klebstoffe nach Kundenwünschen bzw. Anforderungsprofil

• stellt Klebstoffe für den Hochtemperatureinsatz her (für Gläser, Keramiken, Metalle)

 **IMCD**

IMCD Deutschland GmbH
Konrad-Adenauer-Ufer 41 – 45
D-50668 Köln
Telefon +49 (0) 221-7765-0
Telefax +49 (0) 221-7765-200
E-Mail: info@imcd.de
www.imcdgroup.com/en/business-groups/
coatings-and-construction

Mitglied des IVK

Größe der Belegschaft
200 Mitarbeiter

Ansprechpartner
Geschäftsführung:
Frank Schneider, Lars Wallstein

Anwendungstechnik und Vertrieb:
Dr. Heinz J. Küppers

Weitere Informationen
Die IMCD Gruppe ist ein marktführendes Unternehmen im Marketing und Vertrieb von Spezialchemikalien und Lebensmittelzusatzstoffen. Unsere zielorientierten Fachkräfte bieten Kunden und Lieferanten in den Regionen EMEA, Americas und Asia Pacific marktorientierte Lösungen und innovative Formulierungen für Anwendungen in den Bereichen Home Care, Personal Care, Food & Nutrition und Pharmacieuticals bis hin zu Lubricants & Fuels, Coatings & Construction, Advanced Materials & Synthesis.

Die IMCD Gruppe mit fast 3.000 Mitarbeitern realisierte im Jahr 2019 einen Umsatz von EUR 2.690 Millionen. Die IMCD Deutschland ist eine Tochtergesellschaft der IMCD Gruppe.

IMCD Adhesives betreut Kundenprojekte in allen relevanten Klebstoffmärkten wie z. B. der Automobil- und Verpackungsindustrie oder auch High-End-Anwendungen in der Medizintechnik und Elektroindustrie. Unsere Produkte werden in jeder Stufe der Wertschöpfungskette von der Polymerisation, der Formulierung bis hin zur Applikation eingesetzt und umfassen dabei die wasser- und lösemittelbasierenden, sowie Schmelz und Reaktivklebstoffe.

Um mehr über IMCD zu erfahren, besuchen Sie bitte www.imcdgroup.com.

Klebstofftypen
Schmelzklebstoffe
Reaktionsklebstoffe
lösemittelhaltige Klebstoffe
Dispersionsklebstoffe
Haftklebstoffe

Rohstoffe
Additive
Füllstoffe
Harze
Polymere

Für Anwendungen im Bereich
Papier/Verpackung
Buchbinderei/Graphisches Gewerbe
Holz-/Möbelindustrie
Baugewerbe, inkl. Fußboden, Wand und Decke
Elektronik
Maschinen- und Apparatebau
Fahrzeug, Luftfahrtindustrie
Textilindustrie
Klebebänder, Etiketten
Hygienebereich
Haushalt, Hobby und Büro

Klebstoffe

Jowat SE
Ernst-Hilker-Straße 10 – 14
D-32758 Detmold
Telefon + 49 (0) 52 31- 7 49 - 0
E-Mail: info@jowat.de
www.jowat.com

Mitglied des IVK

Das Unternehmen

Gründungsjahr
1919

Größe der Belegschaft
über 1.200 Mitarbeiter weltweit

Jowat weltweit
23 eigene Vertriebsgesellschaften
6 Produktionsstandorte auf vier Kontinenten
Weltweites, eng gespanntes Händlernetz

Tochterfirmen in folgenden Ländern
Australien, Brasilien, China, Chile, Frankreich, Deutschland (2), Italien, Kanada, Kolumbien, Malaysia, Mexiko, Niederlande, Polen, Russland, Schweden, Schweiz, Thailand, Türkei, UAE, UK, USA, Vietnam

Vorstand
Klaus Kullmann
Ralf Nitschke
Dr. Christian Terfloth

Vorsitzender des Aufsichtsrates
Prof. Dr. Andreas Wiedemann

Ansprechpartner
Kay-Henrik von der Heide
Vertriebsleitung

Ingo Horsthemke
Leitung Produktmanagement & Marketing

Ina Benz
Leitung Anwendungstechnik

Das Produktprogramm

Klebstofftypen
Schmelzklebstoffe EVA-Hotmelt, PO-Hotmelt, CoPA-Hotmelt
Reaktive Schmelzklebstoffe PUR, POR
Dispersionsklebstoffe PVAc, EVA, PU, u. a.
Lösemittelklebstoffe CR-Klebstoffe, SC-Klebstoffe, PU-Klebstoffe
Reaktive ein- und zweikomponentige Systeme 1K PU-, 2K PU-, 1K S-, 2K SE-Polymere
Haftklebstoffe PSA-Hotmelt (Pressure Sensitive Adhesive)
Haftvermittler | Primer Primer (wässrig, lösemittelbasierend), Waschprimer
Spezial-Klebstoffe Cyanacrylat-Klebstoff
Reiniger | Spülmittel Jowat® Spülmittel, Reiniger & Trennmittel

Für Anwendungen im Bereich
Holz- und Möbelindustrie Papier- und Verpackungsindustrie Bauindustrie und tragende Holzkonstruktionen Polstermöbel-, Matratzen- und Schaumstoffindustrie Grafische Industrie und Buchbinderei Fahrzeugbau, Automobil- und Automobilzulieferindustrie Technische Textilien und Textilindustrie Sonstige industrielle Anwendungen inkl. Montage

Kaneka
KANEKA BELGIUM NV

The Dreamology Company
—Make your dreams come true—

KANEKA Belgium N.V.
MS Polymer Division
Nijverheidsstraat 16
B-2260 Westerlo (Oevel)
Telefon (+32) 14-25 45 20
E-Mail: info.mspolymer@kaneka.be
www.kaneka.be

Mitglied des IVK

Das Unternehmen

Kaneka Belgium N.V. wurde 1970
als europäische Produktionsstätte der
nunmehr weltweit tätigen Kaneka
Corporation, Japan, gegründet.
Die MS Polymer Division stellt innovative Rohstoffe für die Kleb- und
Dichtstoffindustrie her, die unter
den Gruppennamen Kaneka SILYL,
MS POLYMER und XMAP angeboten
werden.
Als Hersteller der Rohstoffkomponenten
bietet Kaneka seinen Kunden intensiven
technischen Service bei der Endprodukt-
entwicklung.

Ansprechpartner
Vertretung für D, CH, A, Osteuropa:
Werner Hollbeck GmbH
Karl-Legien-Straße 7
D-45356 Essen
Telefon (+49) 2 01/7 22 16 16
Telefax (+49) 2 01/7 22 16 06
E-Mail: Info@Hollbeck.de

Zentrale in Belgien:
Kaneka Belgium N.V.
MS Polymer Division
Nijverheidsstraat 16
B-2260 Westerlo (Oevel)
Telefon (+32) 14/25 45 20
E-Mail: info.mspolymer@kaneka.be

Das Produktprogramm

Rohstoffe
MS POLYMER, SILYL und XMAP
sind flüssigpolymere Rohstoffe auf
Polyether- bzw. Polyacrylat-Basis für die
Weiterverarbeitung zu elastischen Dicht-
und Klebstoffen. Art und Geschwindigkeit
der Aushärtung, Haftvermögen, Vernet-
zungsdichte, etc. sind durch unterschiedliche Funktionalisierungen steuerbar.

Darstellbare Endprodukte der Formulierer
Lösungsmittelfreie/isocyanatfreie
1K-/2K-Reaktionsklebstoffe und
-dichtstoffe
Haftklebstoffe (PSA)
Ölbeständige Kleb-/Dichtstoffe
Dichtstoffe mit geringer Gas-
permeabilität
Klebstoffblends mit Epoxidharzen

Für Anwendungen im Bereich
Maschinen- und Apparatebau
Klima-, Lüftungstechnik
Fahrzeug-, Luftfahrtindustrie
Schiffbau
Holz-, Möbelindustrie
Haushalt, Hobby und Büro
Klebebänder, Etiketten
Elektronik
Baugewerbe, inkl. Fußboden, Wand und Dach

 **KEYSER & MACKAY**

Keyser & Mackay
Zweigniederlassung Deutschland
Industriestraße 163
D-50999 Köln (Rodenkirchen)
Telefon +49 (0) 22 36-39 90-0
Telefax +49 (0) 22 36-39 90-33
E-Mail: keymac.de@keymac.com
www.keysermackay.com

Mitglied des IVK

Das Unternehmen

Gründungsjahr
1894

Größe der Belegschaft
120 Mitarbeiter

Niederlassungen
Zentrale in den Niederlanden
Zweigniederlassungen in Deutschland,
Belgien, Frankreich, Schweiz, Polen,
Spanien

Ansprechpartner
Verkaufsleiter:
Robert Woizenko
Telefon +49 (0) 22 36-39 90-14
E-Mail: r.woizenko@keymac.com

Das Produktprogramm

Rohstoffe
Harze: hydrierte Kohlenwasserstoffharze,
C5/C9 – Kohlenwasserstoffharze,
Pure-Monomer-Harze,
(hydrierte) Kolophoniumderivate,
Harzdispersionen
Polymere: Amorphe Polyolefine
(APO), PE/PP-Wachse (auch
MAH-modifiziert), Acrylatdispersionen,
Acrylatcopolymere, SBS, SEBS, SIS, STP, EVA

Füllstoffe: gefälltes Calciumcarbonat
(beschichtet und unbeschichtet),
Talkum, pyrogene Kieselsäure, Carboxy-
methylcellulose

Sonstiges: Oxazolidine, Silane, Haftvermittler, Flammschutzmittel, Polyole,
Verdicker

Rohstoffe für
Haftklebstoffe (PSA), Schmelzklebstoffe,
lösemittelhaltige Klebstoffe, wässrige
Klebstoffe, Reaktionsklebstoffe, Dichtungsmassen, Beschichtungen,
chem. Verbundanker

Für Anwendungen im Bereich
Klebebänder, Etiketten, Hygiene, Holz-/
Möbelindustrie, Verpackungen, Automobil-/
Luftfahrtindustrie, Papier/ Graphik/ Buch-
bindung, Bauindustrie, Elektronik, Textil,
DIY, Maschinenbau

Kiesel Bauchemie GmbH u. Co. KG

Wolf-Hirth-Straße 2
D-73730 Esslingen
Telefon +49 (0)7 11-9 31 34-0
Telefax +49 (0) 7 11-9 31 34-1 40
E-Mail: kiesel@kiesel.com
www.kiesel.com

Mitglied des IVK

Das Unternehmen

Gründungsjahr
1959

Größe der Belegschaft
ca. 140 Mitarbeiter

Geschäftsführende/-r Gesellschafter/-in
Wolfgang Kiesel, Beatrice Kiesel-Luik

Tochterfirmen
Kiesel S.A.R.L., Reichstedt, Frankreich
Kiesel GmbH, Tägerwilen, Schweiz
Kiesel Benelux, Rijen, Niederlande
Kiesel s.r.o., Praha, Tschechien
Kiesel Polska Sp. z.o.o., Wroclaw

Geschäftsführung
Wolfgang Kiesel, Beatrice Kiesel-Luik,
Dr. Matthias Hirsch

Leitung Vertrieb
Marcus Lippert

Bereichsleiter Marketing und Export
Alexander Magg

Niederlassungsleitung Tangermünde
Diana Stegmann

Branchenverantwortlicher Fliese
Uwe Sauter

Branchenverantwortlicher Fußboden
Marcus Lippert

Verkaufsleitung
Marcus Lippert: Vertriebsleiter D/A/CH
Jürgen Schwarz: Verkaufsleiter Fliesentechnik
Deutschland
Uwe Sauter: Fliese Süd und Österreich

Exportleitung
Beatrice Kiesel-Luik – Übersee und Europa
Christophe Bichon – Frankreich

Das Produktprogramm

Klebstofftypen
Dispersionsklebstoffe
Zementäre Fliesenklebstoffe
Lösemittelfreie Klebstoffe
Reaktionsklebstoffe

Für Anwendungen im Bereich
Baugewerbe, inkl. Fußboden und Wand
Für Bodenbeläge aller Art:
Fußbodenbeläge
Parkettbeläge
Fliesenbeläge
Naturwerksteinbeläge
Innovative Trendböden
Fugenmassen
Abdichtungssysteme
Untergrundvorbereitung

Wiederaufnahmesystem
Okalift SuperChange

Die Produkte werden ausschließlich
in Deutschland gefertigt.

Leitung Technisches Marketing
Ulrich Lauser

Leitung Anwendungstechnik
Fußboden und Parkett: Manfred Dreher
Fliese: Roland Tschigg

Vertriebswege
Fußbodenbelagsgroßhandel
Großverlegebetriebe
Baustoff-Fachhandel
Holzgroßhandel
Fliesenfachhandel

KLEBCHEMIE
M. G. Becker GmbH & Co. KG
Max-Becker-Straße 4
D-76356 Weingarten
Telefon +49 7244 62-0
Telefax +49 7244 700-0
E-Mail: info@kleiberit.com
www.kleiberit.com

Mitglied des IVK

Das Unternehmen

Gründungsjahr
1948

Größe der Belegschaft
ca. 600 weltweit

Niederlassungen
Australien, Brasilien, China, Frankreich,
Indien, Japan, Kanada, Mexiko, Russland,
Singapur, Türkei, UK, Ukraine, USA,
Weißrussland

Geschäftsführung
Dipl. Phys. Klaus Becker-Weimann
Leonhard Ritzhaupt

Ansprechpartner
Vertrieb:
Leonhard Ritzhaupt

Vertriebswege
Industrie – Direktvertrieb
Handwerk – Fachhandel

Weitere Informationen
Spezialist in der PUR Klebstoff-Technologie
und Oberflächenveredelung
Competence PUR

Das Produktprogramm

Klebstofftypen
PUR-Klebstoffe
Reaktive Schmelzklebstoffe (PUR, POR)
Schmelzklebstoffe (EVA, PO, PA)
1K und 2K Reaktionsklebstoffe
(PUR, STP, Epoxy)
PUR-Schaumsysteme
Dispersionsklebstoffe
(Acrylat, EVA, PUR, PVAC)
Dicht- und Montageklebstoffe
Haftklebstoffe
EPI-Systeme
Lösungsmittelhaltige Klebstoffe

Lacksysteme
KLEIBERIT HotCoating® auf Basis PUR
TopCoating auf Basis UV-Lack

Für Anwendungen im Bereich
Holz- und Möbelindustrie
Türen, Fenster, Treppen, Fußböden
Profilummantelung
Bauindustrie inkl. Boden, Wand, Decke
Bau- und Fassadenelemente
Sandwichelemente
Textilindustrie
Automotive Industrie
Filterindustrie
Schiff- und Bootsbau
Papier- und Verpackungsindustrie
Buchbinde-Industrie
Oberflächenveredelung

Kömmerling Chemische Fabrik GmbH
Zweibrücker Straße 200 , D-66954 Pirmasens
Telefon +49 (0) 63 31-56-20 00, Telefax +49 (0) 63 31-56-19 99

Mitglied des IVK

Das Unternehmen

Gründungsjahr
1897

Größe der Belegschaft
390 Mitarbeiter

Besitzverhältnisse
H.B. Fuller

Schwesterfirmen
Kömmerling Chimie SARL, Strasbourg (F)
Kommerling UK Ltd., Uxbridge (UK)

Geschäftsführung
Niels Eildermann
Dr. Gert Heckmann
Heidi Ann Weiler

Vertriebswege
BtoB, Handel

Das Produktprogramm

Klebstofftypen
Acrylatbänder
Butyle/Butylbänder
Dispersionsklebstoffe
Haftklebstoffe
Hotmelts
lösemittelhaltige Klebstoffe
MS-Polymere
Polysulfide
Polyurethane
Silikone

Für Anwendungen im Bereich
Automobilindustrie
Bauindustrie
Coil Coating/Bandbeschichtung
Elektronikindustrie
Fassade
Fensterklebung
Isolierglas
Leichtbau
Marineanwendungen
Nutzfahrzeugbau
Photovoltaik
Schuhhandwerk
Schuhindustrie
Solarthermie
Structural Glazing
Windkraft

Krahn Chemie Deutschland GmbH
Grimm 10
D-20457 Hamburg
Telefon +49 (0) 40-3 20 92-0
Telefax +49 (0) 40-3 20 92-3 22
www.krahn.eu

Mitglied des IVK

Das Unternehmen

Gründungsjahr
1972

Größe der Belegschaft
185 Mitarbeiter

Gesellschafter
Otto Krahn (GmbH & Co.) KG,
gegründet 1909

Geschäftsführung
Axel Sebbesse
Dr. Rolf Kuropka

Ansprechpartner
Thorben Liebrecht
Telefon +49 (0) 40-3 20 92-2 53

Tochterfirmen
Frankreich, Griechenland, Italien,
Niederlande, Polen

Lieferanten
Baerlocher, BASF, Bostik, Celanese, Chromaflo,
Dixie Chemical, Dynaplak, Eastman,
ExxonMobil Chemical, Formosa, Gulf Chemical,
Lanxess, Lord, Nanjing SiSiB Silicones,
OQ Chemicals, Plastifay, Qualipoly, Silicons,
Sucroal, The Chemical Company, Tosoh,
Valtris

Das Produktprogramm

Rohstoffe
Additive:
Biozide, Pigmente, Pigmentpasten,
Metallseifen, Stabilisatoren, Silane

Dispersionen:
Acrylat-Dispersionen
PVAc-Dispersionen
VAE-Dispersionen
Polychloropren-Latex
PVB-Dispersionen
Stärkepolymerdispersionen

Harze:
gesättigte und ungesättigte Polyesterharze

Polymere:
Chloropren Kautschuk (CR)
Chlorosulfoniertes Polyethylen (CSM)
Ethylenvinylacetat (EVA)
PVB, PIB, PVC

Reaktivkomponenten:
UV Oligomere
Kettenverlängerer (EH-Diol)
Epoxidharzhärter

Weichmacher:
Adipate, Benzoate, Citrate, Hexanoate,
Trimillitate, Phthalate, Poly Adipate,
Mischungen, Phosphatester

Haftvermittler:
Gummi-Metall-Haftvermittler

Gleitlacke

Flockklebstoffe

LANXESS Deutschland GmbH

Kennedyplatz 1
D-50569 Köln
Telefon +49 (0) 221-88 85-0
www.lanxess.com

Mitglied des IVK

Das Unternehmen

Der Spezialchemie-Konzern LANXESS mit Sitz in Köln ist seit 2005 an der Börse notiert.

Das Unternehmen beschäftigt knapp 14.300 Mitarbeiter und ist weltweit präsent.

Das Geschäftsportfolio gliedert sich in die Segmente:

- Advanced Intermediates
- Specialty Additives
- Consumer Protection
- Engineering Materials

Der Umsatz lag 2019 bei 6,8 Milliarden Euro.

Für Biozide:
Dr. Pietro Rosato
Technical Marketing – Industrial Preservation
Telefon: +49 (0) 8885 7251
E-Mail: pietro.rosato@lanxess.com

Das Produktprogramm

Biozide
Umfangreiches Sortiment von Bioziden unter den Markennamen Preventol® und Metasol®
- Topfkonservierungsmittel für alle wässerigen Klebstoffe
- Filmkonservierungsmittel für die fungizide Ausrüstung von Dichtmassen, Klebstoffen und Fugenmörteln
- Beratung zu mikrobiologischen Problemstellungen

L&L Products

L&L Products Europe
Hufelandstraße 7
D-80939 München
Telefon +49 (0) 89 4132 779 00
E-Mail: info.europe@llproducts.com
www.llproducts.com

Mitglied des IVK

Das Unternehmen

Gründungsjahr
1958 in Romeo USA –
2002 Gründung der GmbH

Größe der Belegschaft
Weltweit 1.200

Gesellschafter
L&L Products Holding Inc.

Stammkapital
25.000 €

Besitzverhältnisse
Familien Lane & Ligon

Vertriebswege
Direkt und Distribution

Ansprechpartner
Geschäftsführung:
Matthias Fuchs
Anwendungstechnik und Vertrieb:
Erwin de Leeuw

Das Produktprogramm

Klebstofftypen
Schmelzklebstoffe
Reaktionsklebstoffe
Haftklebstoffe

Dichtstofftypen
Acrylatdichtstoffe
PUR-Dichtstoffe
MS/SMP-Dichtstoffe
Sonstige

Für Anwendungen im Bereich
Elektronik
Maschinen- und Apparatebau
Fahrzeug, Luftfahrtindustrie

Lohmann GmbH & Co. KG
Irlicher Straße 55
D-56567 Neuwied
Telefon +49 (0) 26 31-34-0
Telefax +49 (0) 26 31-34-66 61
E-Mail: info@lohmann-tapes.com
www.lohmann-tapes.com

Mitglied des IVK

Das Unternehmen

Gründungsjahr
1851

Größe der Belegschaft
ca. 1.800 Mitarbeiter weltweit

Gesellschafter
Lohmann-Verwaltungs-GmbH
D-56504 Neuwied (Komplementärin)
90 Kommanditisten

Ansprechpartner
Geschäftsführung:
Dr. Jörg Pohlman, Dr. Carsten Herzhoff,
Martin Schilcher
info@lohmann-tapes.com

Tochterfirmen
in Europa, USA, Mexiko, China, Korea,
Indien, Thailand

Vertriebswege
Industrie und graphischer Handel

Weitere Informationen
Als einer der wenigen Anbieter von Klebe-
bandlösungen weltweit ist Lohmann in der
Lage, die gesamte Wertschöpfungskette bei
der Produktion und Weiterverarbeitung
von Klebelösungen aus einer Hand anzubieten. Diese reicht von der Formulierung
und Polymerisation von Klebstoffen über die
Beschichtung und Konfektionierung bis hin
zur Erstellung hochwertiger Stanzteile. Lohmann ist auf kundenspezifische Lösungen
spezialisiert und betreut seine Kunden von
der ersten Idee bis zur prozesssicheren,
maschinellen Applikation.

Das Produktprogramm

Klebstofftypen
Individuelle Klebelösungen

Für Anwendungen im Bereich
Papier/Verpackung
Buchbinderei/Graphisches Gewerbe
Holz-/Möbelindustrie
Baugewerbe, Architektur
Fenster, Türen, Verglasungen
Elektronik
Automotive
Textilindustrie
Klebebänder, Etiketten, High-tech Stanzteile
Sicherheitsdokumente
Erneuerbare Energien
Medizintechnik
Hygiene

Klarer Fall für Lohmann

Wenn's um schwere Herausforderungen geht:
Wir kleben's für Sie. Mit Leidenschaft.

Ganz gleich, welchen komplexen Herausforderungen Sie aktuell oder zukünftig begegnen. Mit Lohmann kleben Sie zuverlässiger, effizienter und wirtschaftlicher. Die Bonding Engineers analysieren Ihre Anforderungen, übersetzen die gewünschte Applikation in die passende Klebetechnik und integrieren sie in Ihren Prozess. Auf Basis eines vielfältigen Produktportfolios. Und mit begleitendem Service, der Ihnen langfristigen Erfolg sichert.

Erfahren Sie mehr unter: www.lohmann-tapes.com

LOOP GmbH
Lohnfertigung und Optimierung
Am Nordturm 5
D-46562 Voerde
Telefon +49 (0) 2 81-8 31 35
Telefax +49 (0) 2 81-8 31 37
E-Mail: mail@loop-gmbh.de

Mitglied des IVK

Das Unternehmen

Gründungsjahr
1993

Geschäftsführer
DI Marc Zick

Produktionsleitung
Jürgen Stockmann

Lohnfertigung folgender Produktgruppen
• Höchstgefüllte Pasten auf Basis unterschiedlichster Bindemittelsysteme
• Polymerformulierungen, 2K-Systeme, wässrig und lösemittelhaltig
• Additiv- und Wirkstoffkonzentrate (flüssig, pastös, pulverförmig)
• Imprägnier- und Formenbauharzsysteme
• Slurries
• Pulvermischungen
• Beladen von Trägermaterialien mit Wirkstoffen
• Effekt-Granulate herstellen + fraktionieren, für technische und optische Anwendungen, Markierungssysteme usw.
• Elektroverguss-, Kabelverguss- und Einzugsmassen usw.

Das Produktprogramm

LOOP arbeitet für Partner in den Sektoren
• Kleb- und Dichtstoffindustrie
• Polymer-, Bindemittel-Chemie
• Pigment + Füllstoffhersteller
• Additiv-Industrie
• Bauchemie/Bautenschutz
• Verbundwerkstoffe
• Gießereiindustrie
• Elektronik, Kabelhersteller, Windkraft
• Glasindustrie (funktionelle Produkte)
• Textil-, Papier, Holzausrüster
• Entwicklungs-, Labor- und Beratungsunternehmen
• Große Distributeure usw.

LOOP baut sein KST (Kunden-Service-Technikum) personell und equipmentseitig konsequent weiter aus.

LOOP arbeitet mit Partnern aus dem inländischen, europäischen und außereuropäischen Markt zusammen.

LORD Germany GmbH
Itterpark 8
D-40724 Hilden
Telefon +49 (0) 21 03-25 23 10
Telefax +49 (0) 21 03-25 23 197
E-Mail: Liv.Kionka@parker.com
www.parker.com

Mitglied des IVK

Das Unternehmen

Gründungsjahr
1917 durch Arthur L. Parker

Größe der Belegschaft
56.000 in 2019 (Parker Hannifin weltweit)

**Europäisches Zentrum der
Anwendungstechnik Hilden**

Ansprechpartner in der Anwendungstechnik
Parker LORD Gummi - Substrat Haftmittel:
Malte Reppenhagen
E-Mail: malte.reppenhagen@parker.com

Parker LORD Struktur- und Automitve OEM 2K
Klebstoffe:
Dipl. Ing. Marcus Lämmer
E-Mail: marcus.lammer@parker.com

Parker LORD Thermoset & Cooltherm:
Christophe Dos Santos
E-Mail: Christophe.DosSantos@parker.com

Parker LORD Elastomer Beschichtungen und
Flockklebstoffe:
Dr. Christiane Stingel
E-Mail: christiane.stingel@parker.com

Weitere Informationen
Parker LORD ist der weltweit führende Hersteller
von Gummi-Metallhaftmitteln und Elastomerbe-
schichtungen für den Automobil-, Industrie- und
Luftfahrtbereich. Hier kommen sowohl Lösemit-
tel- als auch wässrige Dispersionsklebstoffe zum
Einsatz. Weitere Schwerpunkte liegen im Bereich
kaltaushärtender 2K Metall- und Kompositklebstoffe welche z.B. im Bereich der Automobil-
Bördelfalzklebung zum Einsatz kommen. Die
Produktpalette wird durch spezielle Elektronik-
klebstoffe zum Beschichten, Vergießen oder
leitfähigen Kleben elektronischer Komponenten
abgerundet.

Das Produktprogramm

Klebstofftypen
2K Reaktionsklebstoffe
(LORD®, FUSOR®, VERSILOK®, Cool-Therm)

Lösemittelhaltige Haftmittel
(CHEMLOK®, CHEMOSIL®)

Lösemittelhaltige 1K Reaktionsklebstoffe
(LORD®, CHEMLOK®, FLOCKSIL®)

Wässrige Dispersionsklebstoffe
(CUVERTIN®, SIPIOL®)

Lösemittelhaltige 1K Beschichtungen für die
Luft- und Raumfahrt (AEROGLAZE®)

Für Anwendungen im Bereich
Thermoset & Elektronik:
Thermisch-leitfähige, aber elektrisch isolierende
Vergussmassen
Beschichtungen, Halbleiterklebstoffe

Industrie:
Metallklebstoffe, Kompositklebstoffe,
Kunststoffklebstoffe für den Fahrzeugbau,
die Luftfahrtindustrie und Marine

Elastomere: Gummi-Metallklebstoffe,
Flockklebstoffe, Antihaftbeschichtungen

Automobil (OEM): Bördelfalzklebstoffe,
Dämpfungselemente, Magnetrheologische
Flüssigkeiten (MR Fluids)

Luft- und Raumfahrt: 2K (OEM) Strukturklebstoffe,
2K Reparaturklebstoffe, Beschichtungen, Dämpfungselemente, Aktive Schwingungsdämpfer

Das europäische Forschungs- und Entwicklungs-
zentrum in Hilden erarbeitet hierbei kundenspezifische Lösungen in vielen Bereichen
der Klebtechnik und führt Schulungen zu den
verwendeten Klebstoffen durch.

LUGATO
GmbH & Co. KG

Großer Kamp 1
D-22885 Barsbüttel
Telefon (0) 40-6 94 07-0
Telefax (0) 40-6 94 07-1 09+1 10
E-Mail: info@lugato.de
www.lugato.de

Mitglied des IVK

Das Unternehmen

Gründungsjahr
1919

Größe der Belegschaft
ca. 140 Mitarbeiter

Geschäftsführung
Stephan Bülle

Vertriebswege
Baumärkte
Baustoffhandel

Das Produktprogramm

Klebstofftypen
Dispersionsklebstoffe
hydraulisch erhärtende Klebstoffe
Reaktionsklebstoffe

Für Anwendungen im Bereich
Do it Yourself
Baugewerbe, inkl. Fußboden, Wand u. Decke

Weitere Produkte
Fliesenklebstoffe
bauchemische Markenartikel, z. B.
Fugenmörtel
Dichtstoffe
Spachtel- und Ausgleichmassen
Reparatur- und Montagemörtel
Polyurethan-Schäume
Dispersionsputze
Spezialanstriche
Grundierungen
Bauwerksabdichtungen
Verlegesystem Marmor + Granit
Bodenbelagsklebstoffe

Mapei
Austria GmbH

Fräuleinmühle 2
A-3134 Nußdorf o. d. Traisen
Telefon +43 (0) 27 83 88 91
Telefax +43 (0) 27 83 88 91-125
E-Mail: office@mapei.at
www.mapei.at

Mitglied des IVK

Das Unternehmen

Gründungsjahr
1980

Größe der Belegschaft
96 Mitarbeiter

Gesellschafter
Mapei SpA, Milano, Italien

Ansprechpartner
Geschäftsführung:
Mag. Andreas Wolf

Verkaufsleitung:
Paul Solczykiewicz

Produktmanager:
Oliver Salmhofer

Das Produktprogramm

Klebstofftypen
Reaktionsklebstoffe
lösemittelfreie Klebstoffe
lösemittelhaltige Klebstoffe
Dispersionsklebstoffe

Dichtstofftypen
Acrylatdichtstoffe
Silicondichtstoffe
Reaktions-Dichtstoffe

Für Anwendungen im Bereich
Baugewerbe, inkl. Fußboden,
Wand u. Decke

Mapei GmbH

IHP Nord, Bürogebäude 1
Babenhäuser Straße 50
D-63762 Großostheim
Telefon +49 (0) 60 26-5 01 97-0
Telefax +49 (0) 60 26-5 01 97-48
E-Mail: info@mapei.de
www.mapei.de

Mitglied des IVK

Das Unternehmen

Das Produktprogramm

Gründungsjahr
1937 Mapei S.p.A.

Größe der Belegschaft
ca. 10.500 Mitarbeiter

Gesellschafter
Marco Squinzi, Veronica Squinzi

Besitzverhältnisse
Familienunternehmen

Tochterfirmen
Sopro Bauchemie, Rasco Bitumentechnik,
Polyclass S.p.a., Vinavil S.p.a.

Vertriebswege
Baustofffachhandel, Handwerk

Ansprechpartner
Geschäftsführung:
Dr. Uwe Gruber

Anwendungstechnik und Vertrieb:
Bernd Lesker, Michael Heim

Weitere Informationen
www.mapei.de

Klebstofftypen
Reaktionsklebstoffe
Dispersionsklebstoffe

Dichtstofftypen
Acrylatdichtstoffe
Butyldichtstoffe
PUR-Dichtstoffe
Silicondichtstoffe
MS/SMP-Dichtstoffe

Rohstoffe
Additive
Harze
Polymere

merz+benteli ag
more than bonding

Merbenit Gomastit Merbenature

merz+benteli ag
Freiburgstrasse 616
CH-3172 Niederwangen
Telefon +41 (0) 31 980 48 48
Telefax +41 (0) 31 980 48 49
E-Mail: info@merz-benteli.ch
www.merz-benteli.ch

Mitglied des FKS

Das Unternehmen

Gründungsjahr
1918 in Bern als Zulieferer der
Uhrenindustrie

Mitarbeiter
100 Mitarbeiter

Firmenstruktur
Aktiengesellschaft im Familienbesitz

Verkaufskanäle
Direkt und an Verteiler, bzw. Händler

Kontaktpartner
Management:
Simon Bienz, Leiter Marketing & Verkauf

Anwendungstechnik und Verkauf:
Simon Bienz, Leiter Marketing & Verkauf

Weitere Informationen
*Wir bauen auf 100 Jahre Erfahrung im Kleben
und Dichten*
Seit der Firmengründung im Jahre 1918
entwickelt und vermarktet merz+benteli ag
als unabhängiges Unternehmen technolo-
gisch führende elastische Dicht- und
Klebstoffe.

*Innovative und leistungsfähige SMP Dicht-
und Klebstoffe (silan-modifizierte Polymere)*
Mit den Marken Gomastit für Bauanwen-
dungen, Merbenit für Industrieapplikationen

Das Produktprogramm

Klebstoffarten
Reaktive Klebstoffe

Dichtstoffarten
MS/SMP Dichtstoffe

Für Anwendung im Bereich
Holz-/Möbelindustrie
Bauindustrie; Böden, Decken und Wände
Elektroindustrie
Maschinen- und Anlagenbau
Fahr- und Flugzeugindustrie
Marineindustrie

sowie Merbenature aus über 50% nachwachsenden Rohmaterialien positioniert
sich merz+benteli ag als eigenständiger und
unabhängiger Spezialist für innovative
Marktleistungen rund ums Dichten, Kleben
und Schützen.

Minova CarboTech GmbH
Bamlerstraße 5d
D-45141 Essen
Telefon +49 (0) 201 80983 500
Telefax +49 (0) 201 80983 9605
E-Mail: info.de@minovaglobal.com
www.minovaglobal.com

Mitglied des IVK

Das Unternehmen

Minova International Ltd.
400 Dashwood Lang Road
Addlestone - Vereinigtes Königreich

Mutter-Gesellschaft
Orica Ltd, Melbourne - Australien

Ansprechpartner
Geschäftsführung:
Hugh Pelham, Michael J. Napoletano
Patrick Langan

Anwendungstechnik und Vertrieb:
Herbert Holzer
Telefon +49 (0) 201 80983 500
E-Mail: herbert.holzer@minovaglobal.com

Weitere Informationen

Minova kann auf eine 137-jährige Erfolgsge-
schichte bei der Entwicklung und Lieferung
innovativer Produkte für die Bergbau-,
Bau- und Energieindustrie zurückblicken.
Wir sind bekannt für unsere hochwertigen
Produkte, unser technisches Know-how und
unsere Problemlösungen. Dies ist ein Erbe,
auf das man Stolz sein kann und an dem wir
täglich arbeiten.

Das Produktprogramm

Klebstofftypen
Reaktionsklebstoffe

Für Anwendungen im Bereich
Holz-/Möbelindustrie,
Baugewerbe, inkl. Fußboden,
Wand und Decke

Wir bieten eine umfangreiche
Produktpalette für:
- Gebirgsanker aus Stahl und Fiberglas
  einschließlich Zubehör für den Berg – und
  Tunnelbau,
- Injektionsharze zur Abdichtung gegen
  Gas- und Wasserzutritt, Gebirgs – und
  Bodenverfestigung und Hohlraumverfül-
  lung,
- Zemente und Harze zur Bauwerks – und
  Kanalsanierung,
- Klebstoffe für unterschiedliche Böden
  und Belege.

MÖLLER CHEMIE
CHEMICAL PARTNERSHIP SINCE 1920

Möller Chemie GmbH & Co.KG
Bürgerkamp 1
D-48565 Steinfurt
Telefon +49 (0) 2551 9340-0
Telefax +49 (0) 2551 9340-60
E-Mail: info@moellerchemie.com
www.moellerchemie.com

Mitglied des IVK

Das Unternehmen

Das Produktprogramm

Gründungsjahr
gegründet 1920

Größe der Belegschaft
102 Mitarbeiter

Stammkapital
72 Mill. €

Gesellschaftsstruktur
Familienunternehmen

Verkaufsgebiete
EU direkt, Balkan via Vertretung

Kontaktpartner
Management:
R. Berghaus

Anwendungstechnik:
U. Banseberg

Verkauf:
F. Dembski

Weiter Informationen
Spezialisiert auf Additive - Entschäumer,
Benetzung- und Dispergiermittel, UV-Licht-
Stabilisator, Silikon-Tenside, Rheologie
Additive. Silikon Stabilisatoren, Epoxidhärter
Reaktivverdünner, MXDA, Lösungsmittel,
Silane - Haftungsvermittler, pyrogene Kiesel-
säuren der Orisil. Alpha-Olefin von Chevron
Phillips (Alpha-Plus). Isoparaffine, Weichma-
cher, Isotridecanol usw.
Amin- und Metallkatalysatoren, Vernetzer,
Andere.

Rohstoffe
Additive
Füllstoffe
Lösemittel jeglicher Art
Polymere Produkte
Stärke Produkte
Oberflächenreiniger

Ausrüstung, Anlagen und Komponenten
zum Fördern, Mischen, Dosieren und für
die Herstellung von Mischungen

Für Anwendungen in den Bereichen
Papier/Verpackungen
Buchbinderei/Grafikdesign
Holz-/Möbelindustrie,
Kunststoff und Lackindustrie
Bauindustrie, einschließlich Böden, Wände
Elektronik
Maschinenbau und Ausrüstung Konstruktion
Automobilindustrie, Luftfahrtindustrie
Textilindustrie
Klebebänder, Etiketten
Hygiene
Haushalt, Freizeit und Büro

MORCHEM
Speciality Adhesives & Coatings

MORCHEM, S.A.
Alemania, 18-22
Pol. Ind Pla de Llerona
E-08520 Les Franqueses del Vallés
(Barcelona)
Telefon +34 93 840 57 00
Telefax +34 93 840 57 11
E-Mail: info@morchem.com
www.morchem.com

Das Unternehmen

Gründungsjahr
1985

Größe der Belegschaft
145

Geschäftsführer
Helmut Schaeidt Murga

Besitzverhältnisse
Familienunternehmen

Tochterfirmen
MORCHEM GmbH (Deutschland)
MORCHEM IN (USA)
MORCHEM FZE
(Vereinigte Arabische Emirate)
MORCHEM SHANGHAI TRADING Co., Ltd.
(China)
MORCHEM PRIVATE LIMITED (Indien)

Vertriebswege
Eigener Kundendienst und Tochtergesell-
schaften/Exklusivhändler, Vertreter +
Lagerhäuser weltweit

Ansprechpartner
Anwendungstechnik und Vertrieb:
MORCHEM GmbH: Erwin Jochim

Weitere Informationen
"PU-basierte Kaschierklebstoffe und
Beschichtungen für die Flex-Pack-Veredler,
Textilkaschierung, TPUs für Druckfarben,
Pu-Dispersionen, sowie weitere technische
Anwendungen."

Das Produktprogramm

Klebstofftypen
Schmelzklebstoffe
Reaktionsklebstoffe
lösemittelhaltige Klebstoffe
Dispersionsklebstoffe

Rohstoffe
Polymere

Für Anwendung im Bereich
Papier/Verpackung
Holz-/Möbelindustrie
Elektronik
Textilindustrie

MÜNZING

CREATING ADDITIVE VALUE

MÜNZING CHEMIE GmbH
Münzingstraße 2
D-74232 Abstatt
Telefon +49 (0) 71 31-9 87-0
Telefax +49 (0) 71 31-98 72 02
E-Mail: sales.pca@munzing.com
www.munzing.com

Das Unternehmen

Gründungsjahr
1830

Größe der Belegschaft
400 Mitarbeiter

Gesellschafter
Familie Münzing

Besitzverhältnisse
Familienbesitz

Tochterfirmen
MÜNZING North America,
Bloomfield, NJ, USA
MÜNZING CHEMIE Iberia S.A.U.,
Barcelona, Spain
MÜNZING International S.a.r.L, Luxembourg
MÜNZING Micro Technologies GmbH, Elsteraue,
Germany
MÜNZING Shanghai Co. Ltd, P.R. China
MAGRABAR LLC, Morton Grove, IL, USA
MÜNZING Mumbai Pvt. Ltd., Mumbai, India
ÜNZING Australia Pty. Ltd., Somersby, NSW,
Australia
MÜNZING Malaysia SDN BHD, Sungai Petani,
Malaysia
MUNZING DO BRASIL, Curitiba/PR, Brasil
Süddeutsche Emulsions-Chemie GmbH,
Mannheim, Germany

Vertriebswege
Direkt und über Vertragshändler

Ansprechpartner
Anwendungstechnik:
Herr Bissinger
Telefon: 0 71 31-987-174
E-Mail: p.bissinger@munzing.com

Vertrieb:
Herr Dr. Büthe
Telefon: 0 71 31-987-148
E-Mail: sales.pca@munzing.com

Das Produktprogramm

Rohstoffe
Additive

Für Anwendung im Bereich
Papier/Verpackung, inkl. Lebensmittel
Holz-/Möbelindustrie
Baugewerbe, inkl. Fußboden,
Wand und Decke
Elektronik
Maschinen- und Apparatebau
Fahrzeug, Luftfahrtindustrie
Textilindustrie
Klebebänder, Etiketten
Haushalt, Hobby und Büro

MUREXIN GmbH
Franz v. Furtenbach Straße 1
A-2700 Wiener Neustadt
Telefon +43 (0) 26 22-27 401-0
Telefax DW: 187
E-Mail: info@murexin.com
www.murexin.com

Mitglied des IVK

Das Unternehmen

Gründungsjahr
1931

Größe der Belegschaft
431 Mitarbeiter

Besitzverhältnisse
Unternehmen der
Schmid Industrie Holding

Tochterfirmen
Ungarn, Slowakei, Tschechien, Polen,
Slowenien, Rumänien, Frankreich, Kroatien

Vertriebspartner
Deutschland, Italien, Bulgarien, Belgien,
Island, Israel, Italien, Schweden, Schweiz,
Serbien, Türkei, Ukraine, Großbritannien

Geschäftsführung
Mag. Bernhard Mucherl

Das Produktprogramm

Grundierungen, Haftbrücken
Nivellier-, Füll- und Spachtelmassen
Klebstoffe für PVC, Textil, Linoleum, Kork
und Gummi
Klebstoffe für elektrisch leitfähige Systeme
Klebstoffe für Parkett und Holz
Klebstoffe für Wand und Decke
Parkettlacke, Pflegemittel

Für Anwendungen im Bereich
Bodenlegergewerbe
Tischler- und Zimmereigewerbe
Holz-/Möbelindustrie

Nordmann, Rassmann GmbH
Kajen 2
D-20459 Hamburg
Telefon +49 (0) 40 36 87-0
Telefax +49 (0) 40 36 87-249
E-Mail: info@nordmann.global
www.nordmann.global

Mitglied des IVK

Das Unternehmen

Gründungsjahr
1912

Größe der Belegschaft
450

Geschäftsleitung
Dr. Gerd Bergmann, Carsten Güntner,
Felix Kruse

Tochterunternehmen
Österreich, Bulgarien, Tschechien, Frankreich,
Deutschland, Ungarn, Indien, Italien, Japan,
Schweden, Polen, Portugal, Rumänien, Serbien,
Singapur, Slowakei, Slowenien, Südkorea, Spanien,
Schweiz, Türkei, Großbritannien, USA.

Ansprechpartner
Technik und Vertrieb:
Henning Schild
Telefon: +49 (0) 40-36 87- 248
Telefax: +49 (0) 40-36 87- 72 48
E-Mail: henning.schild@nordmann.global

Dirk Köpke
Telefon: +49 (0) 40-36 87- 259
Telefax: +49 (0) 40-36 87- 72 59
E-Mail: dirk.koepke@nordmann.global

Weitere Informationen
Nordmann gehört zu den führenden internatio-
nalen Unternehmen in der Chemiedistribution.
Mit Tochtergesellschaften in Europa, Asien und
Nordamerika vertreibt Nordmann weltweit
natürliche und chemische Rohstoffe, Zusatzstoffe
und Spezialchemikalien. Als Vertriebs- und
Marketingorganisation ist Nordmann dabei das
Bindeglied zwischen Lieferanten aus aller Welt
und Kunden in der verarbeitenden Industrie.

Das Produktprogramm

Rohstoffe
Additive: Antioxidantien/Stabilisatoren, Cellu-
loseether, Dispersionspulver, Entschäumer,
Flammschutzmittel und Synergisten, funktionelle
Füllstoffe, PVA, Verdicker, Polyethylenoxide, Polyo-
lefinwachse (PE/PP) und Copolymere, Stärkeether,
Tenside, Pigmente, Rheologieadditive, Kohlefasern,
PE-Emulsionen

Polymere: PVDC, Styrolblockcopolymere
(SBS, SEBS, SEP, SIS, SIBS), Chloropren-
kautschuk (CR), Hotmelt - Polyamid

Harze: Alkydharze, Alpha-Methyl-Styrol-Harze
(auch phenolisch modifiziert, Epoxidharze und
-härter, Hydrierte, Kohlenwasserstoffharze,
Polyterpenharze (auch phenolisch oder Styrol-
modifiziert) Phenolharze, Tall-Öl-Harzester

Reaktivkomponenten: Isocyanate (MDI), Katalysa-
toren, Kettenverlängerer, Monomere (Metha-
crylate, Hydroxymethacrylate, Ethermethacrylate,
Aminomethacrylate), Polyetherpolyole, PTMEG,
Polycaprolactone, Reaktivverdünner

Weichmacher: DOTP, DPHP, Prozessöle -
paraffinische, naphthenische und „gas-to-liquid"

Dispersionen: Chloroprene, Harzester,
Polyurethan, Styrolbutadien, Styrolacrylat

Für Anwendungen im Bereich
Baugewerbe, inkl. Fußboden, Wand u. Decke
Buchbinderei/Graphisches Gewerbe
Elektronik
Fahrzeug-, Luftfahrtindustrie
Haushalt, Hobby und Büro
Holz-/Möbelindustrie
Hygienebereich
Klebebänder, Etiketten
Papier/Verpackung
Textilindustrie

Omya GmbH

Poßmoorweg 2
D-22301 Hamburg
Telefon +49 (0) 221-37 75-0
Telefax +49 (0) 221-37 75-390
E-Mail: building.de@omya.com
www.omya.de

Mitglied des IVK

Das Unternehmen

Größe der Belegschaft
ca. 100 Mitarbeiter

Besitzverhältnisse
100 % Tochter der Omya AG

Ansprechpartner
Gabriele Bender

Das Produktprogramm

Rohstoffe
Additive:
Dispergieradditive für wässrige Systeme
Rheologiehilfsmittel (PU-/Acrylatverdicker,
Bentonit, Sepiolit)
Feuchtefänger (Calciumoxid)

(Funktionale) Füllstoffe:
Calciumcarbonat, Dolomit
Ultrafeine PCC
Leichtfüllstoffe
Kaolin, Baryt
Mineralischer Flammschutz (ATH)

Polymere:
Vinylacetat (VAC)
Acrylat- und Styrol-Acrylat-Copolymere
Alkyd und Polyester Harze
Epoxidharze, Reaktivverdünner, Härter
Styrol-Butadien Rubber (SBR)

Für Anwendungen im Bereich
Papier/Verpackung
Buchbinderei/Graphisches Gewerbe
Holz/Möbelindustrie
Baugewerbe, inkl. Fußboden,
Wand und Decke
Fahrzeug-/Luftfahrt-/Textilindustrie
Dichtstoffe
Elektronik
Klebebänder, Etiketten
Haushalt, Hobby, Büro

Organik Kimya Netherlands B.V.

Chemieweg 7
NL-3197KC Rotterdam-Botlek
Telefon +31 10 295 48 20
Telefax +31 10 295 48 29
E-Mail: organik@organikkimya.com
www.organikkimya.com

Mitglied des IVK

Das Unternehmen

Gründungsjahr
1924

Größe der Belegschaft
500 Mitarbeiter

Gesellschafter
100 % im Familienbesitz

Besitzverhältnisse
100 %

Tochterfirmen
Vertretungen weltweit, Produktionsstandorte in den Niederlanden und Türkei

Vertriebswege
Direktvertrieb
Vertretungen weltweit

Geschäftsführung
Stefano Kaslowski
Simone Kaslowski

Anwendungstechnik und Vertrieb
Oguz Kocak
Telefon +49 173 652 22 59
E-Mail: o_kocak@organikkimya.com

Das Produktprogramm

Klebstofftypen
Dispersionsklebstoffe
Haftklebstoffe

Dichtstofftypen
Acrylatdichtstoffe

Rohstoffe
Polymere
wässrige Dispersionen:
Acrylat-Dispersionen
Styrolacrylat-Dispersionen
Vinylacetat-Polymere

Für Anwendungen im Bereich
Papier/Verpackung
Buchbinderei/Graphisches Gewerbe
Holz-/Möbelindustrie
Baugewerbe, inkl. Fußboden, Wand u. Decke
Textilindustrie
Klebebänder, Etiketten

Dichtstoffe • Klebstoffe

OTTO-CHEMIE
Hermann Otto GmbH
Krankenhausstraße 14
D-83413 Fridolfing
Telefon +49 (0) 86 84-908-0
Telefax +49 (0) 86 84-908-539
E-Mail: info@otto-chemie.de
www.otto-chemie.de

Mitglied des IVK

Das Unternehmen

Geschäftsführung
Johann Hafner
Diethard Bruhn
Matthias Nath
Claudia Heinemann-Nath

Größe der Belegschaft
470 Mitarbeiter

Ansprechpartner
Anwendungstechnik:
Nikolaus Auer
Telefon +49 (0) 86 84-908-456
E-Mail: nikolaus.auer@otto-chemie.de

Vertrieb
Vertriebsleiter Industrie:
Marc Wüst
Telefon +49 (0) 86 84-908-521
E-Mail Marc.Wuest@otto-chemie.de

Das Produktprogramm

Dicht- und Klebstoff-Typen
1K- und 2K-Silicone
1K- und 2K-Polyurethane
MS-Hybrid-Polymere
silanterminierte Polymere
Acrylate

Anwendungen im Bereich
Fahrzeugbau, Schiene, Schiffsbau,
Caravan, Aufbauten
Luft- und Raumfahrt
Elektrotechnik, Hausgeräte,
Kochmulden, Backöfen
Elektronik- und Kabel-Industrie
Klima-, Heizungs-, Lüftungstechnik
Holz, Möbel, Sandwich-Elemente
Fußbodenbeläge
Kunststoffbau
Reinräume
Photovoltaik-Module
Warmwasser-Module
Trennwände
Beschichtungen auf Textilien
Leuchtensysteme

Panacol-Elosol GmbH
Daimlerstraße 8
D-61449 Steinbach/Taunus
Telefon +49 (0) 61 71-62 02-0
Telefax +49 (0) 61 71-62 02-5 90
E-Mail: info@panacol.de
www.panacol.de
Ein Unternehmen der Hönle Gruppe

Mitglied des IVK

Das Unternehmen

Gründungsjahr
1978

Größe der Belegschaft
mehr als 75 Mitarbeiter

Gesellschafter
Panacol AG, Zürich

Stammkapital
250.000 €

Geschäftsführung
Florian Eulenhöfer

Vertriebswege
Direkt über eigenen Außendienst in
Deutschland
Vertriebspartner weltweit

Zertifiziert nach DIN ISO 9001:2015

UV Equipment
Als Mitglied der Hönle-Gruppe und durch
die Partnerschaft mit UV-Gerätehersteller
Hönle sind zudem innovative UV- und
UV-LED-Aushärtesysteme erhältlich.

Das Produktprogramm

Klebstofftypen
Reaktionsklebstoffe
Anaerobe Klebstoffe
Cyanacrylate
Hochtemperatur-Klebstoffe
leitfähige isotrope und anisotrope
Klebstoffe
UV- und lichthärtende Epoxid- und Acrylat-
klebstoffe
Silikone
Strukturklebstoffe
1K- u. 2K-Epoxidharze

Für Anwendungen im Bereich
Elektronik/Elektrotechnik
Chip-Verguss
Maschinen- und Apparatebau
Fahrzeug-, Luftfahrtindustrie
Optik
Medizintechnik
Display-Laminierung

Paramelt B.V.

Costerstraat 18
NL-1704 RJ Heerhugowaard Niederlande
Telefon +31 (0)72 5750600
Telefax +31 (0)72 5750699
E-Mail: info@paramelt.com
www.paramelt.com

Mitglied des VLK

Das Unternehmen

Gründungsjahr
1898

Größe der Belegschaft
522

Gesellschafter
in Privatbesitz

Tochterfirmen
Paramelt Veendam B.V.; Paramelt USA Inc.;
Paramelt Specialty Materials (Suzhou) Co., Ltd

Vertriebswege
Europäische Verkaufsbüros in Deutschland,
Schweden, Niederlande, VK, Frankreich und
Portugal und ein Netzwerk von spezialisierten
Distributoren.

Ansprechpartner
Gesprechpartner:
Flexible Verpackung: Leon Krings
Verpackung & Etikettierung: Kristof Andrzejewski
Konstruktion & Montage: Wim van Praag

Über Paramelt
Paramelt wurde 1898 gegründet und hat sich
im Laufe der Jahre zu einem weltweit führenden
Spezialisten für wachsbasierte Materialien und
Klebstoffe entwickelt.
Paramelt agiert global inzwischen mit 7 Produk-
tionsstandorten in den Niederlanden, USA und
in China. Das Unternehmen verfolgt durch eine
Reihe globaler Geschäftseinheiten einen struk-
turierten Ansatz um seine Schlüsselmärkte, wie
Verpackung sowie Bau & Montage, zu bearbeiten.
Für diese Märkte bieten wir eine umfassende
Auswahl an Wachsen, wasserbasierten Klebstoffen, Hotmelts, PSA-Klebstoffen, wasserbasier-
ten funktionellen Beschichtungen und lösemittelbasierten PU-Klebstoffen, an.
Betreut von sowohl regionalen Verkaufsbüros als
auch einem umfassenden Netzwerk von Vertrieb-

Das Produktprogramm

Klebstofftypen
Schmelzklebstoffe
Reaktionsklebstoffe
lösemittelhaltige Klebstoffe
Dispersionsklebstoffe
pflanzliche Klebstoffe, Kasein-, Dextrin- und
Stärkeklebstoffe
Haftklebstoffe
Heißsiegelbeschichtungen

Dichtstofftypen
Sonstige

Für Anwendungen im Bereich
Papierverarbeitung/(Flexible) Verpackung/
Etikettierung usw.
Bau: Sandwichelemente, Dach und Fassade
Industriemontage

spartnern, können sich unsere Kunden sicher
sein, den bestmöglichen lokalen Service und eine
umfassende Unterstützung zu erhalten.
Wir verfügen über ein umfangreiches Know-how
im Bereich der Formulierung und Entwicklung von
Klebstoffen und funktionellen Beschichtungen was
uns ermöglicht, auch kritische Maschinen- und An-
wendungsanforderungen erfolgreich zu meistern.
Das Unternehmen hat ein umfangreiches Wissen
von Leistungsaspekten aufgebaut, das genutzt wird
um unsere Produkte so effektiv wie möglich auf
allen Stufen der Wertschöpfungskette zu gestalten.
Unsere Produkte werden in unseren lokalen Laboratorien durch umfangreiche anwendungstech-
nische Verfahren und analytischen Testmethoden
abgesichert und unterstützen uns dabei, beste
Produktlösungen für Ihre Anwendung zu finden.
Aufbauend auf einer Tradition der Partnerschaft und
des Vertrauens, können wir Ihnen durch ein detail-
liertes Wissen, das wir uns über 100 Jahre erarbeitet
haben, echte Vorteile für Ihren Betrieb bieten.

PCI Augsburg GmbH

Piccardstraße 11
D-86159 Augsburg
Telefon +49 (0) 8 21 59 01-0
Telefax +49 (0) 8 21 59 01-372
E-Mail: pci-info@basf.com

Mitglied des IVK

Das Unternehmen

Gründungsjahr
1950

Größe der Belegschaft
8oo Mitarbeiter

Eigentumsverhältnis
PCI Augsburg GmbH ist eine Tochter-
gesellschaft der BASF – The Chemical
Company

Tochtergesellschaften
Details siehe Webseite

Vertriebswege
indirekt/über Vertriebshändler

Kontaktpartner
Management:
siehe Webseite

Anwendungstechnik und Vertrieb:
siehe Webseite

Weitere Informationen
siehe Webseite

Das Produktprogramm

Klebstoffarten
Reaktivklebstoffe
Dispersionsklebstoffe

Dichtstoffarten
Acryldichtstoffe
PUR-Dichtstoffe
Silikondichtstoffe

Ausrüstung, Anlagen und Bauteile
zum Fördern, Mischen, Dosieren und
für Klebstoffanwendungen

**Für Anwendungen in folgenden
Bereichen:**
Baugewerbe, inkl. Fußboden, Wand u. Decke

PLANATOL®
smart gluing

Planatol GmbH
Fabrikstraße 30 – 32
D-83101 Rohrdorf
Telefon +49 (0) 80 31-7 20-0
Telefax +49 (0) 80 31-7 20-1 80
E-Mail: info@planatol.de
www.planatol.de

Niederlassung Herford:
Hohe Warth 15 – 21
D-32052 Herford
Telefon +49 (0) 52 21-77 01-0
Telefax +49 (0) 52 21-715 46

Mitglied des IVK

Das Unternehmen

Gründungsjahr
1932

Größe der Belegschaft
110 Mitarbeiter

Gesellschafter
Blue Cap AG

Geschäftsführung
Johann Mühlhauser

Vertriebswege
Eigener Außendienst
Grafischer Fachhandel
Auslandsvertretungen weltweit
Niederlassungen im Ausland

Das Produktprogramm

Klebstofftypen
Dispersionen
Hotmelts
PUR-Klebstoffe
Harnstoffharze & Härter
Spezialklebstoffe

Für Anwendungen im Bereich
Grafische Industrie
Buchbinderei
Print Finishing
Verpackungsindustrie
Holz- & Möbelindustrie
Baubranche
Textilindustrie

Weitere Produkte der Firmengruppe
Klebstoffauftragssysteme für den Akzidenz-,
Tief-, Zeitungs- und Digitaldruck
Klebstoffauftragssysteme für Heißleim- und
Kaltleimanwendungen
Copybinder und Zubehör

POLY CHEM

POLYMERISATION · SPECIALITY CHEMICALS · SERVICES

POLY-CHEM GmbH
Chemiepark Bitterfeld-Wolfen
OT Greppin · Farbenstraße, Areal B
D-06803 Bitterfeld-Wolfen
Telefon +49 (0) 3493-75400
Telefax +49 (0) 3493-75404
E-Mail: contact@polychem.de
www.poly-chem.de
Mitglied des IVK

Das Unternehmen

Das Produktprogramm

Gründungsjahr
2000

Größe der Belegschaft
50 Mitarbeiter

Vertriebswege
Direktvertrieb zu Industriekunden

Geschäftsführer
Dr. Jörg Dietrich

Ansprechpartner
Anwendungstechnik:
Dr. Andreas Berndt
Dr. Ioanna Savvopoulou
Wiebke Gerst

Weitere Informationen
Lohnsynthesen, Lohnformulierungen

Klebstofftypen
lösemittelhaltige Haftklebstoffe
lösemittelfreie Acrylathaftschmelzklebstoffe

Rohstoffe
Additive:
Vernetzer, Weichmacher, Polyacrylate
Polymere:
Polyacrylate

Für Anwendungen im Bereich
Technische und Spezialklebebänder
Etiketten (u. a. Lebensmittelkontakt)
Schutzfolienklebstoffe
Papier-/Verpackungsbereich
Automobilsektor
Baubereich
Grafische/optische Anwendung

Polytec PT GmbH
Polymere Technologien
Ettlinger Straße 30
D-76307 Karlsbad
Telefon +49 (0) 72 43-6 04-4000
Telefax +49 (0) 72 43-6 04-4200
E-Mail: info@polytec-pt.de
www.polytec-pt.de

Mitglied des IVK

Das Unternehmen

Geschäftsführung
Achim Wießler

Ansprechpartner:
Vertrieb:
Manuel Heidrich
Dirk Schlotter
Dr. Uliana Beser
Dr. Arnaud Concord

Anwendungstechnik:
Jörg Scheurer

Weitere Informationen
Die Polytec PT GmbH entwickelt, fertigt und vertreibt Spezialklebstoffe und Thermische Interfacematerialien für Anwendungen in der Elektronik, Elektrotechnik und im Automobilsektor.

Das Produktportfolio umfasst elektrisch und/oder thermisch leitfähige Klebstoffe und Vergussmassen, UV-härtende Klebstoffe, Produkte für Hochtemperaturanwendungen sowie wiederlösbare, thermisch leitfähige Gapfiller.

Die Produkte finden unter anderem Anwendung für die elektrische Kontaktierung von elektronischen Bauelementen (v. a. in der Herstellung von Smart Cards), dem Verguss von Temperatursensoren oder der Entwärmung von Batteriezellen in EV und PHV Fahrzeugen. Neben einer umfangreichen Palette an Standardprodukten entwickelt und fertigt Polytec PT kundenspezifische Klebstoffe, die für spezielle Anforderungen maßgeschneidert werden.

Das Produktprogramm

Klebstofftypen
Epoxidklebstoffe
UV-härtende Klebstoffe
Keramische Hochtemperaturklebstoffe
Thermische Interfacematerialien

Für Anwendungen im Bereich
Elektronik
Fahrzeug-, Luftfahrtindustrie
Medizintechnik
Telekommunikation
Bootsbau
Flugzeugbau
Maschinenbau

Durch umfangreiches Anwendungs-know-how, erworben in langjährigen Kooperationen mit Anlagenherstellern, Forschungsinstituten und Kunden, bietet Polytec PT Unterstützung bei der Klebstoffauswahl, sowie bei Fragen der Prozesstechnik. Dies gilt in gleichem Maße für die Mitarbeiter unserer Niederlassungen und Vertriebspartner in Europa und Übersee, die unsere internationalen Kunden ebenso kompetent betreuen.

Polytec PT, zertifiziert nach ISO 9001:2015 ist eine Tochtergesellschaft der Polytec GmbH, einem weltweit führenden Hersteller optischer Messsysteme.

PRHO-CHEM GmbH

Dohlenstraße 8
D-83101 Rohrdorf-Thansau
Telefon +49 (0) 80 31-3 54 92-0
Telefax +49 (0) 80 31-3 54 92-29
E-Mail: info@prho-chem.de
www.prho-chem.de

Mitglied des IVK

Das Unternehmen

Gründungsjahr
1994

Gesellschafter
Privatbesitz

Ansprechpartner
Geschäftsführung:
Michael Wentz

Verkauf:
Carmen Wolf

Technik:
Otto Kleinhanß

Das Produktprogramm

Klebstofftypen
Schmelzklebstoffe
Dispersionsklebstoffe
Haftklebstoffe
Reaktionsklebstoffe
Cyanacrylatklebstoffe
Anaerobe Klebstoffe

Dichtstofftypen
Polyurethandichtstoffe
MS/MSP-Dichtklebstoffe
Silikondichtstoffe

Für Anwendungen im Bereich
Verklebung und Abdichtung von Metallen
und Kunststoffen in Automotive, Bus, Truck,
Rail, Schiffs- und Bootsbau, Sonderfahr-
zeugbau, Caravan, Wohnmobilbau. Im
Bereich Luftfahrt, Solarindustrie, Sanitär,
Heizung, Lüftung, Klima, Gebäudehülle,
Bauelemente, Rohrleitungsbau, Maschinen-
und Gerätebau, Formenbau, (Rapid-)
Prototyping, Medizintechnik, Solarindustrie.
Verklebung von Weich -und Hartschaum
sowie Dämmplatten.

Rain Carbon Germany GmbH

Varziner Straße 49
D-47138 Duisburg
Telefon +49 (0) 2 03-42 96-02
Telefax +49 (0) 2 03-42 25 51
E-Mail: resins@raincarbon.com
www.novares.de

Mitglied des IVK

Das Unternehmen

Gründungsjahr
1849 – Rütgerswerke AG
durch Julius Rütgers

Größe der Belegschaft
183 Mitarbeiter

Ansprechpartner
Bereichsleitung:
Stefan Knau

Leitung Anwendungstechnik:
Dr. Jun Liu

Sales Manager Klebstoffe:
Mai Doan

Vertriebswege
Internationaler Direktvertrieb von Klebrohstoffen, sowie über ausgewählte langjährige Partnerunternehmen (Adressen auf Anfrage)

Das Produktprogramm

Rohstoffe
Harze:
Hydrierte Kohlenwasserstoffharze
Reinmonomer-Harze
Aromatische Kohlenwasserstoff-Harze
Inden-Coumaron-Harze
Funktionalisierte und modifizierte Harze
Spezialflüssigharze

Für Anwendungen im Bereich
Schmelzklebstoffe
Dispersionsklebstoffe
Lösemittelklebstoffe
Reaktionsklebstoffe
Dicht-, Dämm- und Dämpfstoffe

Weitere Informationen
Fertigung (Batch oder kontinuierlich) für „maßgeschneiderte" Harze zur Herstellung individueller Klebstoffe
Vielfältige Liefermöglichkeiten in unterschiedlichen Gebindeformen:
Festharze
Flüssigharze
Heißflüssig-Schmelze
als Stückgut, im TKW oder Container

RAMPF
Polymer Solutions

Robert-Bosch-Straße 8-10
D-72661 Grafenberg
Telefon +49 (0) 7123 9342-0
Telefax +49 (0) 7123 9342-2444
E-Mail: polymer.solutions@rampf-group.com
www.rampf-group.com

Mitglied des IVK

Das Unternehmen

Gründungsjahr
1980

Gesellschafter
RAMPF Holding, Grafenberg

Besitzverhältnisse
Privatbesitz

Schwesterfirmen
RAMPF Machine Systems,
RAMPF Production Systems,
RAMPF Composite Solutions,
RAMPF Eco Solutions,
RAMPF Tooling Solutions

Ansprechpartner
Geschäftsführung:
Dr. Klaus Schamel

Vertrieb:
Dr. Frank Birkelbach
(Director of Sales and Marketing)

Weitere Informationen
Als Technologietreiber und Qualitätsführer
entwickelt und produziert RAMPF Polymer
Solutions seit über 40 Jahren zukunftswei-
sende reaktive Kunststoffsysteme auf Basis
von Polyurethan, Epoxid und Silikon.

In den vergangenen Jahren haben wir
unser Kleb- und Dichtstoffportfolio stark
ausgebaut und bieten ein breites Leistungsspektrum mit höchsten Qualitätsstandards.
Dafür stehen Klebstoffsysteme der Marken

Das Produktprogramm

Klebstofftypen
Reaktionsklebstoffe (PUR, Epoxid, Silikon)
Thermoplastische und
reaktive Schmelzklebstoffe
Hybridklebstoffe

Für Anwendungen im Bereich
Automotive
Hausgeräte
Bauzuliefererindustrie
Unterhaltungselektronik
Sandwichverklebungen
Holz/Möbel
Filter

RAKU® PUR (Polyurethan), RAKU® POX
(Epoxid), RAKU® SIL (Silikon) und RAKU®
MELT sowie Dichtstoffe der Marke RAKU®
SEAL. Mit unserer langjährigen Erfahrung in
der Produktentwicklung und Verarbeitungs-
technologie beraten wir Sie ganzheitlich
sowohl zu material- als auch prozesstech-
nischen Aufgabenstellungen.

Ramsauer GmbH & Co KG
Sarstein 17
A-4822 Bad Goisern
Telefon +43 (0) 61 35-82 05
Telefax +43 (0) 61 35-83 23
E-Mail: office@ramsauer.at
www.ramsauer.at

Mitglied des IVK

Das Unternehmen

Gründungsjahr
1875

Gesellschafter
Privatbesitz

Weitere Informationen
Firmengeschichte:
Als er 1875 einen kleinen Kreidebruch in der
Nähe von Bad Goisern kaufte, besaß Ferdinand
Ramsauer bereits all jene Fähigkeiten, die für er-
folgreiche Menschen charakteristisch sind: Er war
innovativ, durchsetzungsstark und zielorientiert.
Knapp 20 Jahre später hatte er den Abbau bereits
um das Hundertfache gesteigert und die »Ischler
Bergkreide« zu einem Markenprodukt gemacht.
Ferdinand und sein Sohn Josef Ramsauer – der
eigentliche Namensgeber des Unternehmens
– dürfen aus heutiger Sicht wohl zu Recht als
Marketingpioniere bezeichnet werden. Von
Beginn an diente die Bergkreide – neben vielem
anderen – hauptsächlich zur Erzeugung von Glaserkitt. Wurde ursprünglich noch an die Hersteller
dieses wichtigen Dichtstoffes geliefert, so begann
die Firma Ramsauer 1950 Glaserkitt selbst zu
erzeugen. Die Entwicklung vom reinen Bergbau-
betrieb zum Produzenten von Dichtstoffen war
vollzogen. Mit der Entwicklung der Thermofenster
wurden neue, plastische und elastische Dichtstoffe benötigt. Diese ersten modifizierten Kitte
entwickelte die Firma Ramsauer bereits in den
Fünfzigerjahren. Später wurden die ersten wasserlöslichen Produkte, die sogenannten Acrylate,
entwickelt. Das Unternehmen startete 1972 mit
der Produktion von Dichtstoffen auf Silikonbasis,
1976 mit der Herstellung von PU-Schaum. Ein eigenes Patent für 2-Komponenten-Systeme wurde
1998 registriert. Heute stellt unsere Firma eine

Das Produktprogramm

Klebstofftypen
Reaktive Klebstoffe
(1 und 2 Komponententypen) als lösemittelbasierte Klebstoffe und Dispersionsklebstoffe, sowie silanterminierte Klebstoffe

Dichtstofftypen
Acrylbasierte Dichtstoffe, Butyldichtstoffe,
Silikondichtstoffe, Polyurethanbasierte
Dichtstoffe, silanterminierte Dichtstoffe

Für Anwendungen im Bereich
Holz/Möbelindustrie
Baubranche inklusive Boden,
Wand- und Deckenbeschichtungen
Maschinen- und Anlagenbau
Kraftfahrzeug und Luftfahrtindustrie
Reinraum und Medizinanwendungen
Haushalt, Freizeit und Büro

Vielzahl an qualitativ hochwertige Dichtstoffen,
Industrieklebern, PU-Schäumen und Spezialprodukten her und vertreibt diese in vielen Ländern
dieser Erde. Vieles hat sich in den 135 Jahren
verändert, doch das Grundlegende ist geblieben:
der Weitblick und die Innovationsfreude der
Marke Ramsauer.

Renia-Gesellschaft mbH
Ostmerheimer Straße 516
D-51109 Köln
Telefon +49 (0) 2 21-63 07 99-0
Telefax +49 (0) 2 21-63 07 99-50
E-Mail: info@Renia.com
www.Renia.com

Mitglied des IVK

Das Unternehmen

Gründungsjahr
1930

Gesellschafter
Familie Buchholz

Geschäftsführung
Dr. Rainer Buchholz

Ansprechpartner
Anwendungstechnik:
Dr. Julian Grimme

Vertrieb:
Dr. Rainer Buchholz

Export:
Dr. Rainer Buchholz

F&E:
Dr. Julian Grimme
Niederlassung:
Renia-USA Inc. Norcross (Atlanta) GA

Vertriebswege
Eigener Außendienst in Deutschland
Agenturen und Importeure weltweit

Das Produktprogramm

Klebstofftypen
lösemittelhaltige Klebstoffe
Dispersionsklebstoffe
Cyanacrylat-Klebstoffe

Für Anwendungen im Bereich
Maschinen- und Apparatebau
Haushalt, Hobby und Büro
Schuhindustrie
Schuhreparatur
Orthopädietechnik
Kunststoffverarbeitung
Anlagenbau

Rhenocoll-Werk e.K.
Beschichtungen und Klebstoffe

Kompetenz-Centrum
Erlenhöhe 20
D-66871 Konken
Telefon +49 (0) 63 84-99 38-0
Telefax +49 (0) 63 84-99 38-1 12
E-Mail info@rhenocoll.de

Mitglied des IVK

Das Unternehmen

Gründungsjahr
1948

Geschäftsführung
Werner Zimmermann

Vertrieb
Weltweiter Vertrieb durch Niederlassungen
und Importeure

Vertriebswege
Industrie und Handel

Das Produktprogramm

Klebstofftypen
Schmelzklebstoffe
lösemittelhaltige Klebstoffe
Dispersionsklebstoffe
Haftklebstoffe

Für Anwendungen im Bereich
Papier/Verpackung
Holz-/Möbelindustrie
Baugewerbe, inkl. Fußboden, Wand u. Decke
Haushalt, Hobby und Büro

Weitere Produkte
Holzlacke und Beizen
Lasuren
Holzschutzprodukte
Speziallösungen
PVC-Beschichtungen
Metallbeschichtung
Glasbeschichtung

RUDERER KLEBETECHNIK GMBH
Harthauser Str. 2
D-85604 Zorneding (München)
Telefon +49 (0) 81 06-24 21-0
Telefax +49 (0) 81 06-24 21-19
E-Mail: info@ruderer.de
www.ruderer.de + www.technicoll.de

Mitglied des IVK

Das Unternehmen

Gründungsjahr
1987

Größe der Belegschaft
> 30 Mitarbeiter

Gesellschafter
100 % im Familienbesitz

Marke
technicoll

Vertriebswege
Direktvertrieb und Außendienstmitarbeiter
für Industrie und Handwerk
Vertrieb über den Technischen Handel
Vertriebspartner in Österreich, Schweiz,
Italien, Spanien, Niederlande

Ansprechpartner
Geschäftsführung:
Petra Ruderer und Jens Ruderer

Klebtechnische Beratung:
beratung@ruderer.de

Weitere Informationen
RUDERER KLEBETECHNIK GMBH bietet
ein umfangreiches und technisch äußerst
anspruchsvolles Klebstoff-Sortiment
verschiedenster Marken für Industrie und
Technischen Handel an.

Das Produktprogramm

Klebstofftypen
Reaktionsklebstoffe, Lösemittelhaltige
Klebstoffe, Dispersionsklebstoffe, Schmelz-
klebstoffe, Haftklebstoffe, Cyanacrylate,
Klebebänder

Dichtstofftypen
Acrylatdichtstoffe, PUR-Dichtstoffe, Silikondichtstoffe, MS/SMP-Dichtstoffe, Sonstige

Für Anwendungen im Bereich
Kernkompetenzen:
Kunststoffklebung, Flächenklebung,
Metallklebung

weitere Kompetenzen:
Automotive/Transportation, Elektro und
Elektronik, Sonderfahrzeugbau, Caravan/
Wohnmobile, Polster-/Weichschaum-
klebung, Formenbau, Hartschaumplatten,
Laden-/Möbelbau, Holzverarbeitung,
Schiff-/Bootsbau, Lüftungs-/Klimatechnik,
Verpackungen, Schuh-/Lederverarbeitung,
Maschinenbau, Geräte und Zubehör

SABA Dinxperlo BV

Industriestraat 3
NL-7091 DC Dinxperlo
Telefon + 31 (0) 3 15 65 89 99
Telefax + 31 (0) 3 15 65 32 07
E-Mail: sabadinxperlo@saba-adhesives.com
www.saba-adhesives.com

Mitglied des VLK

Das Unternehmen

Gründungsjahr
1933

Größe der Belegschaft
190 Mitarbeiter

Gesellschafter
Herr R. J. Baruch
Herr W. F. K. Otten

Tochterfirmen
SABA Bocholt GmbH
SABA Polska SP. z o.o.
SABA North America LLC
SABA Pacific
SABA China
SABA SEE S.R.L.

Geschäftsführung
Herr W. de Zwart

Ansprechpartner
Business Unit Industry/Klebstoffe:
E-Mail: foam@saba-adhesives.com

Business Unit Building & Construction/
Dichtstoffe:
E-Mail: building@saba-adhesives.com

Das Produktprogramm

Klebstofftypen
Schmelzklebstoffe
Dispersionsklebstoffe
lösemittelhaltige Klebstoffe
Reaktionsklebstoffe
MSP Kleb- und Dichtstoffe
Polyurethanklebstoffe

Anlagen/Verfahren/Zubehör/ Dienstleistungen
Beratung, Installation/Implementierung,
Schulung, Anwendungstechnik

Für Anwendungen im Bereich
Möbel
Matratzen
Schaumkonfektion
PVC
Bau
Umweltschutz
Transport
Marine

Saint-Gobain Weber GmbH

Schanzenstraße 84
D-40549 Düsseldorf
Telefon +49 (0) 0211- 9 13 69 - 0
E-Mail: info@sg-weber.de
www.sg-weber.de

Mitglied des IVK

Das Unternehmen

Ansprechpartner
Geschäftsführung:
Florent Pouzet

Anwendungstechnik und Vertrieb:
Günter Fischer

Das Produktprogramm

Klebstofftypen
Reaktionsklebstoffe
Dispersionsklebstoffe

Dichtstofftypen
Silicondichtstoffe

Für Anwendungen im Bereich
Baugewerbe, inkl. Fußboden, Wand und Decke

Schill+Seilacher "Struktol" GmbH
Moorfleeter Straße 28
D-22113 Hamburg
Telefon +49 (0) 40-733-62-0
Telefax +49 (0) 40-733-62-297
E-Mail: polydis@struktol.de
www.struktol.de

Mitglied des IVK

Das Unternehmen

Gründungsjahr
1877

Größe der Belegschaft
ca. 250 Mitarbeiter

Besitzverhältnisse
Privatbesitz

Tochterfirmen:
Schill + Seilacher GmbH, Böblingen (BRD)
Schill + Seilacher Chemie GmbH, Pirna (BRD)
Struktol Company of America, Ohio (USA)

Vertriebswege:
Deutschland: Direkt
International: Distributeure und Agenturen

Kontakt – Epoxidprodukte:
Dr.-Ing. Hauke Lengsfeld
(General Manager Epoxy Products)
E-Mail: hlengsfeld@struktol.de

Isabell Skrzypietz
(Technischer Vertrieb Epoxy Products)
E-Mail: iskrzypietz@struktol.de

Sven Wiemer
(Senior Manager Epoxy Products)
E-Mail: swiemer@struktol.de

Weitere Informationen:
Fertigung und Entwicklung von maßgeschneiderten, exklusiven Epoxidprepolymeren und 2K-Epoxidsystemen sowie Polyurethan und biobasierte Polyester Polymere in Zusammenarbeit mit unseren Kunden.

Das Produktprogramm

Rohstoffe
Epoxidharz-Prepolymere
Struktol® Polydis®
Struktol® Polycavit®
Struktol® Polyvertec®
Struktol® Polyphlox®

Die Produktreihen Struktol® Polydis®, Polycavit® und Polyvertec® sind Kautschuk- bzw. Elastomermodifizierte Epoxidharze, die die mechanischen Eigenschaften, wie Schlagzähigkeit, Schub- und Schälfestigkeit sowie die Haftung von Epoxidharzsystemen wesentlich verbessern.

Die Struktol® Polyphlox® Reihe besteht aus Organophosphor modifizierten Epoxidharzen zur flammenhemmenden Ausrüstung von Epoxidharzsystemen.

Für Anwendungen im Bereich
Epoxidharz basierte
(Struktur-) Klebstoffe
Vergußmassen
Prepregs
Composites (Hand lay-up, RIM/RTM, SMC/BMC, Pultrusion)
Faserverbundwerkstoffe
Flammschutz

Schlüter-Systems KG

Schmölestraße 7
D-58640 Iserlohn
Telefon (0) 23 71-97 1-0
Telefax (0) 23 71-97 1-111
E-Mail: info@schlueter.de
www.schlueter.de

Mitglied des IVK

Das Unternehmen

Gründungsjahr
1966

Größe der Belegschaft
1.900 Mitarbeiter

Gesellschafter
Das Unternehmen befindet sich im
Familienbesitz

Tochterfirmen
7 Tochterfirmen in
Frankreich, Großbritannien,
Italien, Kanada, Spanien,
Türkei, USA

Vertriebswege
Fachgroßhandel
Baustoffhandel
Baufachmärkte

Geschäftsführung
Werner Schlüter, Marc Schlüter,
Udo Schlüter

Ansprechpartner
Head of International Technical Network:
Rainer Reichelt
Leiter Vertrieb:
Günter Broeks

Das Produktprogramm

**Systemlösungen für Wand- und
Bodenbeläge**
Profile für Belagsabschlüsse am Boden
Profile für Wandecken und -abschlüsse
Profile für Treppenstufen
Bewegungsfugen- und Entspannungsprofile
Belagskonstruktionssysteme
Systeme zur Abdichtung, Entkopplung,
Entwässerung und Trittschalldämmung
Balkon- und Terrassen-Konstruktionssysteme
Keramik-Klimaboden
Fliesen-Verlegeplatten
Drainagesysteme
LED-Lichtprofiltechnik

Schomburg GmbH & Co. KG

Aquafinstraße 2 – 8
D-32760 Detmold
Telefon +49 (0) 52 31-9 53-00
Telefax +49 (0) 52 31-9 53-1 23
E-Mail: info@schomburg.de
www.schomburg.de

Mitglied des IVK

Das Unternehmen

Gründungsjahr
1937

Größe der Belegschaft
220 (Deutschland), 580 weltweit

Geschäftsführende Teilhaber
Albert Schomburg
Ralph Schomburg
Alexander Weber

Grundkapital
3,619 Mio. €

Eigentumsverhältnisse
Familien- und Managementbetrieb

Tochtergesellschaften
31 weltweit:
Polen, Tschechien, USA, Indien, Türkei,
Luxemburg, Schweiz, Russland, Niederlande,
Slowakei, Italien usw.

Vertriebswege
Vertriebspartner

Kontaktpartner
Management:
Ralph Schomburg
Alexander Weber

Anwendungstechnik und Vertrieb:
Holger Sass
Michael Hölscher

Das Produktprogramm

Klebstoffarten
Reaktivklebstoffe
Dispersionsklebstoffe
Zementbasierte Klebstoffe

Dichtstoffarten
Acryldichtstoffe
Polysulfid-Dichtstoffe
PUR-Dichtstoffe
Silikondichtstoffe
Andere

Ausrüstung, Anlagen und Bauteile
zum Fördern, Mischen, Dosieren und für
Klebstoffanwendungen

Für Anwendungen in folgenden Bereichen
Baugewerbe, einschließlich Böden,
Wänden u. Decken
Maschinen- und Anlagenbau

BUILDING TRUST

Sika Automotive Hamburg GmbH
Reichsbahnstraße 99
D-22525 Hamburg
Telefon +49 (0) 40-5 40 02-0
E-Mail: info.automotive@de.sika.com
www.SikaAutomotive.com

Mitglied des IVK

Das Unternehmen

Gründungsjahr
1928

Größe der Belegschaft
250 Mitarbeiter

Tochtergesellschaften
Schwesterfirmen in 100 Ländern

Kontaktpartner
Geschäftsführer:
Heinz Gisel

Das Produktprogramm

Klebstoffarten
Schmelzklebstoffe
Reaktivklebstoffe
Klebstoffe auf Lösemittelbasis
Dispersionsklebstoffe
Haftklebstoffe

Dichtstoffarten
PUR-Dichtstoffe
Andere

Für Anwendungen in folgenden Bereichen
Elektronik
Automobilindustrie
Textilindustrie
Klebebänder, Etiketten
Hygiene

Lösungen zur Produktivitätssteigerung
Sika ist Zulieferer und Entwicklungspartner
der Automobilindustrie. Unsere hoch-
modernen Technologien bieten Lösungen
für gesteigerte Strukturfestigkeit, erhöhten
akustischen Komfort und verbesserte
Produktionsprozesse. Als Spezialunternehmen
für chemische Produkte konzentrieren wir
unsere Kernkompetenzen auf:
Kleben – Dichten – Dämpfen – Verstärken
Als ein global tätiger Konzern sind wir Partner
für unsere Kunden weltweit. Sika wird mit
seinen eigenen Tochtergesellschaften in allen
Ländern mit eigener Automobilproduktion
vertreten, wodurch ein professioneller und
schneller Service vor Ort garantiert ist.

BUILDING TRUST

Sika Deutschland GmbH
Kleb- und Dichtstoffe Industry
Stuttgarter Straße 139
D-72574 Bad Urach
Telefon +49 (0) 71 25-9 40-76 92
Telefax +49 (0) 71 25-9 40-7 63
E-Mail: industry@de.sika.com
www.sika.de
Mitglied des IVK

Das Unternehmen

Gründungsjahr
1910 von Kaspar Winkler

Größe der Belegschaft
über 20.000 weltweit

Tochtergesellschaften
in über 100 Ländern

Geschäftsführung
Sika Deutschland GmbH
Joachim Straub

Marketing und Vertrieb
Bad Urach
Telefon: 0 71 25-940-76 92
E-Mail: industry@de.sika.com

Weitere Informationen
Spezialist für strukturelle sowie elastische
Kleb- und Dichtstoffsysteme

Das Produktprogramm

Klebstofftypen
Industrie:
1K-Polyurethan Kleb- und Dichtstoffe
2K-Polyurethan Technologie
STP-Kleb- und Dichtstoffe
EP-Klebstoffe
Acrylat-Reaktionsklebstoffe
Epoxid-Hybrid-Technologie
Kaschierklebstoffe
Schmelzklebstoffe
Butylkautschuk-Technologie
Silikone

Bau:
PUR-, Silikon-, Polysulfid- und
Acryl-Dichtstoffe
Bandabdichtungssysteme
Elastische Klebverbindungen auf
PU-, Silikon- und EP-Basis

Für Anwendungen im Bereich
Holz- und Möbelindustrie
Baugewerbe, inkl. Fußboden, Wand u. Decke
Elektronik
Maschinen- und Apparatebau
Automobilindustrie
Sonder- und Nutzfahrzeugbau
Yacht- und Bootsbau
Hochbau im Außen- und Innenbereich
Glasversiegelungen
Fassadenplattenbau
Modulares Bauen
Gebäudeelemente
Gleisbau
Solarmodulfertigung und -montage
Windkraftanlagenbau

Sopro Bauchemie GmbH
Postfach 42 01 52
D-65102 Wiesbaden
Fon +49 6 11-17 07-0
Fax +49 6 11-17 07-2 50
Mail info@sopro.com
www.sopro.com

Mitglied des IVK

Das Unternehmen

Gründungsjahr
1985 als Dyckerhoff Sopro GmbH
2002 umfirmiert in Sopro Bauchemie GmbH

Sitz der Gesellschaft
Wiesbaden

Tochterunternehmen in
Polen, Österreich, Schweiz, Ungarn,
Niederlande

Größe der Belegschaft
333 Mitarbeiter

Geschäftsführung
Michael Hecker
Andreas Wilbrand

Ansprechpartner
Anwendungstechnik/Objektberatung:
Mario Sommer

Zielgruppe
Baustoff-Fachhandel
Fliesen-Fachhandel
Sanitär-Fachhandel
Fliesenleger
Estrichleger
Garten- und Landschaftsbauer
Maler
Maurer
Installateure

Vertriebswege
Fliesen- und Baustoff-Fachhandel

Das Produktprogramm

Klebstofftypen
Hydraulisch erhärtende Fliesenklebstoffe
Dispersionsklebstoffe für Fliesen
Reaktionsklebstoffe für Fliesen
Natursteinkleber

Weitere bauchemische Produkte bzw. Systeme
Grundierungen und Haftbrücken
Spachtelmassen und Putze
Fugenmassen und Silicone
Abdichtungen
Renovierungs- und Sanierungssysteme
Schnellbauprodukte
Estriche, Bindemittel und Bauharze
Verlege- und Vielzweckmörtel
Bitumen, Dichtungsschlämmen und
Verkieselung
Mörtel- und Estrichzusätze
Reinigungs- und Pflegemittel,
Imprägnierungen
Tiefbau und Schachtsanierung
Vergussmörtel
Blitzzemente
Montagekleber
Betoninstandsetzung
Drainagemörtel
Pflasterfugenmörtel

STAUF
Klebstoffwerk GmbH

Oberhausener Straße 1
D-57234 Wilnsdorf
Telefon +49 (0) 27 39-3 01-0
Telefax +49 (0) 27 39-3 01-2 00
E-Mail: info@stauf.de
www.stauf.de

Mitglied des IVK

Das Unternehmen

Gründungsjahr
1828

Größe der Belegschaft
ca. 70 Mitarbeiter

Besitzverhältnisse
100 % Familie Stauf

Geschäftsführung
Wolfgang Stauf
Volker Stauf
Dr. Frank Gahlmann

Produkttechnik
Dr. Frank Gahlmann

Verkaufsleitung
Carsten Bockmühl

Vertriebswege
weltweit
eigener Außendienst
eigene Auslieferungslager
Händlernetzwerk

Das Produktprogramm

Produkttypen
Dispersionsklebstoffe
Lösemittelklebstoffe
Polyurethanklebstoffe
SMP-Klebstoffe
SPUR-Klebstoffe
Montageklebstoffe
PVAc-Leime
Grundierungen
Spachtelmassen
Zubehörartikel
Lacke und Öle zur Oberflächenbehandlung

Für Anwendungen im Bereich
Parkett
Holzpflaster
Kunstrasen
Sportböden
elastische und textile Bodenbeläge
Wandbeläge
Decken
Etiketten
Industrielle Anwendungen
Untergrundvorbereitung
Oberflächenbehandlung

STOCKMEIER Urethanes GmbH & Co. KG
Im Hengstfeld 15
32657 Lemgo
Telefon +49 (0) 52 61 – 66 0 68 -0
Telefax +49 (0) 52 61 – 66 0 68 -29
E-Mail: urethanes.ger@stockmeier.com
www.stockmeier-urethanes.com

Mitglied des IVK

Das Unternehmen

Das Produktprogramm

Gründungsjahr
1991

Größe der Belegschaft
190 Mitarbeiter

Besitzverhältnisse
Mitglied der Stockmeier Gruppe

Tochterfirmen
STOCKMEIER Urethanes USA Inc, Clarksburg/USA, STOCKMEIER Urethanes France S.A.S.,Cernay/Frankreich, STOCKMEIER Urethanes Ltd., Sowerby Bridge/UK

Vertriebswege
BtoB, Handel

Ansprechpartner
Geschäftsführung:
Christian Martinkat
Peter Stockmeier

Anwendungstechnik und Vertrieb:
Frank Steegmanns

Weitere Informationen
Stockmeier Urethanes ist ein führender internationaler Hersteller von Polyurethan-Systemen und verfügt über vier Produktionsstätten in Europa und den USA. Dort entwickeln und produzieren wir bereits seit 1991 als Spezialist innerhalb der traditionsreichen Stockmeier Gruppe Polyurethan-Systeme als Kleb- und Dichtstoffe für industrielle Anwendungen, Elastische Böden für Sport und Freizeit, sowie Vergussmassen für Elektrotechnik und Elektronik.

Klebstofftypen
Reaktionsklebstoffe

Dichtstofftypen
PUR-Dichtstoffe

Für Anwendungen im Bereich
Holz-/Möbelindustrie
Baugewerbe, inkl. Fußboden, Wand und Decke
Elektronik
Maschinen- und Apparatebau
Fahrzeug, Luftfahrtindustrie

Außerdem produzieren wir widerstandfähige Beschichtungen für Innen- und Außenanwendungen. Unser Geschäftsbereich Klebstoffe umfasst ein umfangreiches Produktportfolio für verschiedenste Anwendungen in den Märkten Industriebatterien, Automobil- und -Industriefiltration, Sandwichpanel, Fahrzeugbau, Caravan, Möbelindustrie, sowie kundenspezifische Produkte für andere industrielle Anwendungen. Unsere bekannten Markennamen sind: Stobielast, Stobicoll, Stobicast und Stobicoat.

Mehr Informationen unter:
www.stockmeier-urethanes.com

SYNTHOPOL
THE RESIN COMPANY

Synthopol Chemie
Alter Postweg 35
D-21614 Buxtehude
Telefon +49 (0) 41 61-7 07 10
Telefax +49 (0) 41 61-8 01 30
E-Mail: info@synthopol.com
www.synthopol.com

Mitglied des IVK

Das Unternehmen

Gründungsjahr
1957

Größe der Belegschaft
190 Mitarbeiter

Gesellschafter
Dr. G. Koch
L.-M. Koch

Besitzverhältnisse
Familienunternehmen

Vertriebswege
Weltweit durch Außendienstmitarbeiter

Ansprechpartner
Geschäftsführung:
Herr Dr. Ziemer
Herr H. Starzonek

Anwendungstechnik:
Herr Jack
Tel.: 0 41 61-70 71-1 71
E-Mail: rjack@synthopol.com

Das Produktprogramm

Rohstoffe
für die Herstellung von Dispersions-,
Lösemittel-, reaktive Reaktionsklebstoffe
und Klebebänder

Für Anwendungen im Bereich
Papier/Verpackung
Holz-/Möbelindustrie
Baugewerbe, inkl. Fußboden, Wand u. Decke
Fahrzeug
Textilindustrie
Klebebänder, Etiketten
Haushalt, Hobby und Büro

TER Chemicals Distribution Group
Börsenbrücke 2
D-20457 Hamburg
Telefon +49 (0) 40-30 05 01-0
E-Mail: info@tergroup.com
www.terchemicals.com

Mitglied des IVK

Das Unternehmen

Gründungsjahr
1908

Größe der Belegschaft
424 Mitarbeiter

Geschäftsführung
Christian A. Westphal
Thomas Sprock
Andreas Früh

Anwendungstechnik und Vertrieb
Jens Vinke
Telefon +49 (0) 40-30 05 01-80 13
E-Mail: j.vinke@tergroup.com

Lieferanten
Exxon Mobil, Royal Adhesives, Sumitomo
Bakelite, Evonik, Clariant, Kuraray, TSRC,
Vestolit und Versalis

Das Produktprogramm

Rohstoffe für
Schmelzklebstoffe
Reaktionsklebstoffe
lösemittelhaltige Klebstoffe
Dispersionsklebstoffe
Haftklebstoffe
Butyldichtstoffe
Polysulfiddichtstoffe
PUR-Dichtstoffe
Sonstige

Rohstoffe
Wachse (FT und PE)
Kaoline
Kohlenwasserstoffharze, Phenolharze, Balsam-
harze, Harzester
APAO, Butylkautschuk, EVA, SIS & SBS, SEBS
Polyesterpolypole
Kasein, technisch
Polyvinylalkohol
Dispersionen (VAM, VAE, Acrylat)
PIB (Polyisobutylene versch. Mw)
Polyalphaolefine (flüssig),
Polyvinylchlorid (PVC),
Ethylen-Propylen-Dien-Kautschuk (EPDM)
Nitrilkautschuk (NBR)
Styrol-Butadien-Rubber (SBR)
Butadien Rubber (BR)

Für Anwendungen im Bereich
Papier/Verpackung
Buchbinderei (Graphisches Gewerbe)
Holz-/Möbelindustrie
Baugewerbe inkl. Fußboden, Wand u. Decke
Elektronik
Maschinen- und Apparatebau
Fahrzeug-, Luftfahrtindustrie, Textilindustrie
Klima- und Lüftungstechnik
Klebebänder, Etiketten
Hygienebereich
Haushalt, Hobby und Büro

tesa SE

Hugo-Kirchberg-Straße 1
D-22848 Norderstedt
Telefon +49 (0) 40 88899-0
Telefax +49 (0) 40 88899-6060
E-Mail: tesa-industrie@tesa.com
www.tesa.com

Mitglied des IVK

Das Unternehmen

Das Produktprogramm

Gründungsjahr
- tesa ist ein Unternehmen der **Beiersdorf-Gruppe,** Hersteller international erfolgreicher Kosmetikmarken, u.a. NIVEA
- seit 2001 als **eigenständige Aktiengesellschaft** erfolgreich
- seit 2009 **europäische Aktiengesellschaft SE** (Societas Europaea)

Größe der Belegschaft
4.926 Mitarbeiter weltweit
• 2.465 in Deutschland
• mehr als 500 im Bereich F&E

Gesellschafter
Beiersdorf AG

Besitzverhältnisse
Die Beiersdorf AG hält direkt und indirekt 100 % der Anteile

• 1 Zentrale
• 6 Regionalzentralen
• 14 Produktionsstätten
• 56 Tochtergesellschaften weltweit

Tochterfirmen
scribos GmbH, Labtec GmbH
sowie über 50 Tochtergesellschaften der tesa SE

Tochterfirmen (Update)
Übernahme im April 2017 der „nie wieder bohren AG"
Übernahme im März 2018 der Polymount International BV mit Sitz in Nijkerk in den Niederlanden als 100-prozentige Tochter der tesa SE.
Übernahme im Juni 2018 des Geschäftsbereiches Twinlock der Polymount International BV als 100-prozentiges Tochterunternehmen der tesa tape inc., North America.

Vertriebswege
tesa SE ist weltweit in mehr als 100 Ländern vertreten, davon in über 50 mit Tochtergesellschaften

Ansprechpartner
Geschäftsführung:
Wir bitten um Kontaktaufnahme über die 3 genannten Adressen in Deutschland, Österreich und der Schweiz. Dort wird man Ihr Anliegen in die richtigen Hände weitergeben.
Der Vorstand der tesa SE ist mit Dr. Norman Goldberg (Vorstandsvorsitzender), Dr. Jörg Diesfeld (Vorstand Finanzen), Angela Cackovich (Vorständin Direktgeschäft/Industrie) und Oliver Höfs (Vorstand Handelsgeschäft) besetzt.

Anwendungstechnik und Vertrieb:
Wir bitten um Kontaktaufnahme über die 3 genannten Adressen in Deutschland, Österreich und der Schweiz. Dort wird man Ihr Anliegen in die richtigen Hände weitergeben.

Geschäftsbereich Zentral Europa
Deutschland:
tesa SE
Telefon +49 (0) 40 88899-0, Telefax -6060
E-Mail: tesa-industrie@tesa.com

Österreich:
tesa GmbH
Leopold-Böhm-Straße 10, A-1030 Wien
Telefon +43 (0) 1 614 00-0, Telefax +43 (0) 1 61400 455
E-Mail: industrie-austria@tesa.com

Schweiz:
tesa tape Schweiz AG
Industriestrasse 19, CH-8962 Bergdietikon
Telefon +41 (0) 4 47 44 34 44, Telefax +41 (0) 4 47 41 26 72
E-Mail: industrie-ch@tesa.com

Weitere Informationen
Ausführliche Informationen zu unseren verschiedenen Aktivitäten finden Sie auf der Homepage www.tesa.com. Hier wird auf die Produkt- und Branchenschwerpunkte eingegangen und hier stehen viele Informationen zum Download bereit.

Die tesa SE: einer der weltweit führenden Hersteller selbstklebender Systemlösungen für Industrie, Gewerbe und Konsumenten

Für Anwendungen im Bereich
Konstruktives Befestigen
Permanentverklebungen
Spezial-Klebebänder für die Elektronik- und Automobilindustrie
Klischeeverklebungen (u.a. Bauindustrie)
Endlosverklebungen mit repulpierbaren und nicht repulpierbaren Klebebändern

Verpacken:
Aufreißstreifen, Bündeln, Palettensicherung, Innenverpackung, Kartonverschluss, Abroller/Geräte

Abdecken:
Isolieren, Malen, Lackieren, Schützen, Reparieren, Markieren

Tremco CPG Germany GmbH

Von-der-Wettern-Straße 27
D-51149 Köln
Telefon +49 (0) 22 03-57 55-0
Telefax +49 (0) 22 03-57 55-90
E-Mail: info.de@cpg-europe.com
www.cpg-europe.com

Mitglied des VLK

Das Unternehmen

Gründungsjahr
tremco 1928

Größe der Belegschaft
> 1.000

Vertriebskanal
Fachhandel
Direkt KAM Industrie

Ansprechpartner
Anwendungstechnik und Vertrieb:
Andres Klapper

Weitere Informationen
www.cpg-europe.com

Das Produktprogramm

Klebstofftypen
Schmelzklebstoffe
Reaktive Klebstoffe
Lösemittelbasierende Klebstoffe
Dispersionsbasierende Klebstoffe
Druckempfindliche Klebstoffe/
Selbsthaftende Klebstoffe
Hybrid Klebstoffe

Dichtstofftypen
Acrylatdichtstoffe
Butyldichtstoffe
PUR-Dichtstoffe
Silikondichtstoffe
Hybrid Dichtstoffe

Für Anwendungen im Bereich
Holz- und Möbel-Industrie
Bau-Industrie, incl. Fußboden,
Wand und Decke
Elektroindustrie
Automotive-Industrie, Flugzeug-Industrie
Hausgeräte
Innen und Außen

TSRC (Lux.) Corporation S.a.r.l.

39 - 43 Avenue De la Liberté
L-1931 Luxembourg
Telefon + 352-26 29 72-1
Telefax + 352-26 29 72-39
E-Mail: info.europe@tsrc-global.com
www.tsrc.com.tw

Mitglied des IVK

Das Unternehmen

Gründungsjahr
2011
(für die europäische Niederlassung
in Luxembourg)

Größe der Belegschaft
15

Ansprechpartner
Management:
Christian Kafka

Marketing:
Dr. Olaf Breuer
Dr. Geert Vermunicht

Anwendungstechnik und Vertrieb:
Christine Richter
Beverley Weaver

Das Produktprogramm

Klebstofftypen
Schmelzklebstoffe
Haftklebstoffe
Lösemittelhaltige Klebstoffe

Dichtstofftypen
Sonstige
(Styrol Blockcopolymere)

Rohstoffe
Polymere:
Styrol Blockcopolymere
(für Anwendung unter 1. & 2.)

Für Anwendungen im Bereich
Papier/Verpackung
Buchbinderei/Graphisches Gewerbe
Holz-/Möbelindustrie
Baugewerbe, inkl. Fußboden,
Wand und Decke
Fahrzeug, Luftfahrtindustrie
Klebebänder, Etiketten
Hygienebereich
Haushalt, Hobby und Büro

Türmerleim GmbH

Arnulfstraße 43
D-67061 Ludwigshafen/Rhein
Telefon +49 (0) 6 21-56 10 70
Telefax +49 (0) 6 21-5 61 07 122
E-Mail: info@tuermerleim.de

Mitglied des IVK

Das Unternehmen

Gründungsjahr
1889

Größe der Belegschaft
120 Beschäftigte

Stammkapital
3.1 Mio. €

Tochterfirmen
Türmerleim AG
Hauptstrasse 15, CH-4102 Binningen

Geschäftsführung
Matthias Pfeiffer
Dr. Thomas Pfeiffer
Martin Weiland

Ansprechpartner
Technik:
Matthias Pfeiffer

Vertrieb:
Dr. Thomas Pfeiffer

Zertifiziert nach DIN EN ISO 9001
und 14001

Das Produktprogramm

Klebstofftypen
Schmelzklebstoffe
Dispersionsklebstoffe
Dextrin- und Stärkeklebstoffe
Caseinklebstoffe
Haftklebstoffe
UF- und MUF-Harze

Für Anwendungen im Bereich
Papier/Verpackung
Holz-/Möbelindustrie
Konstruktive Holzverleimung
Hygienetücher
Etikettierung
Zigarettenherstellung

Türmerleim AG

Hauptstrasse 15
CH-4102 Binningen
Telefon +41 (0) 61 271 21 66
Telefax +41 (0) 61 271 21 74
E-Mail: info@tuermerleim.ch
www.tuermerleim.ch

Mitglied des FKS

Das Unternehmen

Das Produktprogramm

Gründungsjahr
1992

Größe der Belegschaft
8 Beschäftigte

Geschäftsführung
Marcel Leder-Maeder

Klebstofftypen
Schmelzklebstoffe
Dispersionsklebstoffe
Dextrin- und Stärkeklebstoffe
Caseinklebstoffe
UF- und MUF-Harze

Für Anwendungen im Bereich
Papier/Verpackung
Etikettierung
Holz-/Möbelindustrie
Hygienetücher

BOLTON ADHESIVES

www.UHU.de
www.UHU-profi.de
www.boltonadhesives.com
www.griffon-profi.de

UHU GmbH & Co. KG
Herrmannstraße 7, D-77815 Bühl
Telefon +49 (0) 72 23-2 84-0
Telefax +49 (0) 72 23-2 84-2 88
E-Mail: info@uhu.de

Hauptsitz: Bolton Adhesives
Adriaan Volker Huis – 14th floor
Oostmaaslaan 67, NL-3063 AN Rotterdam

Mitglied des VCI

Das Unternehmen

Gründungsjahr
1905

Größe der Belegschaft
Bolton Adhesives > 700 Mitarbeiter

Gesellschafter
Bolton Adhesives B.V., Bolton Group

Tochterfirmen
UHU Austria Ges.m.b.H., Wien (A)
UHU France S.A.R.L., Courbevoie (F)
UHU-BISON Hellas LTD, Pireus (GR)
UHU Ibérica Adesivos, Lda., Lisboa (P)

Geschäftsführung
Robert Uytdewillegen, Danny Witjes,
Ralf Schniedenharn

Ansprechpartner
Anwendungstechnik:
Domenico Verrina
Vertrieb: Stefan Hilbrath

Vertriebswege
Technischer Handel
Eisenwarenhandel
Baumärkte
Modellbaugeschäfte
Lebensmittelhandel
Papier-, Büro-, Schreibwarenhandel
Kauf- und Warenhäuser
Drogeriemärkte

Das Produktprogramm

Klebstofftypen
2K-Epoxidharzklebstoffe
Cyanacrylatklebstoffe
Lösungsmittelhaltige Klebstoffe
Dispersionsklebstoffe
Konstruktions-/Montageklebstoffe
Dichtstoffe
MS Polymere

Für Anwendungen in Handwerk und Industrie
Metallverarbeitung
Holzverarbeitung
Elektrotechnik
Automobil
Papier/Verpackung
u. v. a.

UNITECH
Deutschland GmbH

Mündelheimer Weg 51a – 53
D-40472 Düsseldorf
Telefon +49 (0) 211 51 62 1987
E-Mail: s.clermont@unitech99.co.kr
www.unitech99.co.kr

Mitglied des IVK

Das Unternehmen

Gründungsjahr
1999

Größe der Belegschaft
250 Mitarbeiter

Tochterfirmen
Süd Korea (HQ), Slowenien, Deutschland,
Türkei, China

Vertriebwege
Direkt/Indirekt

Ansprechpartner
Management
Sebastian Clermont
E-Mail: s.clermont@unitech99.co.kr

Das Produktprogramm

Klebstofftypen
Reaktive Klebstoffe
Epoxidklebstoffe (1C und 2C Lösungen)

Dichtstofftypen
Dichtungsmittel auf PVC-Basis
Andere

Für Anwendungen im Bereich
Automobilindustrie
Karosserie
Lackiererei
Materialien für Innenausbau
Schiffsbau
Elektronik

Uzin Utz Schweiz AG
Ennetbürgerstrase 47
CH-6374 Buochs
Telefon +41 41 624 48 88
Fax +41 41 624 48 89
E-Mail: ch@uzin-utz.com
www.uzin-utz.com

Mitglied des FKS

Das Unternehmen

Das Produktprogramm

Gründungsjahr
1933 Gründung der Gesellschaft
(1998 Übernahme durch Uzin Utz AG)

Anzahl Mitarbeiter
53

Geschäftsführer
Vitus Meier

Eigentumsverhältnis
Aktiengesellschaft

Tochterunternehmen
DS Derendinger AG, Thörishaus

Vertriebswege
Direktverkauf und Vertrieb über
Grosshandel

Kontaktpartner
Geschäftsführer
Vitus Meier

Leiter Vertrieb Schweiz
Hans Gallati

Weitere Informationen
Die Uzin Utz Schweiz AG steht für ge-
ballte Bodenkompetenz und hat sich seit
ihrer Gründung 1933 zu einem führenden
Komplettanbieter für Bodensysteme in der
Schweiz entwickelt.

Mit den Marken UZIN, WOLFF, Pallmann,
codex, Derendinger, collfox und Pajarito
bietet die Uzin Utz Schweiz AG ein umfassendes Verlegesortiment.

Klebstoffe
Dispersions-Klebstoffe
Reaktionsharz-Klebstoffe
Lösemittelbasierte Klebstoffe
Klebstoffe auf Spezial-Folienträger

Ausrüstung, Anlagen und Komponenten
für Handling, Lagerung, Mischen, Dosieren
für Oberflächenvorbehandlung
Labor, Messungen und Tests

Anwendungen im Bereich
Bauindustrie (Boden, Sockel, Wände)
Transport (LKW, Busse, Bahn, Schiffe)

Uzin Utz

Uzin Utz AG
Dieselstraße 3
D-89079 Ulm
Telefon +49 731 40 97-0
Telefax +49 731 40 97-1 10
E-Mail: de@uzin-utz.com
www.uzin-utz.com

Mitglied des IVK

Das Unternehmen

Gründungsjahr und Ort
1911 in Wien

Größe der Belegschaft
1.118 Mitarbeiter weltweit (2017)

Gesellschaftsform
Aktiengesellschaft

Mitglied des Vorstands
Heinz Leibundgut, Julian Utz, Philipp Utz

Grundkapital
15.133 TEUR (zum 31.12.2017)

Tochtergesellschaften in
Schweiz, Frankreich, Niederlande, Belgien, Großbritannien, Polen, Tschechien, Österreich, USA, China, Indonesien, Neuseeland, Slowenien, Kroatien, Ungarn, Serbien, Norwegen, Dänemark, Singapur

Vertriebsbüros in
Ukraine, Weißrussland, Italien

Lizenznehmer & Vertretungen in
Finnland, Griechenland, Island, Italien, Slowakei, Spanien, Türkei, Portugal, Schweden

Vertriebswege
Bodenbelags-Fachgroßhandel
Fliesen-Fachgroßhandel
Parkett-Fachgroßhandel
Baustoffhandel

Ansprechpartner
Leitung Forschung & Entwicklung:
Dr. Johannis Tsalos

Leitung Vertrieb Uzin Deutschland:
Michael Abraham

Das Produktprogramm

Produktgruppen
Untergründe vorbereiten
Bodenbeläge kleben
Bodenbeläge kleben mit
switchTec®-Klebetechnologie
Parkett verlegen
Oberflächenschutz für gewerbliche und
industrielle Böden

Produkte
Klebstoffe
Spachtelmassen
Grundierungen
Estriche
Renovierungssysteme
Abdichtungssysteme
Dämmunterlagen
Reinigungs- und Pflegesysteme
Maschinen und Spezialwerkzeuge
für die Bodenverlegung

Versalis International SA
Zweigniederlassung Deutschland

Düsseldorfer Straße 13
D-65760 Eschborn
Postfach 56 26, D-65731 Eschborn
Telefon +49 (0) 61 96-4 92-0
Telefax +49 (0) 61 96-4 92-2 18
E-Mail: international.germany@
versalis.eni.com
Mitglied des IVK

Das Unternehmen

Gründungsjahr
1981

Größe der Belegschaft
40 Mitarbeiter

Gesellschafter
Versalis International SA, Brüssel

Stammkapital
15.449.173,88 €

Besitzverhältnisse
Versalis S.p.A., Italien
Versalis Deutschland GmbH, Deutschland
Dunastyr C. Co. Ltd., Ungarn
Versalis France SAS, Frankreich

Branch Manager
Hartmut Dux

Vertrieb
Elastomere:
S. Volkmann

Lösungsmittel:
B. Haupt-Gött

EVA-Copolymere:
A. Mayr

Vertriebswege
Eschborn

Das Produktprogramm

Rohstoffe
Elastomere
Lösungsmittel
EVA-Copolymere

Rohstoffe für
Schmelzklebstoffe
Haftklebstoffe
Lösemittelklebstoffe
wässrige Klebstoffe

Für Anwendungen im Bereich
Papier/Verpackung
Buchbinderei/Graphisches Gewerbe
Fahrzeug-, Luftfahrtindustrie
Textilindustrie
Klebebänder, Etiketten
Hygienebereich
Haushalt, Hobby und Büro

Vinavil S.p.A.

Via Valtellina, 63
I-20159 Milano, Italy
Telefon + 39-02-69 55 41
Telefax + 39-02-69 55 48 90
E-Mail: vinavil@vinavil.it
www.vinavil.com

Mitglied des IVK

Das Unternehmen

Gründungsjahr
1994

Größe der Belegschaft
300 Mitarbeiter

Gesellschafter
Mapei S.p.A.

Produktionsstandorte
Villadossola und Ravenna in Italien, Suez
in Ägypten, Chicago in USA und Laval in
Kanada

Geschäftsführung
Taako Brouwer

Vertriebsleitung
Silvio Pellerani
Hauptverwaltung Mailand
E-Mail: s.pellerani@vinavil.it

Beratung und Verkauf
Manfred Halbach
Vinavil Vertretung Deutschland
Tel.: +49 160 969 485
E-Mail: m.halbach@vinavil.it

Dr. Mario De Filippis
E-Mail: m.defilippis@vinavil.it

Dr. Fabio Chiozza
E-Mail: f.chiozza@vinavil.it

zertifiziert nach OHSAS 18001,
DIN EN ISO 9001 und 14001

Das Produktprogramm

Rohstoffe
Redispergierbare Pulver, Festharze und
Polymerdispersionen
Ravemul®, Vinavil®, Crilat®, Raviflex® and
Vinaflex® auf Basis:
Vinylacetat
Vinylacetat-Copolymere
Vinylacetate/Ethylen
Reinacrylat
Styrol/Acrylat

Für Anwendungen im Bereich
Klebstoff:
Holz-/Möbelindustrie,
Papier/Verpackung, Baugewerbe
einschl. Boden/Wand/Decke,
Buchbinderei/Graphisches Gewerbe,
Haftklebstoffe, Automobil, Leder/Textil

Beschichtung/Bau:
Innen- und Fassadenfarben,
Dispersionslacke, Holzlasuren,
Grundierungen, Putze, WDVS,
Fliesenklebstoffe

visions in tapes

VITO Irmen GmbH & Co. KG
Mittelstraße 74 – 80
D-53424 Remagen
Telefon +49 (0) 26 42 40 07-0
E-Mail: info@vito-irmen.de
www.vito-irmen.de

Mitglied des IVK

Das Unternehmen

Gründungsjahr
1907

Größe der Belegschaft
85 Mitarbeiter

Gesellschafter
Irmen-Verwaltungs GmbH, Remagen

Vertriebswege
Fachhandel, Direktbelieferung
Eigene Außendienstmitarbeiter
Vertriebspartner weltweit

Ansprechpartner
Geschäftsführung:
Dr. Michael Büchner

Anwendungstechnik und Vertrieb
Vertriebsleiter:
Marko Rubčić

Das Produktprogramm

Klebstofftypen
Schmelzklebstoffe
Lösemittelhaltige Klebstoffe
Dispersionsklebstoffe
Haftklebstoffe

Für Anwendungen im Bereich
Klebebänder
Isolierglasherstellung und -verarbeitung
Fassadengestaltung (Structural Glazing)
Medizintechnik
Baugewerbe inkl. Fußboden
Wand und Decke
Maschinen- und Apparatebau
Fahrzeug-, Luftfahrtindustrie
Elektronik
Holz-/Möbelindustrie
Solarindustrie

Wacker
Chemie AG

Hanns-Seidel-Platz 4
D-81737 München
Telefon +49 (0) 89-62 79-0
Telefax +49 (0) 89-62 79-17 70
E-Mail: info@wacker.com
www.wacker.com

Mitglied des IVK

Das Unternehmen

Gründungsjahr
1914

Größe der Belegschaft
14.700 (Stand: 2019)

Gesellschafter
Aktiengesellschaft

Tochterfirmen
24 Produktionsstätten, 23 technische
Kompetenzzentren und 51 Vertriebsbüros
weltweit.

Das Produktprogramm

Rohstoffe/Polymere
Silanterminierte Polymere
Vinylacetat-Polymere
(Dispersionen, Dispersionspulver,
Festharze)
Vinylacetat-Ethylen (VAE)-Co- und
Terpolymeren
(Dispersionen, Dispersionspulver)
VC-Copolymere
Silicone

Rohstoffe/Additive
Pyrogene Kieselsäuren (HDK®)
Silane, organofunktionelle Silane,
Haftvermittler, Vernetzer
(GENIOSIL®)
Entschäumer, Silicontenside

Dicht- und Klebstofftypen
Silikonkautschuke (RTV-1, RTV-2, LSR)
Silicongele, Siliconschäume,
UV-härtende Systeme
Hybriddicht- und -klebstoffe

Wakol GmbH

Bottenbacher Straße 30
D-66954 Pirmasens
Telefon +49 63 31-80 01-0
Telefax +49 63 31-80 01-8 90
www.wakol.com

Mitglied des IVK

Das Unternehmen

Gründungsjahr
1934

Größe der Belegschaft
382 Mitarbeiter (Gruppe)

Umsatz
106,4 Mio. €

Tochterfirmen
Wakol GmbH, A-6841 Mäder
Wakol Adhesa AG/SA, CH-9410 Heiden
Wakol Foreco srl,
I-20010 Marcallo con Casone
Loba-Wakol Polska Sp. z o.o.,
PL-05-850 Ożarów Mazowiecki
Loba-Wakol LLC,
USA-28170 Wadesboro N.C.

Geschäftsführung
Steffen Acker
Christian Groß (CEO)
Dr. Martin Schäfer

Vertriebswege
Direktvertrieb
Fachhandel

Das Produktprogramm

Klebstofftypen
Dispersionsklebstoffe
Haftklebstoffe
Lösemittelhaltige Klebstoffe
Reaktionsklebstoffe

Für Anwendungen im Bereich
Baugewerbe (Fußboden, Wand)
Automobilzulieferindustrie
(Fahrgastsitzherstellung)
Bauzulieferindustrie
Schaumstoffverarbeitende Industrie
Schuhindustrie

Weitere Produkte
Sealing Compounds für die Emballagen-
industrie

WEICON GmbH & Co. KG
Königsberger Straße 255
D-48157 Münster
Telefon +49 (0) 2 51-93 22-0
Telefax +49 (0) 2 51-93 22-2 44
E-Mail: info@weicon.de
www.weicon.de

Mitglied des IVK

Das Unternehmen

Gründungsjahr
1947

Größe der Belegschaft
280

Tochterfirmen
WEICON Middle East LLC, Dubai, V.A.E.
WEICON Inc., Kitchener, Kanada
WEICON Kimya Sanayi Tic. Ltd. Sti.,
Istanbul, Türkei
WEICON Romania SRL, Targu Mures,
Rumänien
WEICON SA Pty Ltd., Kapstadt, Südafrika
WEICON South East Asia Pte Ltd., Singapur
WEICON Czech Republic s.r.o., Teplice,
Tschechische Republik
WEICON Ibérica Soluciones Industriales S.L.,
Madrid, Spanien
WEICON Italia S.r.l., Genua, Italien

Vertriebswege
Technischer Handel, Großindustrie

Ansprechpartner
Geschäftsführung:
Ralph Weidling und Timo Gratilow

Anwendungstechnik und Vertrieb:
Holger Lütfring
Technisches Projektmanagement

Patrick Neuhaus
Vertriebsleiter D-A-CH

Vitali Walter
Vertriebsleiter International

Das Produktprogramm

Klebstofftypen
2-Komponenten Klebstoffe
Basis: Epoxidharz, PUR, MMA
1-Komponenten Klebstoffe
Basis: Cyanacrylat, PUR, MMA, POP
Reaktionsklebstoffe
lösemittelhaltige Klebstoffe

Dichtstofftypen
PUR-Dichtstoffe
Silikondichtstoffe
MS/SMP-Dichtstoffe

Für Anwendungen im Bereich
Papier/Verpackung
Holz- und Möbelindustrie
Baugewerbe, inkl. Fußboden, Wand u. Decke
Elektro, Elektronik
Maschinen- und Apparatebau
Fahrzeug-, Luftfahrtindustrie
Haushalt, Hobby und Büro
Metall- und Kunststoffindustrie
Automobilindustrie
Maritime Industrie

Weiss Chemie + Technik
GmbH & Co. KG
Hansastraße 2
D-35708 Haiger
Telefon +49 (0) 27 73-8 15-0
Telefax +49 (0) 27 73-8 15-2 00
E-Mail: ks@weiss-chemie.de
www.weiss-chemie.de

Mitglied des IVK

Das Unternehmen

Das Produktprogramm

Gründungsjahr
1815

Größe der Belegschaft
325 Mitarbeiter in der Firmengruppe

Gesellschafter
WBV – Weiss Beteiligungs- und
Verwaltungsgesellschaft mbH

Standorte
Haiger
Herzebrock
Niederdreisbach
Monroe, NC (USA)

Stammkapital
2 Mio. €

Besitzverhältnisse
Familiengesellschafter

Geschäftsführung
Jürgen Grimm

Ansprechpartner
Zentrale:
+49 (0) 27 73-815-0

Vertrieb:
+49 (0) 27 73-815-219

Anwendungstechnik:
+49 (0) 27 73-815-255

Einkauf:
+49 (0) 27 73-815-241

Vertriebswege weltweit
Eigener Außendienst, Handel, Industrie
und Handwerk

Geschäftsbereich Klebstoffe

Klebstofftypen
Lösemittelhaltige Klebstoffe
Reaktionsklebstoffe (PUR, Epoxi)
Cyanacrylatklebstoffe
Hybridklebstoffe
Dispersionsklebstoffe
Schmelzklebstoffe
Haftklebstoffe

Für Anwendungen u. a. in den Bereichen
Fenster- und Türenindustrie
(Kunststoff, Metall, Holz)
Holz-/Möbelindustrie
Brandschutz
Luftdichte Gebäudehülle gem. EnEV
Trockenbau
Transportation/Nutzfahrzeuge, Schiffsbau,
Schienenfahrzeuge, Caravanindustrie,
Containerbau
Klima- und Lüftungstechnik
Sandwichelemente
Baugewerbe
Elektronik

Geschäftsbereich Sandwichelemente
Leichte Sandwich-Konstruktionen als
wärme- und schalldämmende Elemente in
Einsatzbereichen wie Türen, Fenster, Tore,
Messebau, Fahrzeugaufbauten etc.

Wöllner GmbH

Wöllnerstraße 26
D-67065 Ludwigshafen
Telefon +49 (0) 621 5402-0
Telefax +49 (0) 621 5402-411
E-Mail: info@woellner.de
Internet: www.woellner.de

Mitglied des IVK

Das Unternehmen

Gründungsjahr
1896

Größe der Belegschaft
ca. 150 Mitarbeiter

Tochterfirmen
Wöllner Austria GmbH
Fabriksstraße 4-6
A-8111 Gratwein-Straßengel

Vertriebswege
Direktvertrieb

Geschäftsführung
Dr. Barbara März

Anwendungstechnik und Vertrieb
Jörg Batz
Verkaufsleitung Geschäftsbereich CCC

Dr. Joachim Krakehl
Bereichsleitung Technisches Marketing &
Verkaufsleitung Geschäftsbereich ISD

Weitere Informationen
Die Wöllner GmbH ist europaweit einer der
führenden Anbieter von löslichen Silikaten,
Prozesschemikalien und Spezialadditiven für
industrielle Anwendungen. Als Familienunternehmen mit über 125-Jahren-Erfahrung
verfügen wir über ein tiefgehendes Fachwissen bei Forschung, Entwicklung und Produktion im Bereich der angewandten Chemie.
Wir entwickeln innovative Lösungen insbesondere für die chemische Industrie, die
Bau-, Farben- und Papierindustrie sowie für
viele andere Industriezweige.

Das Produktprogramm

Klebstofftypen
Reaktionsklebstoffe
pflanzliche Klebstoffe, Dextrin- und
Stärkeklebstoffe
Sonstige

Rohstoffe
Additive

Für Anwendungen im Bereich
Papier/Verpackung
Holz-/Möbelindustrie
Baugewerbe, inkl. Fußboden, Wand
und Decke

Worlée-Chemie GmbH

Grusonstraße 26
D-22113 Hamburg
Telefon +49 (0) 40-733 33-0
Telefax +49 (0) 40-733 33-11 70
E-Mail: service@worlee.de
www.worlee.de

Mitglied des IVK

Das Unternehmen

Gründungsjahr
1962
(Gründung als Tochtergesellschaft der
E. H. Worlée & Co., eines im Jahre 1851
gegründeten Handelshauses)

Größe der Belegschaft
Insgesamt ca. 300 Mitarbeiter
(Produktionsstätten in Hamburg, Lauenburg
und Lübeck sowie deutscher Außendienst und
Niederlassungen im Ausland)

Gesellschafter
Dr. Albrecht von Eben-Worlée
Reinhold von Eben-Worlée

Besitzverhältnisse
im Familienbesitz derer von Eben-Worlée
Tochterfirmen:
E. H. Worlée & Co. B. V., Kortenhoef (NL)
E. H. Worlée & Co. (UK) Ltd.,
Newcastle-under-Lyme (GB)
Worlée-Chemie (India) Private Limited,
Mumbai (IND)
Worlée Italia S.R.L, Mailand (I)
Varistor AG, Lengnau (CH)
Worlée (Shanghai) Trading Co., Ltd., Shanghai (CN)

Vertriebswege
Deutscher Außendienst, Tochterfirmen im
Ausland, Niederlassungen, Vertretungen

Geschäftsführung
Dr. Albrecht von Eben-Worlée
Reinhold von Eben-Worlée
Joachim Freude

Vertrieb
Andreas Jaschinski (Verkaufsleitung DACH)
Dr. Stefan Mansel (Leitung Export)
Dr. Thorsten Adebahr (Leitung Handelsprodukte)

Das Produktprogramm

Rohstoffe
Additive
Acrylatharze
Acrylatdispersionen
Alkydharze
Alkydemulsionen
Polyester
Polyesterpolyole
Maleinatharze
Hartharze phenolmodifiziert
Haftvermittler/Special Primer
Pigmente
Farbruße
Leitfähige Ruße

Handelsprodukte
XSBR – wässrige Dispersion eines carboxyl-
gruppenhaltiges Styrol-Butadien-Copolymerisates
HS-SBR – wässrige Dispersion eines Styrol-Butadien-
Copolymerisat (High-Solid)
NBR – wässrige Dispersion eines Acrylnitril-Buta-
dien-Copolymerisates
PSBR – wässrige Copolymerdispersion bestehend
aus Butadien-Styrol und 2-Vinylpyridin
CR – wässrige Polymerdispersion aus Basis von
2-Chlorbutadien
ABS – wässrige Dispersion eines Copolymers aus
Styrol, Butadien und Acrylnitril
VA – Vinylacetat Copolymer Dispersion
Alipatische Polyisocyanate
Polythiole

WULFF
GmbH u. Co. KG

Wersener Straße 3
D-49504 Lotte
Telefon +49 (0) 5404-881-0
Telefax +49 (0) 5404-881-849
E-Mail: industrie@wulff-gmbh.de

Mitglied des IVK

Das Unternehmen

Gründungsjahr
1890

Größe der Belegschaft
200 Mitarbeiter

Gesellschafter
Familie Israel, Ernst Dieckmann

Vertriebswege
Direktvertrieb, Großhandel

Ansprechpartner
Geschäftsführung:
Alexander Israel
Jan-Steffen Entrup

Weitere Informationen
Großhandel für das Lackierhandwerk,
Malerhandwerk, Tischlerhandwerk

Das Produktprogramm

Grundierungen
Dispersions-, Pulver- und 2K Grundierungen

Spachtelmassen
Zement- und Calciumsulfat-Spachtelmassen,
selbstverlaufende, standfeste und Spezial-
Spachtelmassen

Klebstoffe
Dispersions- und SMP-Klebstoffe

Dichtstoffe
Acryl- und SMP-Dichtstoffe

Für Anwendungen im Bereich
Baugewerbe: Verlegewerkstoffe für
Bodenbeläge und Parkett
Zulieferer für die Belagsindustrie

ZELU CHEMIE GmbH
Robert-Bosch-Straße 8
D-71711 Murr
Telefon +49 (0) 7144 82 57-0
Fax +49 (0) 7144 82 57-30
E-Mail: info@zelu.de
www.zelu.de

Mitglied des IVK

Das Unternehmen

Das Produktprogramm

Gründungsjahr
1889

Größe der Belegschaft
50 Mitarbeiter

**Ansprechpartner für Entwicklung/
Anwendungstechnik**
Herr Dr. Stefan Kissling

Ansprechpartner techn. Vertrieb
Nathalie Uhrich
Mustafa Türken

Vertriebswege
Direktvertrieb
Handelsvertretungen im In- und Ausland
weltweiter Vertrieb

Klebstofftypen
Dispersionsklebstoffe
Schmelzklebstoffe
Haftklebstoffe
Lösemittelhaltige Klebstoffe (SBS, CR, TPU)
Reaktionsklebstoffe

Für Anwendungen im Bereich
Interior/Automotive Kaschierung
(z. B. Lenkräder, Dachhimmel)
Polstermöbel
Sitzmöbel/Bürostühle
Schaumstoffkonfektionierer
Matratzenfertigung
Kfz- und Industriefilter
Bauindustrie

Weitere Produkte
Systemformulierungen auf Basis
PUR-Weichschaum, Integralschaum,
Hartschaum, Halbhartschaum,
Gießsysteme, Vergussmassen,
Elastomere, Dichtungsschäume

Anwendungsbeispiele
Energieabsorptionsschaum im KFZ-Bereich
für passive Sicherheit, Bürostühle und
KFZ Bestuhlung, Fertigung von Luft- und
Kraftstofffiltern, technische Teile, Gehäuse-
elemente, Lärm- und Schallabsorption,
Dämmindustrie, Kopfstützen, Knieschoner,
Dichtungen für Schaltschränke, Raumfilter,
Gehäuseteile

FIRMENPROFILE

Geräte- und Anlagenhersteller

Baumer hhs GmbH
Adolf-Dembach-Straße 19
D-47829 Krefeld
Telefon +49 (0) 2151 4402-0
Telefax +49 (0) 2151 4402-111
E-Mail: info.de@baumerhhs.com
www.baumerhhs.com

Das Unternehmen

Gründungsjahr
1986

Größe der Belegschaft
270 Mitarbeiter weltweit

Gesellschafter
Baumer Holding AG, Frauenfeld, Schweiz

Besitzverhältnisse
Baumer Holding AG, Frauenfeld, Schweiz

Tochterfirmen
China, Indien, USA, UK, Frankreich,
Spanien, Italien

Vertriebswege
Firmenzentrale in Deutschland, Baumer
hhs Tochtergesellschaften und weltweites
Händlernetz

Ansprechpartner
Geschäftsführung:
Percy Dengler, Dr. Oliver Vietze

Internationale Vertriebsleitung:
Roberto Melim de Sousa
Entwicklungsleitung: Marco Ahler

Weitere Informationen
Baumer hhs mit Sitz in Krefeld ist Ihr weltweiter Partner für zuverlässige und innovative Systeme für Klebstoffauftrag und
Qualitätskontrolle. Wir verstehen Qualität
und Präzision als Entwicklungs- und Ferti-
gungsprinzip und souveräne Dienstleistung
als Bestandteil unserer Produkte.

Das Produktprogramm

Klebstofftypen
Schmelzklebstoffe
Dispersionsklebstoffe
Haftklebstoffe

**Anlagen/Verfahren/Zubehör/
Dienstleistungen**
Auftragssysteme (1-K-Systeme,
2-K-Systeme, Roboter)
Komponenten für die Förder-, Misch- und
Dosiertechnik
Klebstoffhärtung und -trocknung
Mess- und Prüftechnik
Dienstleistungen

Für Anwendungen Im Bereich
Papier/Verpackung
Buchbinderei/Graphisches Gewerbe
Holz-/Möbelindustrie

Baumer hhs liefert industrielle Lösungen
für die Faltschachtelherstellung, Endver-
packung, Tabakindustrie, Druckweiterverarbeitung, Pharmazeutische Industrie, den
Braille Druck und die Wellpappenindustrie.

Potenziale identifizieren

Let's stick together

baumerhhs.com

bdtronic GmbH
Ahornweg 4
D-97990 Weikersheim
Telefon +49 (0) 7934 104 0
Telefax +49 (0) 7934 104 371
E-Mail: info@bdtronic.de
www.bdtronic.de

Das Unternehmen

Gründungsjahr
2002

Größe der Belegschaft
460 Mitarbeiter

Gesellschafter
MAX Automation SE

Tochterfirmen
bdtronic bvba, bdtronic S.r.l., bdtronic Italy S.r.L., bdtronic Ltd., Bartec Dispensing Technology Inc. bdtronic Suzhou Co. Ltd.

Ansprechpartner
Geschäftsführung:
Patrick Vandenrhijn

Anwendungstechnik und Vertrieb:
Andy Jorissen

Weitere Informationen
Mit mehr als 4.000 installierten Maschinen ist bdtronic einer der weltweit führenden Maschinenhersteller für Dosieren, Imprägnieren, Heissnieten und Plasmatechnik.
bdtronic liefert komplette Systemlösungen für die Montage- und Produktionsautomatisierung an alle namhaften Hersteller in der Automobil-, Elektro- und Elektronikindustrie, Medizintechnik und erneuerbare Energien.

Das Produktprogramm

Anlagen/Verfahren/Zubehör/ Dienstleistungen
Auftragssysteme (1-K-Systeme, 2-K-Systeme, Roboter)
Komponenten für die Förder-, Misch- und Dosiertechnik
Oberflächen reinigen und vorbehandeln

Für Anwendungen Im Bereich
Elektronik
Maschinen- und Apparatebau
Fahrzeug, Luftfahrtindustrie

Dr. Hönle AG
UV-Technologie
Lochhamer Schlag 1
D-82166 Gräfelfing/München
Telefon +49 (0) 89-85 60 80
Telefax +49 (0) 89-85 60 81 48
E-Mail: uv@hoenle.de
www.hoenle.de

Das Unternehmen

Gründungsjahr
1976

Jahresumsatz
107,7 Mio. Euro

Vorstand
Norbert Haimerl
Heiko Runge

Tochterfirmen im Klebstoffbereich
D: Panacol-Elosol GmbH (Klebstoffe),
     Steinbach/Taunus
     UV-Technik Speziallampen GmbH
     (Strahlerproduktion), Ilmenau/Thüringen
F: Honle UV France S.a.r.l., F-Lyon
     Eleco Panacol-EFD, F-Gennevillers
     Cedex
USA: Panacol-USA, Inc., US-Torrington CT
KOR: Panacol-Korea, KR-Gyeonggi-do
I: Hönle Italy, Sales Office
CHN: Hoenle UV Technology (Shanghai)
     Trading Ltd., CHN-Shanghai

Vertrieb
Dieter Stirner
Florian Diermeier

Vertriebswege
Eigener Außendienst und Vertriebspartner
weltweit

Das Produktprogramm

LED-UV-/UV-Strahlungstechnologie
zur Härtung UV-reaktiver und lichthärtender
Kleb- und Kunststoffe sowie Vergussmassen
zur Trocknung und Härtung UV-reaktiver
Farben und Lacke
zur Entkeimung mit UVC-Strahlung
zur Fluoreszenzanregung
zur Sonnensimulation

Klebstoffe
Entwicklung und Produktion von Klebstoffen
über Panacol:
UV- und lichthärtende Epoxid- und Acrylat-
klebstoffe,
elektrisch und thermisch leitende Klebstoffe,
Strukturklebstoffe und Vergussmassen,
1K- und 2K-Epoxidharze,
Spezialklebstoffe für Medizintechnik und
Elektronik,
Cyanacrylate

Für Anwendungen im Bereich
Elektonikfertigung
Conformal Coating / Chip-Verguss
3D-Druck
Feinmechanik
Maschinen- und Apparatebau
Automotive Industry und E-Mobility
Luftfahrtindustrie
Glasindustrie
Optik
Medizintechnik
Photovoltaik

Druck- und Beschichtungstechnik
Entkeimung von Oberflächen, Luft und Wasser
Qualitätskontrolle
Beschleunigte Materialalterung
Prüfung von Photovoltaik-Modulen

LED-UV / UV-Aushärtesysteme

Die Dr. Hönle AG bietet seit mehr als 40 Jahren hocheffiziente Aushärtelösungen für Klebe- und Vergussanwendungen — perfekt abgestimmt auf die Anforderungen des Kunden.

Unsere Technologie kommt in den unterschiedlichsten industriellen Fertigungsprozessen zum Einsatz: in Elektronik, Optik und Optoelektronik, in Medizintechnik, E-Mobility und Automobilindustrie.

Industrial Solutions. Hönle Group.　　　　**www.hoenle.de**

Hilger u. Kern GmbH
Dosiertechnik
Käfertaler Straße 253
D-68167 Mannheim
Telefon +49 (0) 6 21-3705-500
Telefax +49 (0) 6 21-3705-200
E-Mail: info@dopag.de
www.dopag.de

Das Unternehmen

Gründungsjahr
1927

Größe der Belegschaft
> 350 weltweit

Vertrieb international
DOPAG Dosiertechnik und Pneumatik AG, Schweiz
DOPAG S.A.R.L., Frankreich
DOPAG UK Ltd., England
DOPAG Italia S.r.l.
DOPAG (US) Ltd.
DOPAG India Pvt. Ltd.
DOPAG (Shanghai) Metering Technology Co. Ltd.,
China
DOPAG Eastern Europe s.r.o., Tschechien
DOPAG Korea
DOPAG Mexico Metering Technology SA de CV

Service
• Eigenes Technikum
• Dosierversuche
• Wartung
• Reparatur
• Ersatzteile
• Verbrauchsmaterialien
• Lohnfertigung

Weitere Unternehmensbereiche
Hilger u. Kern Industrietechnik

Das Produktprogramm

Dosiertechnik
• Anlagen für das Dosieren, Mischen und
  Auftragen von ein- und zweikomponentigen
  Materialien wie z.b. Schmierstoffen, Kleb-
  stoffen, Dichtstoffen und Vergussmassen
• Zahnrad- und Kolbenpumpentechnik
• Automatisierte Dosiertechnik: Standard- und
  linienintegrierbare Fertigungszellen, Stand-
  alone Lösungen, Sondermaschinen
• Statische und statisch-dynamische Misch-
  systeme
• Dynamische Mischtechnik für PU und Silikon-
  Werkstoffe zum Dichtungsschäumen, Kleben
  und Vergießen

Dosierkomponenten und Pumpen
• Fass- und Behälterpumpen
• Dosier- und Auslassventile
• Materialdruck-Reduzierventile
• Volumenzähler
• Zahnradpumpen

Für Anwendungen im Bereich
• Kleben und Dichten
• Befetten und Ölen
• Vergießen
• Composites
• Dichtungsschäumen

**Innotech Marketing und
Konfektion Rot GmbH**
Schönbornstraße 8c
D-69242 Rettigheim
Telefon 0 72 53-988 855 0
E-Mail: jr@innotech-rot.de
www.innotech-rot.de

Mitglied des IVK, GFAV, LBZ-BW und
SLV Fördergemeinschaft

Das Unternehmen

Gründungsjahr
1995

Größe der Belegschaft
27

Gesellschafter/Inhaber
Joachim Rapp

Stammkapital
100.000 €

Besitzverhältnisse
Tochterfirmen: adhetek GmbH

Vertriebswege
Fachhandel, Klebstoffhersteller, Industrie, weltweiter
Export, Internet, Direktvertrieb

Ansprechpartner
Geschäftsführung:
Joachim Rapp, Anja Gaber – jr@innotech-rot.de

Vertrieb:
Laura Rieth – verkauf@innotech-rot.de

Internet: www.innotech-rot.de

Weitere Informationen
Innotech bietet den Komplettservice rund um das Thema
Kleben und Dichten, speziell in der Handapplikation.
• Deutschlandweit die größte Auswahl an Klebepisto-
  len unterschiedlichster Hersteller mit kompetentem
  Beratungs- und Reparaturservice, Sonderpistolen-
  fertigung
• Stationäre Pistolenanwendung, Baukastenlösungen
• Verkauf und Vertrieb von Klebstoffzubehör
  (Mischer, Düsen, Kartuschen, ...)
• Heiztechnik für Klebstoffe, beheizte Pistolen,
  Heizkoffer
• Klebeberatung und Schulung zum Thema Kleben und
  Dichten
• Lohnverklebungen (Marketingmuster)
• Klebstoffmusterlogistik

Das Produktprogramm

Kooperationspartner des Fraunhofer IFAM
Klebpraktiker und Klebfachkraft nach DVS®/EWF
Beratung im Bereich Qualitätssicherung
Anwendung und Anforderungen DIN 2304 und DIN 6701

Geräte-, Anlagen und Komponenten
Zum Fördern, Mischen, Dosieren und für den Klebstoffauftrag; zur Oberflächenvorbehandlung; Klebstoffhärtung
und -trocknung; Mess- und Prüftechnik

Für Anwendungen im Bereich
Baugewerbe (inkl. Fußboden, Wand und Decke)
Maschinen- und Apparatebau; Fahrzeug, Luftfahrtindustrie
Herstellung/Vertrieb von Normprüfkörpern und Bearbei-
tung von Kundenmaterial zu Prüfblechen

Kartuschenpistolen
(Hand-, druckluft- oder akku-betrieben,
eigene Servicewerkstatt)
Über 750 Modelle. Einige Klebstoffhersteller und Groß-
kunden nutzen Just-In-Time Lieferservice, um eigene
Lagerbestände zu minimieren. Leistungsstarke beheizte
Akkupistolen bis 220 Grad Celsius und 5 kN Druckkraft.
Wirtschaftlichkeitsberatung und alle namhaften
Hersteller weltweit durch Innotech inkl. Service. Der
1-Stop-Shop für Händler und Klebstoffhersteller.

Klebstoffzubehör
Jedes weltweit verfügbare Klebstoffzubehör wie Mischer,
Kartuschen, Düsen, Heiztechnik uvm.

Klebstoffmusterlogistik
Angebot der kompletten Bemusterungslogistik für Kleb-
stoff- bzw. Dichtstoffhersteller

• Lagerhaltung, Konfektionierungen für Außendienstmitarbeiter, Abfüllung der Muster, Pickup Service,
  spezieller Partnerzugang mit aktuellen Beständen auf
  der Webseite und weltweiter Versand

Lohnverklebungen
Herstellung von Prüfkörpern, Marketingmustern
(Messe, Außendienst, Schulungen)

Almanach der manuellen Klebstoffapplikation
Der Almanach ist weltweit das umfassendste
Nachschlagewerk für die manuelle Klebstoffverarbeitung.
Hier liegt sehr großes Potenzial für Prozessverbesse-
rungen aber auch die Vergleichbarkeit von Kartuschen-
pressen, Mischersystemen und Kartuschen.

IST METZ GmbH

Lauterstraße 14 – 18
D-72622 Nürtingen
Telefon +49 (0) 0 70 22 - 6 00 20
E-Mail: info@ist-uv.com
www.ist-uv.de

Mitglied des IVK

Das Unternehmen

Gründungsjahr
1977

Größe der Belegschaft
600 Mitarbeiterinnen und Mitarbeiter
weltweit

Tochterfirmen
eta plus electronic gmbH
vista GmbH
S1 Optics GmbH
Integration Technology Ltd.
IST France sarl
IST Italia S.r.l.
IST (UK) Limited
IST Nordic AB
IST Benelux B.V.
UV-IST Ibérica S.L.
IST America U.S. Operations, Inc.
IST METZ SEA Co., Ltd.
IST METZ UV Equipment China Ltd. Co.
IST East Asia Co. Ltd.

Ansprechpartner
Geschäftsführung:
Christian-Marius Metz
Renate Metz

Anwendungstechnik:
Arnd Riekenbrauck

Das Produktprogramm

Geräte-/Anlagen und Komponenten
zur Klebstoffaushärtung
Klebstoffhärtung und -trocknung
Mess- und Prüftechnik

Für Anwendungen im Bereich
Papier/Verpackung
Baugewerbe, inkl. Fußboden, Wand und
Decke
Elektronik
Fahrzeug, Luftfahrtindustrie
Klebebänder, Etiketten
Kosmetik
Energiespeicher
Display, Coil Coating
Pharma/Medical

Nordson Deutschland GmbH
Heinrich-Hertz-Straße 42
D-40699 Erkrath
Telefon +49 (0) 2 11-92 05-0
Telefax +49 (0) 2 11-25 46 58
E-Mail: info@de.nordson.com
www.nordson.com

Gründungsjahr
1967

Größe der Belegschaft
450 Mitarbeiter

Gesellschafter
Nordson Corporation, USA

Ansprechpartner
Geschäftsführung:
Ulrich Bender, Georg Gillessen und Gregory Paul Merk

Vertrieb
GesamtverkaufsleitungBetreuung OEMs/
Verpackungs-& Montageanwendungen:
Michael Lazin

Industrielle Anwendungen:
Jörg Klein

Nonwoven: Kai Kröger

Industrial Coating Systems: Thomas Krauze

Container: Ralf Scheuffgen

Automotive: Volker Jagielki

Vertriebswege
Durch Außendienstmitarbeiter der
Nordson Deutschland GmbH

Weitere Informationen
Entwicklungszentren und Produktionsstätten
(ISO-zertifiziert) in den USA und Europa,
über 7.500 Mitarbeiter, Niederlassungen auf allen
Kontinenten. In Zusammenarbeit mit dem Kunden
entwickelt Nordson Komplettlösungen mit
integrierten Systemen und aufeinander abgestimmten
Komponenten, die mit den Anforderungen der
Kunden mitwachsen.

Anlagen und Systeme zur Applikation von Kleb- und
Dichtstoffen und zur Obeflächenbeschichtung mit Lacken,
anderem flüssigen Material oder Pulver. Nordson Anlagen
können in vorhandene Anlagen integriert werden.

Verpackungs- und Montageanwendungen
Komplette Klebstoffauftragssysteme (Hot Melt/Kalt-
leim) zur Ausrüstung von Verpackungslinien. Im Bereich
Montageanwendungen optimiert Nordson Fertigungs-
prozesse in vielen verschiedenen Industriezweigen.

Industrielle Anwendungen
Kleb- und Dichtstoffanwendungen für unterschiedlichste
Industriebereiche z. B. Automobil-Produktion sowie Luft-
und Raumfahrt, Elektronik, Mobilgeräte, Holzverarbeitung
etc. sowie Präzisions-Dosiersysteme und Ventile zum
Auftrag von Klebern und Schmierstoffen, zum Abdichten,
Vergießen, Einkapseln und Ausformen.

Nonwoven
Nonwoven (Maßgeschneiderte Anlagen zum Auftragen
von Klebstoff und superabsorbierendem Pulver zur
Herstellung von Babywindeln, Slipeinlagen, Damenbinden
und Inkontinenzartikeln).

Pulver- und Nasslackbeschichtungen
Anlagen und Systeme zur Oberflächenbeschichtung mit
Lacken, anderen flüssigen Materialien und Pulver sowie
zur Beschichtung und Kennzeichnung von Dosen und
anderen Behältnissen.

Electronics
Automatische Beschichtungs- und Dosieranlagen für
die Elektronikindustrie zur präzisen Applikation von
Klebstoffen, Vergussmassen, Lötpasten, Flussmitteln,
Schutzlacken etc.

Automobilindustrie
Kundenspezifische Anlagen und Systeme für die
Applikation von strukturellen Kleb- und Dichtstoffen.

Batterieherstellung
Dosiersysteme für 1K und 2K Materialien, die bei der
Herstellung von Speicher- oder Fahrzeugbatteriezellen
verwendet werden.

 **plasmatreat**

Plasmatreat GmbH
Queller Straße 76 – 80
D-33803 Steinhagen
Telefon +49 (0)5204-9960-0
Telefax +49 (0)5204-9960-33
E-Mail: mail@plamatreat.de
www.plasmatreat.de

Mitglied des IVK

Das Unternehmen

Gründungsjahr
1995

Größe der Belegschaft
ca. 250 (weltweit)

Gesellschafter
Christian Buske

Vertriebswege
Direktvertrieb, Tochterfirmen,
Vertriebspartner

Ansprechpartner
Geschäftsführung:
Christian Buske

Vertriebsleitung Deutschland:
Joachim Schüßler

Weitere Informationen
Die Anwendung von Atmosphärendruck-
plasma gilt als Schlüsseltechnologie zur umwelt-
freundlichen und hocheffizienten Vorbehandlung und funktionalen Beschichtung von
Materialoberflächen. Durch die Entwicklung einer speziellen Düsentechnik ge-
lang es Plasmatreat im Jahr 1995 als erstem
Unternehmen weltweit, Plasma unter Normal-
druck in Serienprozesse „in-line" zu integrieren und damit im industriellen Maßstab
nutzbar zu machen. Die patentierte
Openair-Plasma® - Technik wird heute in
nahezu allen Industriebereichen angewendet,
ihr geschätzter Marktanteilliegt bei ca.
90 Prozent. Als internationaler Marktführer
investiert Plasmatreat etwa zwölf Prozent
seines Jahresumsatzes in die Forschung und
Entwicklung. Das Unternehmen ist in

Das Produktprogramm

**Anlagen/Verfahren/Zubehör/
Dienstleistungen**
Oberflächenvorbehandlung: Feinreinigung
und simultane Aktivierung, Funktionsbeschichtungen

Für Anwendungen im Bereich
Verpackungstechnik
Möbelindustrie
Glasverarbeitung, Fensterbau
Elektronik
Maschinen- und Apparatebau
Automobilbau
Transport-Fahrzeugbau
Luftfahrtindustrie
Schiffbau
Medizintechnik
Neue Energien (Solartechnik, Windkraft,
E-Mobilität)
Konsumgüter
Textilindustrie
Klebebänder, Etiketten
Hygienebereich
Hausgeräte, Weiße Ware

zahlreiche Forschungsprojekte des BMBF
eingebunden, hinzukommen intensive
Kooperationen mit den Fraunhofer Instituten
sowie mit führenden Forschungsinstituten
und Universitäten in der ganzen Welt.

Die Plasmatreat Group besitzt Technologie-
zentren in Deutschland (Hauptsitz), den
USA, Kanada, Japan und China und ist mit
Tochtergesellschaften und Vertriebspartnern
in 35 Ländern vertreten.

Reinhardt-Technik GmbH

Waldheimstraße 3
D-58566 Kierspe
Telefon +49 (0) 2359 666-0
Telefax +49 (0) 2359 666-129
E-Mail: info-rt@reinhardt-technik.de
www.reinhardt-technik.de

Mitglied des IVK

Das Unternehmen

Gründungsjahr
1962

Größe der Belegschaft
ca. 100 Angestellte

Tochterfirmen
ein Unternehmen der Wagner Group

Vertriebswege
Vertriebsmitarbeiter, Vertreter und Händler

Ansprechpartner
Geschäftsführung:
Christian Glaser und Dr. Peter Ripphausen

Anwendungstechnik und Vertrieb:
Christian Hose (Commercial Director) und
Axel Huwald (Manager Sales EMEA)

Weitere Informationen

Reinhardt-Technik GmbH ist spezialisiert auf
die Bereiche Kleben, Dichten und Verguss.
Das Unternehmen bietet ein umfangreiches
Maschinenangebot für die Dosier- und Mischtechnik. Die Anlagen verarbeiten kalte oder
beheizte 1K-Materialien und mehrkomponen-
tige Flüssigkunststoffe wie Polyurethane,
Polysulfide, Epoxide, Silikone und LSR (Liquid
Silicone Rubber). Es werden alle gängigen
Verfahrenstechniken angeboten - von pneu-
matisch oder hydraulisch angetriebenen
Kolbenpumpen, Zahnrad-Dosiersystemen bis
hin zu elektrisch gesteuerten Schussdosier-
systemen. Darüber hinaus ist Reinhardt-Technik ein Lösungsanbieter und liefert komplette
kundenspezifische Systeme.

Das Produktprogramm

Klebstofftypen
Schmelzklebstoffe
Reaktionsklebstoffe
lösemittelhaltige Klebstoffe

Rohstoffe
Additive
Harze
Polymere

**Anlagen/Verfahren/Zubehör/
Dienstleistungen**
Auftragssysteme (1-K-Systeme, 2-K-Systeme,
Roboter)
Komponenten für die Förder-, Misch- und
Dosiertechnik
Oberflächen reinigen und vorbehandeln

Für Anwendungen im Bereich
Holz-/Möbelindustrie
Baugewerbe, inkl. Fußboden, Wand und
Decke
Maschinen- und Apparatebau
Fahrzeug, Luftfahrtindustrie
Haushalt, Hobby und Büro

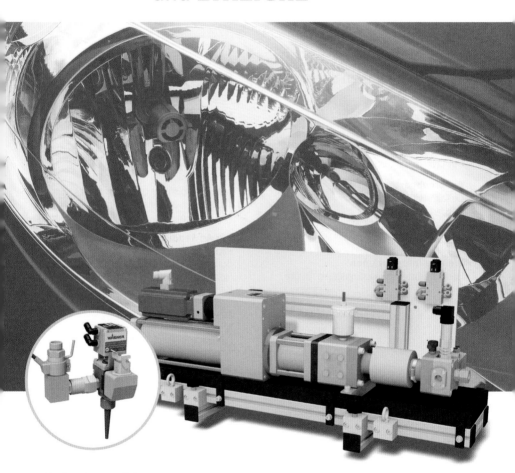

Reka Klebetechnik GmbH & Co. KG
Siemensstraße 6
D-76344 Eggenstein-Leopoldshafen
Telefon +49 (0) 721 9 70 78-30
Telefax +49 (0) 721 70 50 69
E-Mail: adhaesion@reka-klebetechnik.de

Mitglied des IVK

Das Unternehmen

Gründungsjahr
1977

Vertriebswege
Direktvertrieb, Vertrieb über Händler

Ansprechpartner
Geschäftsführung:
Herbert Armbruster

Anwendungstechnik und Vertrieb:
Katharina Armbruster

Weitere Informationen
Handgeführte Heißklebepistolen für die Industrie.
Seit 1977 bietet Reka Klebetechnik den Kunden in über 70 Ländern zuverlässige Qualität aus Deutschland. In Eggenstein bei Karlsruhe werden die handbetriebenen Heißklebegeräte von Reka entwickelt, produziert und vertrieben.

Die Geräte eignen sich zur Verarbeitung von Schmelzklebstoffen in nahezu allen auf dem Markt befindlichen Formen. Sie sind in der Industrie genauso geschätzt wie im Handwerk und bei Verpackungsdienstleistern. Ob in Fertigung, Montage oder Abdichtung – moderne Industrieprodukte sind ohne Klebstoffe nicht mehr denkbar.

Das stetige Wachstum des weltweiten Händlernetzwerks und die kontinuierliche Optimierung der Produkte stärken das inhabergeführte Familienunternehmen. Reka

Das Produktprogramm

Klebstofftypen
Schmelzklebstoffe
Haftschmelzklebstoffe

Auftragssysteme
Tankklebepistolen mit Druckluft
Tankklebepistolen ohne Druckluft
Kartuschenklebepistolen
(1-K-Systeme)

Für Anwendungen im Bereich
Papier/Verpackung
Buchbinderei/Graphisches Gewerbe
Holz-/Möbelindustrie
Baugewerbe, inkl. Fußboden, Wand und Decke
Elektronik
Maschinen- und Apparatebau
Fahrzeug, Luftfahrtindustrie
Textilindustrie
Haushalt, Hobby und Büro

Klebetechnik legt viel Wert auf langfristige Geschäftsbeziehungen und langlebige, einfach zu wartende Produkte.

Durch das kompetente und motivierte Team, die jahrzehntelange Markterfahrung und die Zusammenarbeit mit namhaften Klebstoffherstellern bietet Reka den Kunden bedarfsabhängige und individuelle Lösungen. Reka hilft Ihnen bei der Auswahl der passenden Produkte für Ihre Anwendung.

Robatech AG
Pilatusring 10
CH-5630 Muri AG/Schweiz
Telefon (+41) 5 66 75 77 00
Telefax (+41) 5 66 75 77 01
E-Mail: info@robatech.ch
www.robatech.ch

Mitglied des IVK

Das Unternehmen

Gründungsjahr 1975

Größe der Belegschaft
über 650 Mitarbeiter weltweit

Gesellschafter
Robatech AG, CH-5630 Muri, Schweiz

Besitzverhältnisse
Robatech AG, CH-5630 Muri, Schweiz

Tochterfirmen
Tochtergesellschaft in Deutschland:
Robatech GmbH, Im Gründchen 2
65520 Bad Camberg
Telefon +49 (0) 64 34-94 11 0
E-Mail info@robatech.de
Vertreten in über 80 Ländern weltweit

Vertriebswege
via Headoffice, Tochtergesellschaften
und Agenturen

Geschäftsführung
Robatech AG, Schweiz:
Martin Meier
Robatech GmbH Deutschland:
Eberhard Schlicht, Andreas Schmidt

Anwendungstechnik und Vertrieb
Robatech AG, Schweiz
Direktor Verkauf: Kishor Butani
Direktor Marketing: Kevin Ahlers
Robatech GmbH, Deutschland:
Geschäftsführer: Eberhard Schlicht

Weitere Informationen
Produktionsstätten in der Schweiz,
Deutschland und Hongkong

Das Produktprogramm

**Produktions- bzw. Vertriebsprogramm
des Unternehmens**
• Klebstoff-Auftragssysteme mit Kolben-
pumpen und Zahnradpumpen für Hotmelt
und Dispersionen, inklusive notwendigem
Zubehör (Gesamtsystemlösungen)
• Mittlere Heißleimauftragssysteme von
5 bis 30 Liter Klebstoff-Tankvolumen
• Große Heißleimauftragssysteme von 55
bis 160 Liter Klebstoff-Tankvolumen
• Heißleimauftragssysteme für
PUR-Klebstoffe von 2 bis 30 Liter
Klebstoff-Tankvolumen
• Fassschmelzanlagen von 50 bis 200 Liter
Klebstoff-Tankvolumen
• Auftragsmethoden: Raupenauftrag,
Flächenauftrag, Sprühauftrag, Spezialitäten
• Walzenauftragssysteme
• Kaltleim-Auftragssysteme:
Druckbehälter, Pumpen-Systeme,
Auftragstechnik, Steuerungen und
Auftragskontrolle

**Robatech bietet für mehrere
Industrien Lösungen an:**
Verpackungs-Industrie, Packmittel-Industrie,
Druck-Industrie, Hygiene-Industrie, Holz-
Industrie, Bauzuliefer-Industrie, Automobil-
Industrie und weitere Industrien.

Rocholl GmbH
Industriestrasse 28
D-74927 Eschelbronn
Telefon +49 (0) 6226 93330-0
Telefax +49 (0) 6226 93330-10
E-Mail: post@rocholl.eu
www.rocholl.eu

Mitglied des IVK

Das Unternehmen

Gründungsjahr
1977

Größe der Belegschaft
30 Mitarbeiter

Vertriebswege
direkt

Geschäftsleitung
Technik:
Dr. Matthias Rocholl

Verwaltung:
Bärbel Rocholl

Das Produktprogramm

Prüfkörper zur Prüfung von
Kleb- und Dichtstoffen, Lacken, Farben
und Beschichtungsmassen

WALTHER
Spritz- und Lackiersysteme GmbH
Kärntner Straße 18-30
D-42327 Wuppertal
Telefon +49 2 02-7 87-0
Telefax +49 2 02-7 87-22 17
E-Mail: info@walther-pilot.de
www.walther-pilot.de

Das Unternehmen

Das Produktprogramm

Größe der Belegschaft
150 Mitarbeiter

Niederlassungen
Wuppertal-Vohwinkel /
Neunkirchen-Struthütten

Geschäftsführung
Ralf Mosbacher

Verkaufsleitung
René Brettmann

Anwendungstechnik
Gerald Pöplau

Vertriebswege
Außendienst sowie Vertretungen
im gesamten Bundesgebiet,
Vertretungen in Europa und Übersee.

Systeme und Komponenten zur
Applikation von Kleb- und Dichtstoffen
sowie Lacken. Als Systemanbieter
erarbeitet WALTHER maßgeschneiderte
Komplettlösungen, die im Hinblick auf Wirt-
schaftlichkeit, Anwenderfreundlichkeit und
Schonung der Umwelt beste Ergebnisse auf
Dauer garantieren.

Applikation
Klebstoff-Spritzpistolen und -automaten
Extrusionspistolen
Dosierventile
Feinspritzgeräte für den randscharfen
Klebstoffauftrag
Mehrkomponenten-Dosier- und
Mischanlagen

Materialförderung
Druckbehälter
Membranpumpen
Kolbenpumpen
Pumpsysteme für hochviskose Medien
Zentrale Dickstoffversorgung
Systeme für den Transfer
scherempfindlicher Materialien

Sprühnebel-Absaugung
Kleberspritztische und -stände
Filtertechnik
Belüftungssysteme

The Coating Experts

PILOT 2K BONDING
DOPPELT HÄLT BESSER

VORTEILE AUF EINEN BLICK:

- Alle materialberührende Teile aus Edelstahl
- Einfache Handhabung
- Alle Verschleißteile sind schnell austauschbar
- Sehr gute Reinigungsmöglichkeiten der B-Komponente
- Feinstmengenregulierung an der B-Komponente

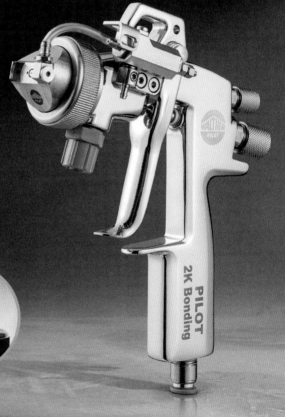

Robuster
Edelstahlluftkopf

Injektion

Klebtechnische Beratungsunternehmen

ChemQuest Europe

Bilker Straße 27
D-40213 Düsseldorf
Telefon +49 (0) 2 11-4 36 93 79
Telefax +49 (0) 2 11-14 88 23 86 46
www.chemquest.com

Mitglied des IVK

Das Unternehmen

Ansprechpartner
Europäische Repräsentanz
Geschäftsführung:
Dr. Jürgen Wegner
E-Mail: jwegner@chemquest.com
Telefon +49 (0) 2 11-4 36 93 79
Telefax +49 (0) 2 11-14 88 23 86 46
Mobil-Tel. (01 71) 3 41 38 38

Das Produktprogramm

Die ChemQuest Inc. ist ein international
tätiges Beratungsunternehmen mit
Hauptsitz in Cincinnati/Ohio (USA) sowie
Regionalbüros in Düsseldorf und Guang-
zou/China.

Beratungsschwerpunkte sind Hersteller
von Kleb- und Dichtstoffen, Beschichtungsmaterialien und bauchemischen Produkten
einschließlich deren Zulieferer und Auftrags-
technologien entlang der gesamten Wertschöpfungskette.

Unser Beratungsservice umfasst
alle Formen von Management
Consulting, der Erstellung kundenspezifischer
Markt- und Trendanalysen und der Vermittlung
und Begleitung von M&A Aktivitäten.
Weitere Informationen unter
www.chemquest.com

Our know-how – your future!

HINTERWALDNER CONSULTING

Consulting Chemists & Business Economists since 1956

Hinterwaldner Consulting
Dipl.-Kfm. Stephan Hinterwaldner
Marktplatz 9
D-85614 Kirchseeon
Telefon +49 (0) 80 91-53 99-0
Telefax +49 (0) 80 91-53 99-20
E-Mail: info@HiwaConsul.de
www.hiwaConsul.de

Mitglied des IVK

Das Unternehmen

Gründungsjahr
1956

Geschäftsführung
Privatbesitz

Ansprechpartner
Dipl.-Kfm. Stephan Hinterwaldner
Brigitte Schmid
Andrea Hinterwaldner

Adhesive Consulting
info@HiwaConsul.de

Adhesive Conferencing
contact@mkvs.de
contact@in-adhesives.com

Veranstalter/Co-Veranstalter
- Münchener Klebstoff- und Veredelungs-Symposium
  Klebstoffe | Drucken | Converting
  www.mkvs.de

- in-adhesives Symposium
  Adhesives and Industrial Adhesives
  Technology
  Automotive | Aircraft | Construction |
  Composites | Lightweight | Electronics |
  Optics | Medicine
  www.in-adhesives.com

- European Coatings Congress

Die Beratungstätigkeit

Die Beratungstätigkeit
Globale Fachberatung in Forschung,
Entwicklung und Technologie
Konferenzen in der Welt der Klebstoffe
- Rohstoffe, Inhaltsstoffe, Intermediates,
  Additive
- Formulierungen, Anwendung, Pro-
  duktentwicklung, Verfahrenstechnik,
  Feasibility Studien
- Klebstoffe, Klebebänder, Beschich-
  tungen, Dichtungsmassen, Leime,
  Trennpapiere
- Haftklebstoffe, Schmelzklebstoffe,
  Chemisch und Strahlungshärtende Kleb-
  stoffsysteme, Strukturelles Kleben und
  Glazing
- Technologien für Fügen mit Klebstoffen,
  Beschichtungen, Converting, Film, Folie,
  Etiketten, Laminate, Druck, Leichtbau,
  Metallisierung, Verpackung, Dichtung,
  Oberflächen
- Polymer, Petrobasierte, Chemische,
  Strahlenhärtende, Biobasierte und Grüne
  Chemie
- Kosmetik, Hygieneprodukte, Schönheits-
  und Körperpflegemittel, Wasch- und
  Reinigungsmittel
- Natürliche, Erneuerbare, Nachhaltige,
  Biobasierte und Biologisch Zertifizierte
  Produkte

Klebtechnik
Dr. Hartwig Lohse e.K.

Hofberg 4
D-25597 Breitenberg
Telefon +49 (0) 48 22-9 51 80
Telefax +49 (0) 48 22-9 51 81
E-Mail: hl@hdyg.de
www.how-do-you-glue.de

Mitglied des IVK

Das Unternehmen

Die Beratungstätigkeit

Gründungsjahr
2009

Ansprechpartner
Dr. Hartwig Lohse
E-Mail: hlohse@hdyg.de

Weitere Informationen
Die Fachkompetenz unseres Beratungsun-
ternehmens resultiert aus einer langjährigen
Tätigkeit im Bereich der Entwicklung, der
Anwendungstechnik und dem Marketing
von Industrieklebstoffen. Ergänzt wird
diese durch ein umfangreiches, internationales, das weite Feld der verschiedenen
Klebstofftechnologien und -anwendungen
umfassendes Netzwerk. Ziel der Bera-
tungstätigkeit ist es für unseren Kunden die
jeweils beste Lösung für seine spezifische
Aufgabe zu erarbeiten. Hierzu können wir
auf unser eigenes klebtechnisches Labor
zurückgreifen und arbeiten ggf. auch eng
mit den jeweiligen Anbietern von Klebstoffen, der entsprechenden Anlagentechnik
oder anderen externen Partnern zusammen,
bleiben aber bewusst unabhängig.

Kunden aus den verschiedenen Bereichen
entlang der Wertschöpfungskette Kleben
schätzen unsere erfolgsorientierte, projekt-
bezogene und auf die jeweiligen individuellen Belange angepasste Arbeitsweise.

**Im Einzelnen beinhaltet unser
Leistungsangebot**
- klebtechnische Beratung bei der
  Optimierung bestehender oder der
  Planung und Realisierung neuer Kleb-
  prozesses (neutrale, herstellerunabhän-
  gige Klebstoffauswahl; klebgerechte
  Bauteilkonstruktion; Oberflächenvorbehandlung; Auswahl der Anlagentechnik;
  Qualitätssicherung; Arbeitssicherheit; ...)
- Unterstützung bei der Implementieren
  der DIN 2304-1 in die klebtechnische
  Fertigung (Fehlerprophylaxe durch Adap-
  tion des QMS an die Besonderheiten des
  Fügeverfahrens Kleben)
- die Durchführung von Schadens-
  analysen, Auffinden und Beseitigen von
  Fehlerquellen („Troubleshooting")
- die Beratung bei der gezielten Entwicklung
  von Kleb- und Klebrohstoffen
- die Planung und Durchführung von
  projekt- und anwendungsspezifische
  Mitarbeiterschulungen
- Unterstützung bei der Expansion in neue
  Marktsegmente
- das Erstellen von kundenspezifischen
  Marktanalysen

FIRMENPROFILE

Forschung und Entwicklung

Fraunhofer

IFAM

Fraunhofer-Institut
für Fertigungstechnik und Angewandte
Materialforschung IFAM
– Klebtechnik und Oberflächen –

Wiener Straße 12
D-28359 Bremen
Telefon +49 (0) 4 21-22 46-0
Telefax +49 (0) 4 21-22 46-3 00
E-Mail: info@ifam.fraunhofer.de
www.ifam.fraunhofer.de

Mitglied des IVK

Das Unternehmen

Gründungsjahr 1968

Größe der Belegschaft
700 Mitarbeiter

Gesellschafter
Fraunhofer-Gesellschaft zur Förderung
der angewandten Forschung e.V.
mit 74 Instituten und
Forschungseinrichtungen

Ansprechpartner
Institutsleiter:
Prof. Dr. Bernd Mayer

Stellvertreter:
Prof. Dr. Andreas Hartwig

Die Arbeitsgebiete

Adhäsions- und Grenzflächenforschung
Dr. Stefan Dieckhoff
Telefon: +49 (0) 4 21/22 46-469
E-Mail: stefan.dieckhoff@ifam.fraunhofer.de

Plasmatechnik und Oberflächen – PLATO
Dr. Ralph Wilken
Telefon: +49 (0) 4 21/22 46-448
E-Mail: ralph.wilken@ifam.fraunhofer.de

Lacktechnik
Dr. Volkmar Stenzel
Telefon: +49 (0) 4 21/22 46-407
E-Mail: volkmar.stenzel@ifam.fraunhofer.de

Klebstoffe und Polymerchemie
Prof. Dr. Andreas Hartwig
Telefon: +49 (0) 4 21/22 46-470
E-Mail: andreas.hartwig@ifam.fraunhofer.de

Die Arbeitsgebiete

Klebtechnische Fertigung
Dr. Holger Fricke
Telefon: +49 (0) 4 21/22 46-637
E-Mail: holger.fricke@ifam.fraunhofer.de

Polymere Werkstoffe und Bauweisen
Dr. Katharina Koschek
Telefon: +49 (0) 421 / 22 46-698
E-Mail: katharina.koschek@ifam.fraunhofer.de

**Automatisierung und
Produktionstechnik**
Dr. Dirk Niermann
Telefon: +49 (0) 41 41/7 87 07-101
E-Mail: dirk.niermann@ifam.fraunhofer.de

**Qualitätssicherung und
Cyber-Physische Systeme**
Dipl.-Phys. Kai Brune
Telefon: +49 (0) 421/2246-459
E-Mail: kai.brune@ifam.fraunhofer.de

Business Development
Dr. Simon Kothe
Telefon: +49 (0) 421 / 2246-582
E-Mail: simon.kothe@ifam.fraunhofer.de

Weiterbildung und Technologietransfer
Prof. Dr. Andreas Groß
Telefon: +49 (0) 4 21/22 46-4 37
E-Mail: andreas.gross@ifam.fraunhofer.de

- Weiterbildungszentrum Klebtechnik
  Dr. Erik Meiß
  E-Mail: erik.meiss@ifam.fraunhofer.de
  www.kleben-in-bremen.de

- Weiterbildungszentrum
  Faserverbundwerkstoffe
  Dipl.-Ing. Stefan Simon
  E-Mail: stefan.simon@ifam.fraunhofer.de
  www.faserverbund-in-bremen.de

SKZ – KFE gGmbH

Friedrich-Bergius-Ring 22
D-97076 Würzburg
Telefon +49 (0) 931-4104-0
Telefax +49 (0) 931-4104-707
E-Mail: kfe@skz.de
www.skz.de

Mitglied des IVK

Das Unternehmen

Gründungsjahr
2002

Größe der Belegschaft
Ø 204 Mitarbeiter in 2019

Gesellschafter
FSKZ e.V.

Stammkapital
35.000 €

Besitzverhältnisse
100%ige Tochtergesellschaft

Ansprechpartner
Geschäftsführer
Dr. Thomas Hochrein

Fügen von Kunststoffen, Forschung
und Entwicklung
Dr. Eduard Kraus

Weitere Informationen
Dienstleistungen im Bereich Forschung,
Weiterbildung und Technologietransfer

Die Arbeitsgebiete

Recherchen bzgl. Klebstoffe
Schmelzklebstoffe
Reaktionsklebstoffe
lösemittelhaltige Klebstoffe
Dispersionsklebstoffe
pflanzliche Klebstoffe, Dextrin- und
Stärkeklebstoffe

Recherchen bzgl. Dichtstoffe
Acryldichtstoffe
Butyldichtstoffe
PUR-Dichtstoffe
Silikondichtstoffe
MS/SMP-Dichtstoffe

Recherchen bzgl. Rohstoffe
Additive
Füllstoffe
Harze
Lösemittel
Polymere: Thermoplaste, Duroplaste, FVK

**Versuche mit Geräten, Anlagen und
Komponenten**
zum Fördern, Mischen, Dosieren und für
den Klebstoffauftrag
zur Oberflächenvorbehandlung
zur Klebstoffaushärtung
Mess- und Prüftechnik

Für Anwendungen im Bereich
Holz-/Möbelindustrie
Baugewerbe, inkl. Fußboden, Wand und
Decke
Elektronik
Maschinen- und Apparatebau
Fahrzeug, Luftfahrtindustrie
Klebebänder, Etiketten

ZHAW
School of Engineering

Institut für Material- und
Verfahrenstechnik (IMPE)

**Labor für Klebstoffe und
Polymere Materialien**

Technikumstrasse 9
CH-8401 Winterthur/Schweiz
Telefon +41 (0) 58 934 6586
E-Mail: christof.braendli@zhaw.ch
www.zhaw.ch/impe

Mitglied des FKS

Das Unternehmen

Gründungsjahr
School of Engineering: 1874, Institut: 2007

Größe der Belegschaft
School of Engineering: 580, Institute: 40

Gesellschafter
School of Engineering: Prof. Dr. Dirk Wilhelm,
Tel.: +41 58 934 47 29,
E-Mail: dirk.wilhelm@zhaw.ch

Institut für Material- und Verfahrenstechnik (IMPE):
Prof. Dr. Andreas Amrein, Tel: +41 58 934 73 51,
E-Mail: andreas.amrein@zhaw.ch

Labor für Klebstoffe und Polymere
Materialien: Prof. Dr. Christof Brändli,
Tel.: +41 58 934 65 86,
E-Mail: christof.braendli@zhaw.ch

Besitzverhältnisse
Teil der Zürcher Hochschule für Angewandte Wissen-
schaften (ZHAW)

Ansprechpartner
Geschäftsführung:
Labor für Klebstoffe und Polymere Materialien:
Prof. Dr. Christof Brändli, Tel.: +41 58 934 65 86
E-Mail: christof.braendli@zhaw.ch

Weitere Informationen
Angewandte Forschung und Entwicklung im Bereich Kleb-
stoffe. Klebstoffentwicklungen. Klebetests. Umfangreiche
Kompetenzen einschließlich Klebstoffchemie und Analyse.

Synthese und Formulierung
• Klebstoffformulierung und -Synthese
  – Batchreaktor für komplexe Formulierungen
  – Kontinuierliche Extrusion für Schmelzklebstoffe
  – Film-, Granulat- und Pulververarbeitung
  – Breitschlitzbeschichtungsanlage für Klebefilme
• Polymercompoundierung und -Extrusion
  – Reaktive Extrusion zur Modifizierung von Polymeren
  – Pfropfreaktionen für innovative Funktionalisie-
    rungen/Modifizierungen
  – Mischungen (Blends) von thermoplastischen
    Polymeren
  – Chillrollanlage zur Herstellung von Filmen
• Online-Reaktionskontrolle mit IR-Spektroskopie
• Funktionalisierung von Nanopartikel

Das Produktprogramm

Klebstofftypen
Schmelzklebstoffe
Reaktionsklebstoffe
lösemittelhaltige Klebstoffe
Dispersionsklebstoffe
Haftklebstoffe

Geräte-, Anlagen Und Komponenten
zum Fördern, Mischen, Dosieren und für den
Klebstoffauftrag
zur Oberflächenvorbehandlung
zur Klebstoffaushärtung
Klebstoffhärtung und -trocknung
Mess- und Prüftechnik

Für Anwendungen im Bereich
Papier/Verpackung
Baugewerbe, inkl. Fußboden, Wand und Decke
Elektronik
Maschinen- und Apparatebau
Fahrzeug, Luftfahrtindustrie
Textilindustrie
Klebebänder, Etiketten

Charakterisierung
• Klebstoffeigenschaften
• Aushärtestudien
• Thermische und mechanische Analyse
• Bestimmung der Fliesseigenschaften mittels
  rheologischen Methoden
• Morphologie- und Oberflächenanalysen

Anwendungen
• Klebstoffentwicklungen
  – Formulierungen und Prozessoptimierungen von
    Füllstoffuntersuchungen
  – Latent-reaktive PU-Klebstoffe
  – Schrumpfverhalten von Epoxidklebstoffen
• Polymerentwicklungen
  – Pfropfreaktionen an Polymeren für verbesserte
    Adhäsion und Kompatibilitätsstudien
  – Reaktive Extrusion für effiziente Prozesse
  – Thermoplastische Polymermischungen
  – Emulsionspolymerisationen
  – Analyse der Degradation von Polymeren

INSTITUTE UND FORSCHUNGSEINRICHTUNGEN

Forschung und Entwicklung

Die Klebtechnik leistet wesentliche Beiträge zur Entwicklung innovativer Produkte und bietet der Industrie branchenübergreifend in allen Bereichen die Voraussetzung für die Erschließung neuer, zukunftsorientierter Märkte. Auch kleinen und mittelständischen Unternehmen wird durch Einsatz dieses Fügeverfahrens die Möglichkeit gegeben, sich ihrem Wettbewerb durch Schaffung innovativer Produkte zu stellen.

Um die Vorteile der Klebtechnik im Vergleich zu anderen Fügeverfahren erfolgreich nutzen zu können, muss der gesamte Prozess von Produktplanung über die Qualitätssicherung bis hin zur Mitarbeiterqualifizierung sachgerecht umgesetzt werden.

Dies lässt sich allerdings nur erreichen, wenn Forschung und Industrie eng zusammenarbeiten, sodass die Forschungsergebnisse zügig und unmittelbar in die Entwicklung innovativer Produkte und Produktionsprozesse einfließen können.

Im Folgenden sind alle bekannten Forschungsstellen bzw. Institute aufgeführt, die es sich zur Aufgabe gemacht haben, klebtechnische Probleme aus den verschiedensten Bereichen gemeinsam mit industriellen Partnern zu lösen.

Deutsches Institut für Bautechnik Abteilung II – Gesundheits- und Umweltschutz Kolonnenstraße 30 B D-10829 Berlin	Kontakt: Dipl.-Ing. Dirk Brandenburger MEM (UTS) Telefon: +49 (0) 30 78730 232 Fax: +49 (0) 30 78730 11232 E-Mail: dbr@dibt.de www.dibt.de
FH Aachen - University of Applied Sciences Klebtechnisches Labor Goethestraße 1 D-52064 Aachen	Kontakt: Prof. Dr.-Ing. Markus Schleser Telefon: +49 (0) 241 6009 52385 Fax: +49 (0) 241 6009 52368 E-Mail: schleser@fh-aachen.de www.fh-aachen.de
Fogra Forschungsinstitut für Medientechnologien e.V. Einsteinring 1a D-85609 Aschheim b. München	Kontakt: Dr. Eduard Neufeld Telefon: +49 (0) 89 43182 112 Fax: +49 (0) 89 43182 100 E-Mail: info@fogra.org www.fogra.org
FOSTA Forschungsvereinigung Stahlanwendung e.V. Stahl-Zentrum, Sohnstraße 65 D-40237 Düsseldorf	Kontakt: Dipl.-Ing. Rainer Salomon Telefon: +49 (0) 211 30 29 76 00 Fax: +49 (0) 211 54 25 65 33 E-Mail: rainer.salomon@stahlforschung.de www.stahlforschung.de

Fraunhofer-Institut für Fertigungstechnik und
Angewandte Materialforschung – IFAM
Wiener Straße 12
D-28359 Bremen

Kontakt:
Prof. Dr. Bernd Mayer
Telefon: +49 (0) 421 2246 419
Fax: +49 (0) 421 2246 774401
E-Mail: bernd.mayer@ifam.fraunhofer.de
Prof. Dr. Andreas Groß
Telefon: +49 (0) 421 2246 437
Fax: +49 (0) 421 2246 605
E-Mail: andreas.gross@ifam.fraunhofer.de
www.ifam.fraunhofer.de

Fraunhofer-Institut für Holzforschung –
Wilhelm-Klauditz-Institut – WKI
Bienroder Weg 54 E
D-38108 Braunschweig

Kontakt:
Dr. Heike Pecher
Telefon: +49 (0) 531 2155 206
E-Mail: heike.pecher@wki.fraunhofer.de
www.wki.fraunhofer.de

Fraunhofer-Institut für Werkstoff- und
Strahltechnik – IWS
(Klebtechnikum an der TU Dresden, Institut
für Fertigungstechnik,Professur für Laser-
und Oberflächentechnik)
Winterbergstraße 28
D-01277 Dresden

Kontakt:
Annett Klotzbach
Telefon: +49 (0) 351 83391 3235
Fax: +49 (0) 351 83391 3300
E-Mail: annett.klotzbach@iws.fraunhofer.de
www.iws.fraunhofer.de

Fraunhofer-Institut für Zerstörungsfreie
Prüfverfahren – IZFP
Campus E3.1
D-66123 Saarbrücken

Kontakt:
Prof. Dr.-Ing. Bernd Valeske
Telefon: +49 (0) 681 9302 3610
Fax: +49 (0) 681 9302 11 3610
E-Mail: bernd.valeske@izfp.fraunhofer.de
www.izfp.fraunhofer.de

Johann Heinrich von Thünen Institut (vTI)
Bundesforschungsistitut für Ländliche Räume,
Wald und Fischerei
Institut für Holzforschung
Leuschnerstraße 91
D-21031 Hamburg

Kontakt:
Prof. Doz. Dr. Habil. Gerald Koch
Telefon: +49 (0) 40 73962 410
Fax: +49 (0) 40 73962 499
E-Mail: gerald.koch@thuenen.de
www.thuenen.de/de/hf/

Hochschule München
Institut für Verfahrenstechnik Papier e.V. (IVP)
Schlederloh 15
D-82057 Icking

Kontakt:
Prof. Dr. Dirk Burth
Telefon: +49 (0) 89 1265 1668
Fax: +49 (0) 89 1265 1560
E-Mail: info@ivp.org
https://ivp.org/de

Hochschule für nachhaltige Entwicklung
Eberswalde (FH)
Fachbereich Holzingenieurwesen
Schlickerstraße 5
D-16225 Eberswalde

Kontakt:
Prof. Dr.-Ing. Ulrich Schwarz
Telefon: +49 (0) 3334 657 371
Fax: +49 (0) 3334 657 372
E-Mail: ulrich.schwarz@hnee.de
www.hnee.de/holzingenieurwesen

IFF GmbH
Induktion, Fügetechnik, Fertigungstechnik
Gutenbergstraße 6
D-85737 Ismaning

Kontakt:
Prof. Dr.-Ing. Christian Lammel
Telefon: +49 (0) 89 9699 890
Fax: +49 (0) 89 9699 8929
E-Mail: christian.lammel@iff-gmbh.de
www.iff-gmbh.de

ift Rosenheim GmbH
Institut für Fenstertechnik e.V.
Theodor-Gietl-Straße 7-9
D-83026 Rosenheim

Kontakt:
Prof. Jörn Peter Lass
Telefon: +49 (0) 80 31261 0
Fax: +49 (0) 80 31261 290
E-Mail: info@ift-rosenheim.de
www.ift-rosenheim.de

ihd – Institut für Holztechnologie Dresden GmbH
Zellescher Weg 24
D-01217 Dresden

Kontakt:
Dr. rer. nat. Steffen Tobisch
Telefon: +49 (0) 351 4662 257
Fax: +49 (0) 351 4662 211
Mobil: +49 (0) 1622 696330
E-Mail: steffen.tobisch@ihd-dresden.de
www.ihd-dresden.de

Georg-August-Universität Göttingen
Institut für Holzbiologie und Holzprodukte
Büsgenweg 4
D-37077 Göttingen

Kontakt:
Prof. Dr. Holger Militz
Telefon: +49 (0) 551 393541
Fax: +49 (0) 551 399646
E-Mail: hmilitz@gwdg.de
www.uni-goettingen.de

Institut für Fertigungstechnik
Professur für Fügetechnik und Montage
TU Dresden
George-Bähr-Straße 3c
D-01069 Dresden

Kontakt:
Prof. Dr.-Ing. habil. Uwe Füssel
Telefon: +49 (0) 351 46337 615
Fax: +49 (0) 351 46337 249
E-Mail: uwe.fuessel@tu-dresden.de
https://tu-dresden.de/ing/
maschinenwesen/if/fue

IVLV - Industrievereinigung für Lebens-
mitteltechnologie und Verpackung e.V.
Giggenhauser Straße 35
D-85354 Freising

Kontakt:
Dr.-Ing. Tobias Voigt
Telefon: +49 (0) 8161 491140
Fax: +49 (0) 8161 491142
E-Mail: tobias.voigt@ivlv.org
www.ivlv.org

iwb - Institut für Werkzeugmaschinen und
Betriebswissenschaften
Fakultät für Maschinenwesen - Themengruppe
Füge- und Trenntechnik
Technische Universität München
Boltzmannstraße 15
D-85748 Garching b. München

Kontakt:
M.Sc. Jan Habedank
Telefon: +49 (89) 289 15505
E-Mail: jan.habedank@iwb.tum.de
www.mw.tum.de/iwb

Kompetenzzentrum Werkstoffe der Mikrotechnik
Universität Ulm
Albert-Einstein-Allee 47
D-89081 Ulm

Kontakt:
Prof. Dr. Hans-Jörg Fecht
Telefon: +49 (0) 731 50254 91
Fax: +49 (0) 731 50254 88
E-Mail: info@wmtech.de
www.wmtech.de

Leibniz-Institut für Polymerforschung
Dresden e. V.
Hohe Straße 6
D-01069 Dresden

Kontakt:
Prof. Dr.-Ing. Udo Wagenknecht
Telefon: +49 (0) 351 46583 61
Fax: +49 (0) 351 46583 62
E-Mail: wagenknt@ipfdd.de
www.ipfdd.de

Naturwissenschaftliches und Medizinisches
Institut an der Universität Tübingen
Markwiesenstraße 55
D-72770 Reutlingen

Kontakt:
Dr. Hanna Hartmann
Telefon: +49 (0)7121 51530 872
Fax: +49 (0)7121 51530 62
E-Mail: hanna.hartmann@nmi.de
www.nmi.de

ofi Österreichisches Forschungsinstitut
für Chemie und Technik
Technische Kunststoffbauteile,
Klebungen & Beschichtungen
Franz-Grill-Straße 1, Objekt 207
A-1030 Wien

Kontakt:
Ing. Martin Tonnhofer
Telefon: +43 (0)1798 16 01 201
E-Mail: martin.tonnhofer@ofi.at
www.ofi.at

Papiertechnische Stiftung PTS
Pirnaer Straße 37
D-01809 Heidenau

Kontakt:
Clemens Zotlöterer
Telefon: +49 (0) 3529 551 60
Fax: +49 (0) 3529 551 899
E-Mail: info@ptspaper.de
www.ptspaper.de

Prüf- und Forschungsinstitut Pirmasens e.V.
Marie-Curie-Straße 19
D-66953 Pirmasens

Kontakt:
Dr. Kerstin Schulte
Telefon: +49 (0)6331 2490 0
Fax: +49 (0)6331 2490 60
E-Mail: info@pfi-germany.de
www.pfi-pirmasens.de

RWTH Aachen
ISF - Institut für Schweißtechnik und
Fügetechnik
Pontstraße 49
D-52062 Aachen

Kontakt:
Prof. Dr. -Ing. Uwe Reisgen
Telefon: +49 (0) 241 80 93870
Fax: +49 (0) 241 80 92170
E-Mail: office@isf.rwth-aachen.de
www.isf.rwth-aachen.de

Technische Universität Berlin
Fügetechnik und Beschichtungstechnik im
Institut für Werkzeugmaschinen und
Fabrikbetrieb
Pascalstraße 8 – 9
D-10587 Berlin

Kontakt:
Prof. Dr.-Ing. habil. Christian Rupprecht
Telefon: +49 (0) 30 314 25176
E-Mail: info@fbt.tu-berlin.de
www.fbt.tu-berlin.de

Technische Universität Braunschweig
Institut für Füge- und Schweißtechnik
Langer Kamp 8
D-38106 Braunschweig

Kontakt:
Univ.-Prof. Dr.-Ing. Prof. h.c. Klaus Dilger
Telefon: +49 (0) 531 391 95500
Fax: +49 (0) 531 391 95599
E-Mail: k.dilger@tu-braunschweig.de
www.ifs.tu-braunschweig.de

Technische Universität Kaiserslautern
Fachbereich Maschinenbau und
Verfahrenstechnik
Arbeitsgruppe Werkstoff- und Oberflächen-
technik Kaiserslautern (AWOK)
Gebäude 58, Raum 462
Erwin-Schrödinger-Straße
D-67663 Kaiserslautern

Kontakt:
Univ.-Prof. Dr.-Ing. Paul Ludwig Geiß
Telefon: +49 (0) 631 205 4117
Fax: +49 (0) 631 205 3908
E-Mail: geiss@mv.uni-kl.de
www.mv.uni-kl.de/awok

TechnologieCentrum Kleben
TC-Kleben GmbH
Carlstraße 50
D-52531 Übach-Palenberg

Kontakt:
Dipl.-Ing. Julian Brand
Telefon: +49 (0) 2451 9712 00
Fax: +49 (0) 2451 9712 10
E-Mail: post@tc-kleben.de
www.tc-kleben.de

Universität Kassel
Institut für Werkstofftechnik, Kunststoff-
fügetechniken, Werkstoffverbunde
Mönchebergerstraße 3
D-34125 Kassel

Kontakt:
Prof. Dr.-Ing. H.-P. Heim
Telefon: +49 (0) 561 80436 70
Fax: +49 (0) 561 80436 72
E-Mail: heim@uni-kassel.de
www.uni-kassel.de/maschinenbau

Universität Kassel
Fachgebiet Trennende und Fügende
Fertigungverfahren
Kurt-Wolters-Straße 3
D-34125 Kassel

Kontakt:
Prof. Dr.-Ing. Prof. h.c. Stefan Böhm
Telefon: +49 (0) 561804 3236
Fax: +49 (0) 561804 2045
E-Mail: s.boehm@uni-kassel.de
www.tff-kassel.de

Universität des Saarlandes
Adhäsion und Interphasen in Polymeren
Campus, Geb. C6.3
D-66123 Saarbrücken

Kontakt:
Prof. rer. nat. Wulff Possart
Telefon: +49 (0) 681 302 3761
Fax: +49 (0) 681 302 4960
E-Mail: w.possart@mx.uni-saarland.de
www.uni-saarland.de/fak8/wwthd/
index.ger.html

Universität Paderborn
Laboratorium für Werkstoff- und Fügetechnik
Pohlweg 47-49
D-33098 Paderborn

Kontakt:
Prof. Dr.-Ing. Gerson Meschut
Telefon: +49 (0) 5251 603031
Fax: +49 (0) 5251 603239
E-Mail: meschut@lwf.upb.de
www.lwf-paderborn.de

Wehrwissenschaftliches Institut für Werk- und
Betriebsstoffe - WIWeB
Institutsweg 1
D-85435 Erding

Kontakt:
Telefon: +49 (0) 81 229590 0
Fax: +49 (0) 81 229590 3902
E-Mail: wiweb@bundeswehr.org
www.bundeswehr.de/de/organisation/
ausruestung-baainbw/organisation/wiweb

Westfälische Hochschule Abteilung
Recklinghausen
Fachbereich Ingenieur- und
Naturwissenschaften
Organische Chemie und Polymere
August-Schmidt-Ring 10
D-45665 Recklinghausen

Kontakt:
Prof. Dr. Klaus-Uwe Koch
Telefon: +49 (0) 2361 915 456
Fax: +49 (0) 2361 915 751
E-Mail: klaus-uwe.koch@w-hs.de
www.w-hs.de/erkunden/fachbereiche/
ingenieur-und-naturwissenschaften/
portrait-des-fachbereichs/

Industrieverband
Klebstoffe e. V.
Innovationen erkleben

JAHRESBERICHT 2019/2020

Konjunkturbericht

Die deutsche Klebstoffindustrie ist auch in den Jahren 2017 und 2018 weiterhin auf Wachstumskurs geblieben. Im Jahr 2017 erzielte die Branche im Inland über alle Klebstoffsysteme – d.h. Klebstoffe, Dichtstoffe, zementäre Systeme und Klebebänder – einen Umsatz von 3,85 Mrd. €; dies entspricht einem Wachstum von 2,7 %. Wesentlicher Wachstumstreiber war dabei die gute Konjunktur der Bauindustrie.

Nach zunächst guter Umsatzentwicklung und stabilen wirtschaftlichen Randbedingungen im 1. Halbjahr 2018 stellte sich im 3. Quartal eine Abkühlung der Konjunktur und im 4. Quartal ein Rückgang ein. Der Grund für die insgesamt rückläufige Konjunktur im 2. Halbjahr 2018 waren sinkende Nachfragen nach Klebstoffen – insbesondere in den Bereichen Automobil und Elektronik.

Vor dem Hintergrund dieser Entwicklung und unter Berücksichtigung der verschiedenen makroökonomischen Marktindikatoren sowie der Daten der Produktionsstatistik des Statistischen Bundesamtes konnte die deutsche Klebstoffindustrie im Jahr 2018 in Summa ein Wachstum von durchschnittlich 2 % nominal – und darüber hinaus punktuelle positive Exporteffekte – verzeichnen; der Gesamtmarkt 2018 betrug damit ca. 3,95 Mrd. €.

Auch in den Jahren 2018 und 2019 musste sich die deutsche Klebstoffindustrie Herausforderungen in den Bereichen Verfügbarkeit von Schlüsselrohstoffen, Wechselkurseffekten, Fachkräftemangel sowie Transportkapazitäten stellen.

Die wirtschaftliche Situation 2019 – Keine Prognose für 2020 möglich

Vor dem Hintergrund eingetrübter Wachstumsprognosen – u. a. auf Grund von Handelskonflikten, Strafzöllen, dem anstehenden Brexit und einer unvorhersehbaren Entscheidungsbildung in der EU – hat sich die deutsche Klebstoffindustrie 2019 in einem anhaltend heterogenen und volatilen wirtschaftlichen Umfeld bewegt. Über alle Schlüsselmarktsektoren betrachtet konnte die Klebstoffindustrie im Jahr 2019 ein Gesamtwachstum in der Größenordnung von etwa 1,5 % generieren und damit einen Gesamtmarktumsatz von 4 Mrd. € realisieren; die Wachstumstreiber waren im Wesentlichen die baunahen Klebstoffabnehmer-Branchen.

Für das Jahr 2020 und die Folgejahre wurde erwartet, das die Einflüsse von Megatrends – wie beispielsweise Urbanisierung, E-Mobilität, autonomes Fahren oder das „Internet der Dinge" – ein für die Klebstoffindustrie deutlich positiveres Marktumfeld schaffen würden, was sich auch in den volkswirtschaftlichen Kennzahlen (BIP, IPX) widerspiegeln.

Nach einer insgesamt zufriedenstellenden Marktentwicklung für Klebstoffe in den ersten beiden Monaten 2020 wurde die deutsche Klebstoffindustrie im März 2020 von der globalen Coronavirus-Pandemie getroffen – wobei der Grad der Betroffenheit in den verschiedenen Schlüsselmärkten unterschiedlich ausgeprägt war:

Während Hersteller von Produkten für die Automobilindustrie bzw. den Zulieferbereich unmittelbar und im vollen Umfang vom sofortigen Shutdown dieses Marktsegmentes betroffen waren,

Die deutsche Klebstoffindustrie 2020
Covid-19 Pandemie stürzt Weltwirtschaft in eine schwere Rezession

Geopolitische Risiken

- Gestörte Lieferketten
- Hohe Verschuldungs-Tendenzen
- Handelskonflikte
- Brexit - Komplikationen
- Arbeitslosigkeit

Historischer Einbruch bei der Industrieproduktion

- Rückgang der Wirtschaftsleistung aller fortgeschrittenen Volkswirtschaften
- Globalen Industrieproduktion (IPX) schrumpft deutlich
- Langsame Erholung in Sicht

Wechselkurse

- Entwicklung unvorhersehbar, belastet durch die Corona Auswirkungen

Rohstoffe

- Steigender Ölpreis noch auf moderatem Niveau
- Trotz Covid-19 Auswirkungen nach wie vor gesicherte Rohstoff Lage

→ Die deutsche Wirtschaft erfährt schärfste Rezession seit der Nachkriegsgeschichte. Viele Segmente jedoch erstaunlich robust - weitere Erholung in Sicht, in Service-Bereichen aber langsamer und nur über mehrere Jahre

Quellen: IHS World Economic Service August 2020: DIW Berlin August 2020

Industrieverband Klebstoffe e. V.

M-Info
1 Sept 2020

verzeichneten die Anbieter von Klebstoffsystemen insbesondere in den Bereichen (Lebensmittel-) Verpackungen, Hygieneartikel, Medizin, Medizintechnik, Pharmazie sowie im Marktsegment „Elektronik" nach wie vor stabile Umsätze. Klebstoffe für den handwerksnahen und für den Konsumgüterbereich spürten zunehmend mehr die Auswirkungen der aktuellen Kaufzurückhaltung der Bevölkerung.

Vor dem Hintergrund der aktuellen sozioökonomisch volatilen und fragilen Situation ist eine – auch nur annähernd verlässliche bzw. seriöse – Prognose zur wirtschaftlichen Entwicklung der deutschen Klebstoffindustrie für das Jahr 2020 derzeit nicht möglich.

COVID-19-Pandemie – Wirtschaftliche Auswirkungen
Die COVID-19-Pandemie ist nicht nur eine globale Gesundheitskrise, sie wird auch die Weltwirtschaft in erheblichem Maße und mit noch nicht absehbaren Folgen negativ belasten.

Die deutsche Wirtschaft erfährt die schärfste Rezession seit der Nachkriegsgeschichte, wobei sich einige für die Klebstoffindustrie relevante Marktsegmente (Verpackungen, Bau oder Elektronik) erstaunlich robust zeigen. Historische Einbrüche hingegen gab es beispielsweise in der Automobilproduktion in den Monaten März und April, doch auch hier ist eine langsame Erholung erkennbar.

Trotz der Gefahr, dass internationale Lieferketten durch Produktionsausfälle oder Grenzschließungen beeinträchtigt werden sind seit Beginn der Pandemie alle wichtigen Klebrohstoffe gut bis sehr gut verfügbar. Prognosen für die nächsten Wochen oder gar Monate sind nicht möglich.

Die Entwicklung der Wirtschaft ist direkt an die Entwicklung des weltweiten Infektionsgeschehens geknüpft. Die größte Bedrohung für die deutsche Klebstoffindustrie geht dabei von erneuten Lockdowns aber auch von Schließungen von Produktionen durch Verdachtsfälle aus.

Deutsche Klebstoffindustrie im europäischen und internationalen Wettbewerbsumfeld
Ungeachtet möglicher wirtschaftlicher Auswirkungen der COVID-19-Pandemie ist die deutsche Klebstoffindustrie sowohl europäisch als auch international sehr gut aufgestellt. Mit einem globalen Marktanteil von mehr als 19 % ist sie Weltmarktführer, und auch in Europa belegt die Branche mit einem Klebstoffverbrauch von 27 % und einem Klebstoffproduktionsanteil von über 34 % jeweils die ersten Plätze.

Weltweit werden mit Kleb- & Dichtstoffen, Klebebändern und Systemprodukten jährlich etwa 61 Mrd. € (nicht wechselkursbereinigt) umgesetzt. Die überwiegend mittelständisch geprägte deutsche Klebstoffindustrie agiert international: Ein Großteil der Unternehmen produziert in Deutschland und exportiert weltweit; und darüber hinaus bedienen deutsche Klebstoffunternehmen die Weltmärkte aus ihren mehr als 200 lokalen Produktionsstandorten außerhalb Deutschlands.

Mit beiden Geschäftsmodellen generiert die deutsche Klebstoffindustrie weltweit einen Umsatz von annähernd 12 Mrd. €. Aus Deutschland heraus werden mehr als 1,7 Mrd. € Export getätigt, weitere 8,1 Mrd. € Umsatz generieren deutsche Klebstoffhersteller lokal aus ihren ausländischen Produktionswerken. Der deutsche Markt hat ein Umsatzvolumen von 4 Mrd. €/Jahr. Durch den Einsatz von „Klebstoffsystemen erdacht in Deutschland" in fast allen produzierenden Industriebranchen und in der Bauwirtschaft generiert die Klebstoffindustrie eine indirekte Wertschöpfung von deutlich über 400 Mrd. € im Inland; weltweit beläuft sich die Wertschöpfung auf mehr als 1 Billion €.

Diese starke Position resultiert unmittelbar aus innovativen technologischen Entwicklungen für ausnahmslos alle Schlüsselmarktsegmente und Anwendungsbereiche, für die die Klebstoffindustrie als Systempartner praxisorientierte und wertschöpfende Lösungen anbietet.

Zunehmende Entkopplung von Rohölpreis und Basisklebrohstoffen
Der Rohölpreis lässt sich nicht mehr direkt auf die Endprodukte übertragen – es hat quasi eine Entkopplung stattgefunden. Die zahlreichen Veredlungsstufen entlang der Wertschöpfungskette (s. Grafik „Rohstoffströme") und die Verfügbarkeit eines Rohstoffs am Markt werden immer stärker preisbestimmend. Die Preisverknüpfung einer Reihe von Basisrohstoffen und Rohöl wird sich noch weiter entkoppeln. Ein Vergleich der Preisentwicklungen von Rohöl und den Produkten Essigsäure, VAM, Ethylen sowie Methanol (s. Grafik „Preisentwicklung Rohöl & Basisrohstoffe") macht diese Entkopplung überdeutlich: Während der Rohölpreis beispielsweise in den Jahren 2015/2016 kontinuierlich fiel, blieben die Preise der vorgenannten Rohstoffe weitgehend stabil oder wurden wesentlich durch die regionale Angebots- und Nachfragesituation bestimmt. Insbe-

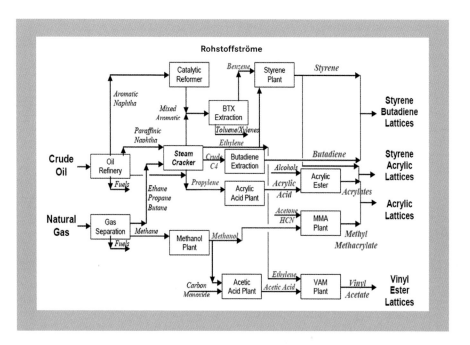

Rohstoffströme

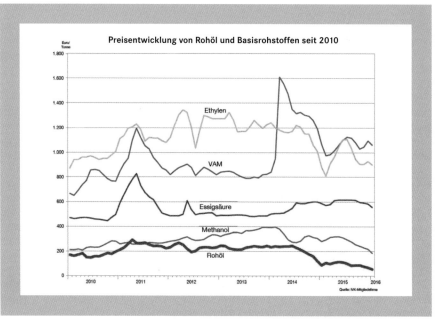

Preisentwicklung von Rohöl und Basisrohstoffen seit 2010

sondere bei hochwertigen Klebstoffen ist die Preisentwicklung alleine deswegen entkoppelt, da zwischen dem Rohöl und den Klebrohstoffen zur Herstellung von beispielsweise PUR-, Epoxidharz- und Acrylatklebstoffen bis zu 10 Verarbeitungsstufen liegen können.

Preissteigerungen bei Basischemikalien und Zwischenprodukten sowie eingeschränkte Verfügbarkeiten und eine starke globale Nachfrage für eine Vielzahl von Klebrohstoffen ist und bleibt – in unterschiedlicher Intensität – ein Dauerthema der Klebstoffindustrie. Darüber hinaus führen stetig steigende Regulierungskosten und die Verknappung von Frachtkapazitäten in Europa zu spürbaren Mehrbelastungen der Kostenstruktur der deutschen Klebstoffindustrie.

Aus der Gremienarbeit

Mitgliederversammlung

Die Jahrestagung und Mitgliederversammlung 2020 in Leipzig mussten Corona-bedingt ausfallen. Um dennoch die Mitglieder und Gremien adäquat zu informieren, wurde in diesem Jahr erstmalig auf dem Schriftweg über die Arbeit des Verbands, die Marktlage und die technischen und gesetzlichen Entwicklungen berichtet.

Die für 2020 vorgesehenen Wahlen zu den Gremien des Verbands wurden in Anwendung des Gesetzes zur Abmilderung der Folgen der COVID-19-Pandemie ebenfalls auf dem Schriftweg durchgeführt und zur Gewährleistung der satzungsgemäßen Geheimhaltung von einem Treuhänder ausgezählt.

Die IVK-Geschäftsstelle ist seit Mitte März 2020 für externe Besucher geschlossen; die MitarbeiterInnen arbeiten – teilweise im Homeoffice – weiterhin an den relevanten Themen und Aufgabenstellungen. Besprechungen und Sitzungen finden ausschließlich digital statt. Trotz dieser Corona-bedingten Einschränkungen werden die Mitgliedsunternehmen zeitnah und ohne Qualitätsverlust über alle relevanten Themen und Entwicklungen informiert.

Konjunkturelle Entwicklung
Wie im Kapitel Konjunkturbericht detailliert ausgeführt, hat sich die deutsche Klebstoffindustrie 2019 in einem anhaltend heterogenen und volatilen wirtschaftlichen Umfeld bewegt. Über alle Schlüsselmarktsektoren betrachtet konnte die Klebstoffindustrie im Jahr 2019 ein Gesamtwachstum in der Größenordnung von etwa 1,5 % generieren und damit einen Gesamtmarktumsatz von 4 Mrd. € realisieren.

Für das Jahr 2020 und die Folgejahre wurde erwartet, das die Einflüsse von Megatrends ein für die Klebstoffindustrie deutlich positiveres Marktumfeld schaffen würden, was sich auch in den volkswirtschaftlichen Kennzahlen (BIP, IPX) widerspiegelte.

Nach einer insgesamt zufriedenstellenden Marktentwicklung für Klebstoffe in den ersten beiden Monaten 2020 wurde die deutsche Klebstoffindustrie im März 2020 von der globalen Coronavirus-Pandemie getroffen – wobei der Grad der Betroffenheit in den verschiedenen Schlüsselmärkten unterschiedlich ausgeprägt war:

Während Hersteller von Produkten für die Automobilindustrie bzw. den Zulieferbereich unmittelbar und im vollen Umfang vom sofortigen Shutdown dieses Marktsegmentes betroffen waren, verzeichneten die Anbieter von Klebstoffsystemen insbesondere in den Bereichen (Lebensmittel-) Verpackungen, Hygieneartikel, Medizin, Medizintechnik, Pharmazie sowie im Marktsegment Elektronik nach wie vor stabile Umsätze. Klebstoffe für den handwerksnahen und für den Konsumgüterbereich spürten zunehmend mehr die Auswirkungen der aktuellen Kaufzurückhaltung der Bevölkerung.

Vor dem Hintergrund der aktuellen sozioökonomisch volatilen und fragilen Situation, die sich auch in den Ergebnissen des „IVK-Stimmungsbarometers" deutlich widerspiegelt, ist eine – auch nur annähernd verlässliche bzw. seriöse – Prognose zur wirtschaftlichen Entwicklung der deutschen Klebstoffindustrie für das Jahr 2020 derzeit nicht möglich.

Trotz der Gefahr, dass internationale Lieferketten durch Produktionsausfälle oder Grenzschließungen beeinträchtigt werden sind seit Beginn der Pandemie alle wichtigen Klebrohstoffe gut bis sehr gut verfügbar. Prognosen für die nächsten Wochen oder gar Monate sind nicht möglich.

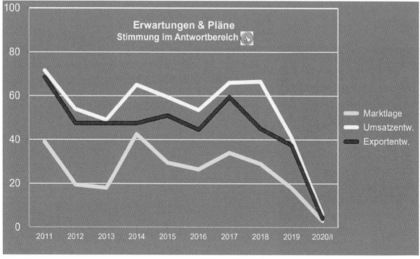

Arbeiten des Industrieverbands
Die Arbeit des Industrieverband Klebstoffe im Service für seine Mitglieder konzentriert sich schwerpunktmäßig und im Wesentlichen auf die drei Themenschwerpunkte:
• Technik
• Kommunikation
• Zukunftsinitiativen

Technische Themen genießen im Industrieverband Klebstoffe weiterhin höchste Priorität, weil eine gemeinsame Bearbeitung und Implementierung insbesondere gesetzlicher Anforderungen an die Unternehmen für den Erfolg der Branche wesentliche Bedeutung haben. Das gilt für die Themen REACH, Kennzeichnung (GHS/CLP), zugelassene Biozide, (mandatierte) Normung, Nachhaltigkeit sowie Merkblätter, Seminare und Tagungen sowie Kontakte zu Kundenorganisationen.

Mit der Gründung der Fachgruppen
• Klebstoffe für Elektronik
   und
• Klebstoffe für Textilien

wurden auf Beschluss von Vorstand und Mitgliederversammlung zwei neue Gremien ins Leben gerufen, nachdem die Bereiche Elektronik und Textilien in den Fokus des Green Deals und des Aktionsplans Kreislaufwirtschaft der EU geraten sind.

Auch das Engagement in der Normung unterstreicht die europäische bzw. globale Leitfunktion des Industrieverband Klebstoffe auf technischer Ebene. Über die IVK-Normenkompetenzplattform konnten wichtige deutsche Industriestandards international platziert und realisiert werden, die zunehmend mehr Beachtung im Rahmen der Globalisierung der Klebstoffabnehmermärkte finden.

Kommunikation und Öffentlichkeitsarbeit des Verbands haben unverändert hohe und wichtige Bedeutung.

Die IVK-Homepage wurde im Sommer 2020 vollständig überarbeitet und präsentiert sich heute moderner und übersichtlicher. Die neue Struktur der Inhalte machen den Zugang zu den Informationen jetzt noch intuitiver und schneller und das IVK-Online-Magazin „Kleben fürs Leben" wurde stimmig in die Homepage integriert. Die Website ist für alle aktuellen Browser, Mobilgeräte und auch für Tablets optimiert und entspricht damit den neuesten Standards. Den Verbandsmitgliedern stehen weiterhin exklusive Informationen und Downloads in einem geschützten Intranet-Bereich zur Verfügung.

Die diesjährige Ausgabe des Printmagazins „Kleben fürs Leben" steht ganz im Zeichen des Themas „Nachhaltigkeit", in dessen Licht Klebstoffanwendungen aus den verschiedensten Bereichen unseres täglichen Lebens beleuchtet werden. „Kleben fürs Leben" erscheint 2020 zum 12. Mal.

Aber auch in den einschlägigen Social-Media-Kanälen wie Facebook, LinkedIn, Twitter oder YouTube ist der IVK präsent – auf allen Kanälen wird geklebt.

Die Unterrichtsserie „Die Kunst des Klebens" wurde digitalisiert und mit anderen Informationsmaterialien des Verbands (E-Paper Berufsbilder, Imagefilm, Klebstoff-Leitfaden, Klebstoffmagazin, etc.) verknüpft. Den Fachpädagogen/innen steht damit seit Beginn des Schuljahres 2018/2019 ein Instrument zur Verfügung, das den neuen Vorgaben für einen digitalen, berufsbezogenen Unterricht entspricht. Das digitale Angebot wurde insbesondere auch in der ersten Phase der COVID-19-Pandemie, in der alle Schulen geschlossen waren und der Unterricht digital stattgefunden hat, vielfach heruntergeladen und von Lehrerinnen und Lehrern aber auch von Eltern fürs sogenannte „Homeschooling" genutzt. Das Material steht weiterhin zum kostenlosen Download zur Verfügung: www.klebstoffe.com/informationen/unterrichtsmaterialien/

Im November 2019 hat der IVK zusammen mit dem VCI-Landesverband NRW eine Lehrerfortbildung organisiert, die vom Fonds der Chemischen Industrie gefördert wurde. Bei drei IVK-Mitgliedsfirmen fanden jeweils einen Tag lang praktische und theoretische Übungen statt. Den insgesamt ca. 50 Teilnehmer(inne)n wurde im Anschluss an die Fortbildung eine Box mit allen für die Versuche notwendigen Klebstoffen zur Verfügung gestellt, so dass sie diese direkt im Unterricht durchführen können. Die Lehrerfortbildungen 2020 musste auf Grund der Covid 19 Pandemie leider abgesagt werden.

Die Technischen Kommissionen des Verbands haben mehr als 60 Publikationen (Merkblätter, Berichte, Informationsblätter) veröffentlicht, welche eine wichtige und renommierte Informationsquelle für die Kunden der Klebstoffindustrie bilden. Fast alle sind auch in englischer Sprache verfügbar.

Das Thema Nachhaltigkeit gewinnt zunehmend an Bedeutung. Auf politischer Ebene umfasst der „Green Deal" der Europäischen Kommission unterschiedlichste ambitionierte Klimaschutzmaßnahmen – alle mit dem Ziel, Europa bis 2050 zum ersten klimaneutralen Kontinent zu entwickeln. Um all diese Aspekte weiterhin fachkundig begleiten zu können, hat der IVK Ende 2018 einen Beirat für Nachhaltigkeit gegründet. Darüber hinaus wurde auf Vorschlag des Vorstands und mit der Zustimmung der Mitgliederversammlung eine wissenschaftliche Studie mit dem Titel „Kreislaufwirtschaft und Klebtechnik" am Fraunhofer IFAM unterstützt, die Mitte 2020 fertiggestellt wurde. Die Ausarbeitung der Studie wurde vom Technischen Ausschuss und vom Beirat für Nachhaltigkeit begleitet. Die Studie steht für Sie zum kostenfreien Download bereit: www.ifam.fraunhofer.de/de/Presse/Kreislaufwirtschaft-Klebtechnik.html (deutsche Sprachversion) und www.ifam.fraunhofer.de/en/Press_Releases/adhesive_bonding_circular_economy.html (englische Sprachversion: „Circular Economy and Adhesive Bonding Technology).

Die Studie wurde am 25.11.2020 in einem Online-Seminar des Fraunhofer IFAM allen interessierten Kreisen vorgestellt und Verbrauchern, Wissenschaftlern und Vertretern aus Politik und Behörden konnte objektiv und nachvollziehbar dargelegt werden, dass der Einsatz der Klebtechnik in einer Kreislaufwirtschaft von Vorteil sein kann.

Die Klebstoffindustrie sieht in dem Thema Nachhaltigkeit ein neues Regelungsfeld, das die Anforderungen an Klebungen in den nächsten Jahrzehnten erheblich beeinflussen wird.

Die vom Industrieverband Klebstoffe initiierten Muster-EPDs (Muster-Umwelterklärungen für Bauklebstoffe) und die dazugehörigen Leitfäden sind auf der IVK-Homepage unter www.klebstoffe. com/nachhaltigkeit/ veröffentlicht. Die ursprünglich nationalen Leitfäden wurden zwischenzeitlich auf einen europäischen Standard gehoben, durch IBU zertifiziert und als europäische Muster-EPDs ebenfalls im FEICA-Internetportal veröffentlicht. Diese Dokumente werden überwiegend in Europa anerkannt; teilweise jedoch unter Anforderung weiterer nationaler Daten.

Darüber hinaus gibt es eine Fülle von Themen und Projekten, die der Verband und seine Gremien im Rahmen eines bedarfsorientierten Service-Portfolios aktiv bearbeiten. Hierzu gehören unter anderem:
- Einführung der DIN 2304 „Qualitätsanforderungen an Klebprozesse"
- Unterstützung des EMICODE für ‚sehr emissionsarme Produkte'
- Genehmigung von Topfkonservierern und Kennzeichnungsänderungen
- Diisocyanate
- Giftinformationszentralen
- REACH und REACH für Polymere
- Mikroplastik
- …

Da die offizielle Produktionsstatistik des Statistischen Bundesamts keine verlässlichen Daten (mehr) liefert, wurde eine verbandsinterne, kartellrechtlich unbedenkliche und für die Mitgliedsunternehmen mit nur geringem Aufwand verbundene Produktionsstatistik ins Leben gerufen. Diese jährlich bei den Mitgliedsunternehmen über eine Treuhandstelle durchgeführte Datenerhebung dient dem Zweck, die wirtschaftliche Bedeutung der deutschen Klebstoffindustrie – auch im europäischen und internationalen Wettbewerbsumfeld – dokumentieren zu können.

Seit der Mitgliederversammlungen 2019 wurden die nachstehend genannten Unternehmen als Mitglieder des Industrieverband Klebstoffe aufgenommen:
- ALFA Klebstoffe AG, Rafz (CH)
- Arakawa Europe GmbH, Eschborn
- Coim Deutschland GmbH, Hamburg
- ekp coatings GmbH, Endingen
- Gustav Grolman GmbH & Co. KG, Neuss
- HANSETACK GmbH, Hamburg
- Kissel + Wolf GmbH, Wiesloch
- MORCHEM GmbH, München
- Reka Klebetechnik GmbH & Co. KG, Eggenstein

Der IVK hat damit 145 Mitglieder, davon 124 ordentliche, 10 außerordentliche und 11 assoziierte Mitglieder.

Nachhaltigkeit

Der Gedanke der Nachhaltigkeit beeinflusst unser Handeln in allen Bereichen des Lebens. Dies betrifft nicht zuletzt auch den Einsatz der Klebtechnik. Nachhaltigkeit steht für eine zukunftsfähige, anhaltende Entwicklung, die nicht nur auf das Erfüllen momentaner Bedürfnisse ausgerichtet ist, sondern gleichzeitig die Möglichkeiten künftiger Generationen erhält. Dabei gilt es, ökologische, ökonomische und soziale Faktoren zu berücksichtigen.

Der „Green Deal" der Europäischen Kommission umfasst unterschiedlichste ambitionierte Klimaschutzmaßnahmen – alle mit dem Ziel, Europa bis 2050 zum ersten klimaneutralen Kontinent zu entwickeln. Konkret wirken sich momentan der Aktionsplan Kreislaufwirtschaft und eines seiner zentralen Instrumente – die Ökodesignrichtlinie – auf die Klebstoffindustrie aus. Die Ökodesignrichtlinie schafft einen Rahmen für Anforderungen an die umweltgerechte Gestaltung energieverbrauchsrelevanter Produkte. Neben der Energieeffizienz halten Aspekte der Ressourcen- und Materialeffizienz, Langlebigkeit, Reparierbarkeit und Wiederverwertbarkeit Einzug in die Vorhaben der Europäischen Kommission. Und auch die Renovierungswelle, die EU-Industriestrategie oder die Nachhaltigkeitsstrategie für Chemikalien gehören zu den wichtigsten Maßnahmen unter dem Green Deal und werden Chancen und Herausforderungen für die Klebstoffindustrie bereithalten. Während energiesparende Leichtbaukonstruktionen ohne Klebstoffe undenkbar sind, stehen Klebstoffe andererseits in Verdacht, eine Kreislaufwirtschaft zu verhindern. Die EU sieht hier einen Zielkonflikt zwischen Energieeffizienz und Ressourceneffizienz. Der IVK klärt daher in Behördengesprächen, im Rahmen verschiedener öffentlicher Konsultationen und mit einem Positionspapier auf, dass
• Kleben weder die Reparatur noch das Recycling per se verhindert (das Entkleben muss allerdings Teil der Anforderung an den Produkthersteller sein und in Zusammenarbeit mit dem Klebstofflieferanten im Produktdesign berücksichtigt werden),
• nur eine technologieneutrale Formulierung (Vorgabe von Zielen anstatt von Verbindungstechniken) auch künftig Innovationen ermöglicht.

Die verantwortungsvolle Nutzung von Ressourcen ist auch eine Grundanforderung in der EU-Bauproduktenverordnung, die Gebäude und damit auch Bauklebstoffe betrifft. Der Bereich Bauen und Gebäude verursacht einen großen Teil der Treibhausgasemissionen und des Energieverbrauchs. Eine Voraussetzung für nachhaltige Entwicklung ist die genaue Analyse der Umweltwirkungen der verwendeten Bauprodukte, wie sie Ökobilanzen darstellen. Eine Umweltproduktdeklaration (Environmental Product Declaration, EPD) ist eine standardisierte Methode zur Beschreibung der Ökobilanz eines Bauprodukts. Klebstoffe werden in einer solchen Vielzahl von Anwendungen und Formulierungen in Gebäuden eingesetzt, dass sich die Erstellung von einzelnen, produktspezifischen EPDs schon aus Kostengründen verbietet. Es wurde daher ein System von Muster-EPDs entwickelt, die jeweils bestimmte Formulierungen und Anwendungen abdecken und in denen für das Produkt mit der höchsten Umweltbelastung die Umweltwirkungen angegeben werden. Die Muster-EPDs dürfen von allen Mitgliedern des IVK verwendet werden: www.klebstoffe.com/epd-nachhaltigkeit/

Neben den Maßnahmen und Strategien auf europäischer und nationaler Ebene gilt es, die Initiativen verschiedener (Klebstoffverbrauchender) Unternehmen, Branchen und Organisationen zu beobachten.

Um all diese Aspekte weiterhin fachkundig begleiten zu können, hat der IVK Ende 2018 einen Beirat für Nachhaltigkeit gegründet, der dreimal pro Jahr tagt.

Auf Vorschlag des Vorstands und mit der Zustimmung der Mitgliederversammlung hat der IVK eine wissenschaftliche Studie mit dem Titel „Kreislaufwirtschaft und Klebtechnik" am Fraunhofer-Institut IFAM unterstützt, die Mitte 2020 fertiggestellt wurde. Die Ausarbeitung der Studie wurde vom Technischen Ausschuss und vom Beirat für Nachhaltigkeit begleitet. Die Studie steht für Sie zum kostenfreien Download bereit: www.ifam.fraunhofer.de/de/Presse/Kreislaufwirtschaft-Klebtechnik.html (deutschsprachige Version) und www.ifam.fraunhofer.de/en/Press_Releases/adhesive_bonding_circular_economy.html (englischsprachige Version).

Die IVK-Geschäftsführung sieht in dem Thema Nachhaltigkeit ein neues Regelungsfeld, das die Anforderungen an Klebungen in den nächsten Jahrzehnten erheblich beeinflussen wird.

Leitfaden „Kleben – aber richtig"

Eine belastbare Klebung herzustellen bedeutet mehr als nur den richtigen Klebstoff auszuwählen. So sind beispielsweise Werkstoffeigenschaften, Oberflächenbehandlung, ein klebgerechtes Design oder der Nachweis der Gebrauchssicherheit wichtige Parameter, über die es zu entscheiden gilt. Der Industrieverband Klebstoffe hat in Zusammenarbeit mit dem Fraunhofer Institut IFAM den interaktiven Leitfaden „Kleben – aber richtig" entwickelt. Er ist für Handwerks- bzw. Industriebetriebe konzipiert, die zusätzliche Informationen rund um die Klebtechnik benötigen.

Der Einsatz von Klebstoffen ist heutzutage so vielfältig, dass es Klebstoffherstellern kaum mehr möglich ist, alle und vor allem die speziellen Einsatzgebiete in den Datenblättern zu berücksichtigen. Mit dem Leitfaden „Kleben – aber richtig" haben der Industrieverband Klebstoffe und das Fraunhofer Institut IFAM eine praktische Hilfestellung für Handwerks- und Industriebetriebe entwickelt, die grundlegende oder Zusatzinformationen benötigen. Planung, Entwicklung und Fertigung eines fiktiven Produktes werden Schritt für Schritt erläutert und damit alle Stufen der Planungs- sowie der Fertigungsphase systematisch berücksichtigt. Die Durchführung aller erforderlichen Prozessschritte und die Einhaltung der korrekten Reihenfolge bedeuten an sich schon ein nicht zu unterschätzendes Maß an Qualitätssicherung – hierfür ist der interaktive Leitfaden ein geeignetes Instrumentarium. Der Leitfaden beinhaltet ebenfalls ein Glossar und eine Suchfunktion; damit sind die wichtigsten Punkte des praktischen Einsatzes der Klebtechnik abgedeckt.

Der Leitfaden kann kostenlos und interaktiv im Internetportal des Industrieverband Klebstoffe genutzt werden: http://leitfaden.klebstoffe.com

Der Leitfaden liegt auch als englischsprachige Version „Adhesive Bonding – the Right Way" vor: http://onlineguide.klebstoffe.com

Vorstand

Der Vorstand des Industrieverband Klebstoffe spiegelt in seiner personellen Zusammensetzung die im Markt vorhandene Unternehmensstruktur der deutschen Klebstoffindustrie – bestehend aus kleinen, mittelständischen und multinational operierenden Firmen – wider. Darüber hinaus garantiert die ausgewogene personelle Besetzung ein optimales Maß an Kern- und Fachkompetenzen im Hinblick auf die für die Klebstoffindustrie wichtigen Schlüsselmarktsegmente.

Das prioritäre Ziel des Vorstands des Industrieverband Klebstoffe ist, die Struktur des Verbands und seiner Gremien kontinuierlich und zeitnah neuen politischen, ökonomischen und technologischen Rand- bzw. Rahmenbedingungen anzupassen, um damit eine stets effizient arbeitende Organisation und einen maximalen Nutzen für die deutsche Klebstoffindustrie zu gewährleisten.

Die fachliche Diskussion und Einschätzung von wirtschaftlichen, politischen und technologischen Trends in den verschiedenen Schlüsselmarktsegmenten der Klebstoffindustrie gehören ebenso wie die Beobachtung und Analyse der Aktivitäten der zahlreichen kaufmännischen und technischen Gremien des Verbands zum integralen Aufgabenprofil des obersten Leitungsgremiums des Verbands.

Der Industrieverband Klebstoffe gilt als die unangefochtene Kompetenzplattform in Sachen „Kleben & Dichten". Er ist der weltweit größte und im Hinblick auf sein breit aufgestelltes Service-Portfolio auch der weltweit führende nationale Verband im Bereich der Klebtechnik. Das Fundament für diese erfolgreiche Positionierung sind zum einen die Verbindungen des Industrieverband Klebstoffe zum Verband der chemischen Industrie (VCI) und seinen Fachsparten und darüber hinaus ein strategisch und fachinhaltlich hocheffizientes 360°-Kompetenznetzwerk zu allen relevanten Systempartnern, wissenschaftlichen Einrichtungen, Spitzenverbänden von Industrie & Handwerk, Berufsgenossenschaften, Verbraucherorganisationen sowie zu Veranstaltern von Messen/Fortbildungsveranstaltungen/Kongressen. Damit wird jedes einzelne Element entlang der gesamten Wertschöpfungskette „Kleben" abgebildet.

Im Rahmen der vom Vorstand entwickelten Strategie einer qualifizierten Markterweiterung begleitet der Industrieverband Klebstoffe aktiv die verschiedenen wissenschaftlichen Forschungsarbeiten auf dem Gebiet der Klebtechnik. Diese systematische Forschung ist primär interdisziplinär geprägt, d. h. konkret, dass naturwissenschaftliches Wissen mit ingenieurswissenschaftlichen Erkenntnissen verbunden wird, um damit praxisorientierte Forschungsergebnisse zu generieren. Im Ergebnis hat dieser interdisziplinäre Forschungsansatz dazu geführt, dass die Klebtechnik heute kalkulierbar ist und seinen festen Platz als zuverlässige Verbindungstechnologie in den Ingenieurwissenschaften hat. Die Klebtechnik gilt zu Recht und unangefochten als **die** Schlüsseltechnologie des 21. Jahrhunderts.

Als Gründungsmitglied der ProcessNet-Fachgruppe Klebtechnik unter dem Dach der DECHEMA und des Gemeinschaftsausschuss Kleben (GAK) steht der Industrieverband Klebstoffe im regelmäßigen Kontakt zu allen relevanten Forschungseinrichtungen und Forschungsinstitutionen der Bereiche Stahl-, Holz- und Automobilforschung, mit denen er gemeinsam öffentlich geförderte wissenschaftliche Forschungsprojekte auf dem Gebiet der Klebtechnik begutachtet und fachinhaltlich begleitet. Im Rahmen dieser Kooperation kann und konnte der Industrieverband Klebstoffe wichtige Forschungsprojekte erfolgreich platzieren, von deren Ergebnissen insbesondere die im Verband organisierten Klebstoffunternehmen maßgeblich profitieren. Die bewilligten Projektskizzen, aber auch die dazu gehörigen Forschungsergebnisse, werden regelmäßig im Rahmen des jährlich stattfindenden DECHEMA-„Kolloquium: Gemeinsame Forschung in der Klebtechnik" präsentiert.

Das vom Industrieverband Klebstoffe finanziell und inhaltlich stark forcierte Personalqualifizierungsprogramm des Fraunhofer IFAM in Bremen hat sich zwischenzeitlich zu einer festen und anerkannten Bildungseinrichtung entwickelt. Zunehmend mehr Klebstoffverarbeiter sehen die – durchaus messbaren – Vorteile einer Qualifizierung ihrer Mitarbeiter im Umgang mit technisch anspruchsvollen Klebstoffsystemen; so werden klebtechnische Anwendungen bei der Herstellung von Schienenfahrzeugen ausschließlich durch entsprechend qualifiziertes Personal durchgeführt. Die Klebstoffindustrie selbst profitiert in jedweder Hinsicht von kompetenten Systempartnern.

Das Personalqualifizierungsprogramm ergänzend wurde zwischenzeitlich – von den Fachgremien des Verbands begleitet – eine DIN-Norm zur Sicherstellung der Qualität bei der Herstellung lastübertragender/struktureller Klebverbindungen für definierte Sicherheitsbereiche erarbeitet und veröffentlicht. Diese Norm wird derzeit im Rahmen eines ISO-Normenprojekts internationalisiert.

Die Strategie des Vorstands, das Personalqualifizierungsprogramm auch im europäischen und internationalen Wettbewerbsumfeld zu positionieren, ist damit voll aufgegangen. Nachdem die vom Fraunhofer IFAM entwickelten Lehrinhalte der verschiedenen Ausbildungsstufen (Klebpraktiker, Klebfachkraft, Klebfachingenieur) mit der finanziellen Unterstützung des Verbands u. a. in Englisch und Chinesisch übersetzt und den verschiedenen europäischen und international geltenden Standards angepasst wurden, finden nunmehr regelmäßig Ausbildungskurse zur Klebfachkraft in Polen, Tschechien, der Türkei, den USA, China und Südafrika statt. Bis heute haben die Bremer Wissenschaftler auf nationaler, europäischer und globaler Ebene mehr als 11.250 Klebpraktiker, -fachkräfte und Klebfachingenieure ausgebildet.

Mit der Entwicklung dieser weltweit gültigen Ausbildungsstandards und der Implementierung eines adäquaten Ausbildungssystems auf einer globalen Ebene hat der Vorstand des Industrieverband Klebstoffe ein weiteres wichtiges Zeichen zur Dokumentation der Schlüsselposition der deutschen Klebstoffindustrie im internationalen Wettbewerbsumfeld gesetzt.

Ebenso wichtig wie die solide Ausbildung bzw. die klebtechnische Qualifizierung von Klebstoffverarbeitern ist für den Vorstand auch eine fundierte Ausbildung von Schülern und Schülerinnen im Rahmen der Unterrichtsfächer Chemie, Technik oder Materialkunde. In diesem Zusammenhang wurde die Informationsserie „Die Kunst des Klebens" gemeinsam mit Experten des Industrieverband Klebstoffe, des Fonds der Chemischen Industrie und Didaktikern fachinhaltlich und didaktisch grundlegend überarbeitet. Dieses Lehrmaterial steht deutschlandweit fast 20.000 Fachlehrern/-innen zur Verfügung.

Vor dem Hintergrund der von der deutschen Bundesregierung beschlossenen und auf den Weg gebrachten Initiative „Digitalisierung des schulischen Unterrichts" hat der Vorstand beschlossen,

die Unterrichtsserie „Die Kunst des Klebens" zu digitalisieren und mit anderen Informationsmaterialien des Verbandes (E-Paper Berufsbilder, Imagefilm, Klebstoff-Leitfaden, Klebstoffmagazin,
etc.) zu verknüpfen. Für dieses Projekt hat der Industrieverband Klebstoffe mit dem Hagemann
Bildungsmedienverlag einen fachlich kompetenten Kooperationspartner gefunden, mit dem die
Digitalisierung des Unterrichtsmaterials umgesetzt wurde. Den Fachpädagogen/innen steht
damit ein Instrument zur Verfügung, das den neuen Vorgaben für einen digitalen, berufsbezogenen Unterricht entspricht.

Die Klebstoffindustrie ist damit eine der ersten Chemiebranchen, die den Pädagogen/innen ein
solches „Digitalpaket" anbietet, und es erhöht die Chance, das Thema „Kleben/Klebstoff" in
dieser Form in den schulischen Unterricht zu platzieren. Das digitale Lehrmaterial wurde erstmals
auf der Messe didacta 2018 in Hannover vorgestellt und erhielt seitens Pädagogen/innen ein
durchweg positives Feedback. Seit Beginn des Schuljahres 2018/2019 steht dieses Material den
Schulen offiziell zur Verfügung. Das digitale Angebot wurde insbesondere auch in der ersten
Phase der COVID-19-Pandemie, in der alle Schulen geschlossen waren und der Unterricht digital
stattgefunden hat, vielfach heruntergeladen und von Lehrerinnen und Lehrern aber auch von
Eltern fürs sogenannte „Homeschooling" genutzt. Das Material steht weiterhin zum kostenlosen
Download zur Verfügung: www.klebstoffe.com/informationen/unterrichtsmaterialien/.

Über dieses Unterrichtsmaterial hinaus hat der Industrieverband Klebstoffe in Kooperation mit dem
Medieninstitut der Länder (FWU) zwei Lehr-DVDs für den Einsatz im Unterricht konzipiert und
realisiert. Die Lehr-DVD „Grundlagen des Klebens" wurde für den Einsatz im Unterricht an allge-
meinbildenden und Berufsschulen konzipiert, „Kleben in Industrie und Handwerk" beschreibt
konkrete Anwendungen von Klebstoffen für verschiedene Materialkombinationen in der Praxis und
eignet sich besonders für den Einsatz im Technik- oder Materialkundeunterricht an berufsbildenden
Schulen. Beide Bildungsmedien bestehen aus verschiedenen Filmen, Animationssequenzen,
interaktiven Lernzielkontrollen sowie umfangreichem Informationsmaterial für Lehrer und Schüler.
Die Lehr-DVDs können über die Mediathek der FWU im Internet abgerufen werden – www.fwu.de.

Das Thema „Kleben im Unterricht" wird in den regelmäßig stattfindenden Lehrerseminaren des
Verbands der Chemischen Industrie vertieft.

Auch auf der technischen Ebene übernimmt der Industrieverband Klebstoffe in einem immer
stärkeren Maß eine europäische bzw. globale Leitfunktion.

Dies gilt sehr aktuell für die gemeinsam vom Vorstand und dem Technischen Ausschuss konzep-
tionell erarbeitete Normenkompetenz-Plattform im Industrieverband Klebstoffe. Hinter diesem
Projekt stand und steht die Zielsetzung, über das ohnedies starke und erfolgreiche Engagement
des deutschen Klebstoffverbands in der europäischen Normung (CEN) hinaus auch aktiv in das
internationale Normungsgeschehen auf der ISO-Ebene einzugreifen. Die treibenden Faktoren für
diese Initiative waren zum einen die zunehmende Zahl von ISO-Normen für Klebstoffe, die
zunehmend mehr Beachtung im Rahmen der Globalisierung der Märkte finden. Zum anderen
verfolgt der Vorstand – perspektivisch betrachtet – das Ziel, für die Klebstoffindustrie wichtige
deutsche Industriestandards weltweit zu etablieren. Über die Normenkompetenz-Plattform des
Verbands konnten wichtige Normenprojekte aus den Bereichen Bodenbelag- und Holzklebstoffe

und für lasttragende Klebverbindungen international platziert und realisiert werden. Darüber hinaus konnten für die Mitgliedsunternehmen wichtige Informationen über zukünftige Entwicklungen in der Elektronikindustrie und das Anforderungsprofil für entsprechend benötigte Klebstoffe generiert werden.

Der Industrieverband Klebstoffe hat auch die Leitung des europäischen Normungsprojektes „Mandatierte Belagsklebstoff-Normung" sowie die des europäischen Normensekretariates „Holz- und Holzwerkstoffe" übernommen,

Letzterer sichert die spezifischen Interessen der deutschen Klebstoffindustrie im komplex geregelten Markt für Brettschichtholzprodukte für lasttragende Anwendungen.

Der „Green Deal" der Europäischen Kommission umfasst unterschiedlichste ambitionierte Klimaschutzmaßnahmen – alle mit dem Ziel, Europa bis 2050 zum ersten klimaneutralen Kontinent zu entwickeln. Konkret wirken sich momentan der Aktionsplan Kreislaufwirtschaft und eines seiner zentralen Instrumente – die Ökodesignrichtlinie – auf die Klebstoffindustrie aus. Die Ökodesignrichtlinie schafft einen Rahmen für Anforderungen an die umweltgerechte Gestaltung energieverbrauchsrelevanter Produkte. Neben der Energieeffizienz halten Aspekte der Ressourcen- und Materialeffizienz, Langlebigkeit, Reparierbarkeit und Wiederverwertbarkeit Einzug in die Vorhaben der Europäischen Kommission. Und auch die Renovierungswelle, die EU-Industriestrategie oder die Nachhaltigkeitsstrategie für Chemikalien gehören zu den wichtigsten Maßnahmen unter dem Green Deal und werden Chancen und Herausforderungen für die Klebstoffindustrie bereithalten. Die Klebtechnik wird in diesem Zusammenhang unberechtigter- und fälschlicherweise häufig als kritisch in Bezug auf das Recycling bzw. die Kreislaufwirtschaft gesehen und gewertet. Für den Vorstand ist dies ein deutliches Signal dafür, dass die Industrie mehr als gut beraten ist, ihre Kommunikationsstrategie im Hinblick auf die EU – aber auch im Hinblick auf die Fachebenen der deutschen Ministerien, Behörden und nachgeschalteten Instituten – deutlich auszubauen.

Die verantwortungsvolle Nutzung von Ressourcen ist auch eine Grundanforderung in der EU-Bauproduktenverordnung, die Gebäude und damit auch Bauklebstoffe betrifft. Der Bereich Bauen und Gebäude verursacht einen großen Teil der Treibhausgasemissionen und des Energieverbrauchs. Eine Voraussetzung für nachhaltige Entwicklung ist die genaue Analyse der Umweltwirkungen der verwendeten Bauprodukte, wie sie Ökobilanzen darstellen. Eine Umweltproduktdeklaration (Environmental Product Declaration, EPD) ist eine standardisierte Methode zur Beschreibung der Ökobilanz eines Bauprodukts. Klebstoffe werden in einer solchen Vielzahl von Anwendungen und Formulierungen in Gebäuden eingesetzt, dass sich die Erstellung von einzelnen, produktspezifischen EPDs schon aus Kostengründen verbietet. Es wurde daher ein System von Muster-EPDs entwickelt, die jeweils bestimmte Formulierungen und Anwendungen abdecken und in denen für das Produkt mit der höchsten Umweltbelastung die Umweltwirkungen angegeben werden. Die Muster-EPDs dürfen von allen Mitgliedern des IVK verwendet werden: www.klebstoffe.com/epd-nachhaltigkeit/

Der Wichtigkeit der Themenkomplexe „Green Deal" und „nachhaltiges Bauen" wegen wurde auf Initiative des Vorstands der Beirat für Nachhaltigkeit gegründet, der diese komplexen Themenstellungen fachinhaltlich für die deutsche Klebstoffindustrie bearbeitet. Darüber hinaus wurde in enger Abstimmung mit dem Beirat für Öffentlichkeitsarbeit eine „Kommunikationsstrategie Nachhaltigkeit" entwickelt, deren Ziel es ist, die Vorteile und das Potenzial der Klebtechnik als Teil der Lösung zur Nachhaltigkeit darzustellen.

Die aktive Beteiligung des Industrieverband Klebstoffe und seiner Mitglieder an global wichtigen Konferenzen unterstreicht die international herausragende Position der deutschen Klebstoffindustrie. Dies gilt insbesondere für die alle 4 Jahre stattfindenden Welt-Klebstoff-Konferenzen (World Adhesives Conference, WAC). Nach der internationalen Tagung 2012 in Paris haben Mitgliedsunternehmen des Industrieverband Klebstoffe den Weltklebstoffkongress 2016 in Tokio, Japan, mit interessanten Präsentationen fachinhaltlich unterstützt. Der für April 2020 geplante WAC in Chicago, USA, wurde Pandemie-bedingt um ein Jahr verschoben. Für den nun im Frühjahr 2021 geplanten Weltklebstoffkongress hat der IVK bereits einen Vortragsblock zum Thema „Nachhaltigkeit & Circular Economy" vorbereitet. Die deutsche Klebstoffindustrie und ihr Verband nehmen damit aktiv die Chance war, auf internationalem Parkett die globale Technologieführerschaft und das Kompetenzprofil auf dem Fachgebiet „Nachhaltigkeit" zu verdeutlichen und zu dokumentieren.

In den regelmäßig stattfindenden Dialogen mit US-amerikanischen und asiatischen Klebstofforganisationen wird immer mehr deutlich, dass der deutschen Klebstoffindustrie sowohl die Rolle des globalen Technologieführers als auch die einer leitenden Kompetenzplattform in punkto „Responsible Care®" und Sustainable Development respektvoll zugesprochen wird. Die deutsche Klebstoffindustrie hat schon vor vielen Jahren in Abstimmung mit ihren Systempartnern damit begonnen, bereits im Vorfeld gesetzlicher Regelungen, praxisnahe Konzepte für einen adäquaten Umwelt-, Arbeits- und Verbraucherschutz zu entwickeln und diese – entsprechend der strategischen Vorgaben des Vorstandes – erfolgreich zu implementieren. Mit der Entkopplung des Lösemittelverbrauchs von der Klebstoffproduktion, mit der erfolgreichen Platzierung des EMICODE® und des GISCODE-Systems und mit Muster-EPDs wird die deutsche Klebstoffindustrie ihrer Verantwortung gegenüber der Umwelt und gegenüber ihren Kunden entlang der Wertschöpfungskette im vollen Umfang gerecht - und sie ist damit weltweit führend.

Mit den Initiativen zum freiwilligen Verzicht des Einsatzes von Lösungsmitteln bei Parkettklebstoffen sowie Phthalaten im Bereich Papier-/Verpackungsklebstoffe und mit der Informations-Serie „Klebstoffe im lebensmittelnahen Bereich" hat der Industrieverband Klebstoffe zum wiederholten Mal neue Maßstäbe in den Bereichen Arbeits-, Umwelt- und Verbrauchersicherheit gesetzt.

Ein ausgewogenes Verhältnis von Technologieführerschaft und sozialer Kompetenz ist für den Vorstand des Industrieverband Klebstoffe ein wesentlicher Schlüssel für die erfolgreiche und glaubwürdige Positionierung der Industrie. Diese Positionierung sichert dem Verband jederzeit verlässliche und wichtige Informationen, beispielsweise über zukünftige Ausrichtungen von Gesetzesvorhaben, und für die Verbandsmitglieder bietet sich - perspektivisch betrachtet - die Chance mit Produkten, die den Anforderungen von Umwelt-, Arbeits- und Verbraucherschutz gerecht werden, in Europa und darüber hinaus auch weltweit neue Märkte zu erschließen.

Die Mitglieder des Vorstands werten die stetig steigende Zahl an Teilnehmern an den verschiedenen Veranstaltungen des Industrieverband Klebstoffe sowie die Aufnahme von neun neuen Mitgliedsunternehmen in den letzten zwei Jahren als einen überzeugenden Indikator dafür, dass der Industrieverband Klebstoffe e.V. richtig positioniert ist, für seine Mitglieder nutzenstiftende Arbeit mit einer ausgeprägten Praxisrelevanz leistet und damit für die Klebstoffindustrie insgesamt einen hohen Grad an Attraktivität besitzt.

Im Jahr 2020 vollzieht sich ein „Generationswechsel" in der personellen Zusammensetzung des Vorstands. Die Herren Dr. Bernhard Momper, Dr. Heinz- Dr. Rüdiger Oberste-Padtberg, Dr. Joachim Schulz, Werner Utz, und Ansgar van Halteren scheiden nach jahrelanger bzw. jahrzehntelanger Zugehörigkeit aus dem Vorstandsamt aus. Während ihrer aktiven Zeit haben die Herren maßgeblich dazu beigetragen, dem Verband eine organisatorische Architektur und Positionierung zu geben, die ihn zur weltweit größten und – in Hinblick auf sein Service-Portfolio – gleichzeitig zur weltweit führenden nationalen Organisation im Bereich der Klebtechnik gemacht hat.

Technischer Ausschuss (TA)

In seinen regelmäßigen Sitzungen hat der Technische Ausschuss (TA) auch in den Jahren 2019/2020 die fachspezifischen Arbeiten der Technischen Kommissionen, der Unterausschüsse und der ad-hoc-Gremien aufgenommen, eingehend diskutiert und Szenarien für die gesamte Klebstoffindustrie erarbeitet. Darüber hinaus wurden zahlreiche fachübergreifende Themenfelder nach intensiver Diskussion im Technischen Ausschuss durch entsprechende Verbandsaktivitäten proaktiv mitgestaltet.

Ein besonderer Schwerpunkt der Arbeiten des Technischen Ausschusses war das Thema **Green Deal der EU-Kommission.** Unter dem Dach des Green Deals gibt es 47 Strategie- und Legislativmaßnahmen, die dazu führen sollen, dass die EU 2050 eine Klimaneutralität erreicht werden soll. Innerhalb dessen wird die Klebstoffindustrie voraussichtlich am stärksten vom New Circular Economy Action Plan (Transition to a Circular Economy) und von der Strategy on the sustainable use of chemicals bzw. den Clean Air and Water Action Plans (A zero pollution Europe) betroffen sein.

Der neue Circular Economy Action Plan (CEAP) der EU ist ein Paket miteinander verknüpfter Initiativen mit dem Ziel, einen starken und kohärenten Rahmen für die Produktpolitik zu schaffen, durch den nachhaltige Produkte, Dienstleistungen und Geschäftsmodelle zur Norm werden, und die Verbrauchsmuster so zu verändern, dass kein Abfall erzeugt wird.

Der Schwerpunkt des neuen CEAP liegt auf Produktgruppen Elektronik, Information and Communication Technology (ICT), Batterien und Fahrzeuge, Verpackungen, Kunststoffe, Bauwirtschaft und Gebäude, Lebensmittel, Wasser und Nährstoffe sowie Textilien. Darüber hinaus sollen auch Möbel sowie Zwischenprodukte mit hohen Umweltauswirkungen wie Stahl, Zement und Chemikalien in Betracht gezogen werden.

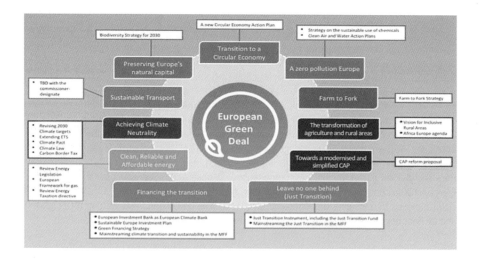

Der CEAP bietet auch den Rahmenbedingungen, um die Ökodesign-Richtlinie auf ein möglichst breites Produktspektrum auszuweiten, mit Blick auf:

- eine Verbesserung der Haltbarkeit, Wiederverwendbarkeit, Nachrüstbarkeit und Reparierbarkeit, Umgang mit dem Vorhandensein gefährlicher Chemikalien sowie Steigerung der Energie- und Ressourceneffizienz
- eine Erhöhung des Rezyklatanteils bei Gewährleistung von Leistung und Sicherheit
- die Ermöglichung der Wiederaufarbeitung und eines hochwertigen Recyclings
- die Verringerung des CO_2- und des ökologischen Fußabdrucks
- die Beschränkung von Einmalprodukten und Maßnahmen gegen vorzeitige Obsoleszenz
- ein Verbot der Vernichtung unverkaufter, nicht verderblicher Waren
- „Produkte als Dienstleistung" o. ä. Modelle, bei denen der Hersteller Eigentümer des Produkts bleibt oder die Verantwortung für dessen Leistung während des gesamten Lebenszyklus übernimmt
- eine Digitalisierung von Produktinformationen, wie z. B. digitale Produktpässe, Markierungen und Wasserzeichen
- eine Auszeichnung von Produkten auf der Grundlage ihrer jeweiligen Nachhaltigkeits-leistung, u. a. auch durch Schaffung von Anreizen

Um die Rolle der Klebtechnik im Kontext von Kreislaufwirtschaft sowie Ökobilanzen zu erkunden hat der Klebstoffverband eine Studie beim Fraunhofer-Institut für Fertigungstechnik und Angewandte Materialforschung IFAM im Auftrag gegeben. Der nachhaltige Umgang mit Ressourcen bei der Herstellung, Nutzung und Entsorgung eines Produktes wird durch die politischen Rahmenbedingungen bestimmt und auch innerhalb der Gesellschaft gefordert. Für den Einsatz von Ressourcen, der Entstehung von Abfall und Emissionen sowie einer effizienten Nutzung von Energie werden konkrete Zielsetzungen formuliert. Instrumente zur Umsetzung sind beispielsweise langlebige Konstruktionen, Instandhaltung, Sanierung, Reparaturfähigkeit, Wiederverwendung, Wiederaufarbeitung und -verwertung. In der Industrie sind deshalb Materialentwicklungen und Verbindungstechnologien zur Ressourcenschonung und Vermeidung einer Linearwirtschaft gefragt. Die Klebtechnik als wärmearme und nicht den Werkstoff verletzende Verbindungstechnik nimmt damit eine Schlüsselposition ein. Der Technische Ausschuss hat die im August 2020 veröffentlichte Studie »Kreislaufwirtschaft und Klebtechnik« inhaltlich begleitet.

Ein weiteres TA-Projekt ist die Erarbeitungen von **Durchschnitts-EPDs** (EPD – Environmental Product Declaration) für den Baubereich. Diese Arbeiten wurden notwendig, nachdem ab 2011 die EU-Bauproduktenverordnung den Einsatz „nachhaltiger" Produkte verlangt, wobei die Nachhaltigkeit der Produkte durch EPDs nachgewiesen werden muss. Diese gesetzlich geforderten EPDs umfassen eingehende Analysen und Dokumentationen, z. B. über den CO_2-Verbrauch bei der Herstellung, Energieverbräuche, Ressourcenabbau, Ökobilanzen, Lebenszyklusanalysen, etc. Die Erarbeitung solcher EPDs ist mit einem enormen Arbeits- und Kostenaufwand verbunden, so dass sich für diesen Bereich eine Branchenlösung anbietet. Die deutschen EPDs wurden fertig gestellt und im Rahmen der FEICA auch anderen europäischen Ländern zur Übernahme angeboten.

Die Umwelt-Produktdeklarationen (EPDs) müssen alle 5 Jahre überarbeitet werden; damit besteht bei den deutschen EPDs Aktualisierungsbedarf. Die FEICA-EPDs laufen zwischen 9/2020 (PU) und 8/2021 (DIS) aus. Bei einer Zusammenlegung von deutschen EPDs und FEICA-EPDs profitiert Deutschland von der längeren Laufzeit der FEICA-EPDs. Zudem muss nur noch ein System überarbeitet und die Kosten können geteilt werden.

Eine erste Analyse der überarbeiteten Version der EN 15804 „Nachhaltigkeit von Bauwerken - Umweltproduktdeklarationen – Grundregeln für die Produktkategorie Bauprodukte" ergibt folgendes Bild:
- Da die FEICA-Model-EPDs auf Gewichtseinheiten basieren, sind sie von veränderten Regeln für Funktionseinheiten nicht betroffen.
- Die FEICA-Model-EPDs erfüllen die Anforderungen der Ausnahmeregel. Das heißt, Use Phase (Modul C) und End-of-life Phase (Modul D) müssen nicht berücksichtigt werden, transport on-site und Installation (A4 und A5) sind in den aktuellen EPDs enthalten.
- Umweltindikatoren: Die FEICA-Model-EPDs basieren auf den Umweltindikatoren GWP (Global Warming Potential), ADPF (Abiotic depletion potential fossil / abiotisches Ressourcenerschöpfungs-potenzial) und POCP (photochemical ozone creation potential / Photochemische Ozonbildung), die die die Basis für die Einzelsubstanzbewertung bilden. Die Gültigkeit dieser pragmatischen Ableitung muss ggf. verteidigt werden, zumal im Rahmen der Überarbeitung der EN 15804 ‚Tox-Kriterien' zusätzlich eingeführt werden sollen.

Einen weiteren Schwerpunkt der Arbeiten des Technischen Ausschusses bildeten auch während der letzten beiden Jahre die Aktivitäten zum europäischen Chemikalienrecht **„REACH"** (Registrierung, Bewertung, Zulassung und Beschränkung von Chemikalien), der REACH-Verordnung (EU) Nr.1907/2006.

Die ECHA hat am 11. Januar 2019 einen **Beschränkungsvorschlag** unter REACH für **Mikroplastik** veröffentlicht. Der Fokus der Regelung liegt auf „intentionally added microplastic". Hierzu wurde am 20. März 2019 eine öffentliche Konsultation gestartet, die für sechs Monate offen war.

Der o. g. Beschränkungsvorschlag gilt für Mikroplastik-Konzentrationen $\geq$ 0,01 % (w/w) mit der Definition „Feste Polymerpartikel 1 nm $\leq$ x $\leq$ 5 mm" und Fasern mit einer Länge von 3 nm $\leq$ x $\leq$ 15 mm und ein Länge-zu-Durchmesser-Verhältnis von > 3, wobei sich der Begriff „fest" auf die Definition nach Anhang I der CLP-VO bezieht und für Polymere weitestgehend untauglich ist.

Es sind Produkte jeglicher Art betroffen. Unter die Definition „Mikroplastik" der ECHA fallen u. a.

- Dispersionen
- Faserarmierte und vergütete zementäre Produkte
- Abstandshalter / Spacer
- Granulierte Hotmelts
- Microballoons (Klebebänder)
- 3D-Druck-Pulver
- Klebepunkte (< 5 mm), durch die Anwendung erzeugt
- …

Der Beschränkungsentwurf wird derzeit überarbeitet. Die Untergrenze von bisher 1 nm wird voraussichtlich auf 100 nm angehoben. Die Definition „fest" wird um Testmethoden ergänzt. In Wasser (teilweise) lösliche Polymere sollen ausgenommen werden (derogtation from scope). Darüber hinaus soll es neue Sonderregelungen für (Sport)kunstrasenplätze, Nahrungsmittel, Klärschlamm und Kompost (derogation from restriction) geben. Einzelne Übergangsfristen nach Inkrafttreten sollen verlängert werden. Die Kennzeichnung/ Anwenderinformation soll auch über Piktogramme auf der Verpackung möglich sein.

Der Verordnung (EU) 2020/1149 zur Änderung des REACH Anhang XVII mit einem um die Nummer 74 **„Diisocyanate"** (Produkte mit einer Diisocyanatkonzentration >0,1 %) erweiterte Anhang XVII wurde am 4. August 2020 im Amtsblatt der EU veröffentlicht. Der Verordnung enthält keine Ausnahmeregelungen und fordert ein Training (3 Level; alle 5 Jahre) mit einem Nachweis über ein Zertifikat. Auf dem Etikett ist auf das verpflichtende Training spätestens ab dem 24. Februar 2021 hinzuweisen. Die Industrie stellt die Trainingsunterlagen zur Verfügung. Das Training erfolgt durch Experten für Arbeitssicherheit und Arbeitsmedizin und sieht auch e-learning vor. Allerdings gibt es keine grenzüberschreitende Anerkennung von Trainings, da die Beschränkung nur einen Mindeststandard vorgibt (Details sollen auf nationaler Ebene reguliert werden). Die Übergangszeit beträgt 18 Monate für Lieferanten und 36 Monate für Anwender nach der Veröffentlichung im EU-Amtsblatt am 24. August 2020. Erstellung der Trainingsunterlagen: 11 Mitglieder des PU exchange panel inklusive FEICA sind der Arbeitsgruppe zur Erstellung der Trainingsunterlagen unter Leitung von ISOPA/ALIPA bereits im April 2018 beigetreten. Die Koordination und die Erstellung der Unterlagen erfolgt über einen externen Berater, wobei spezifische Module für Klebstoffe über die FEICA erarbeitet werden. Die Materialien sollen in alle EU relevanten Sprachen übersetzt werden. Es werden e-learning (online Module) und/oder Klassenraumkonzepte diskutiert. Die Fertigstellung eines ersten Entwurfs ist bis Ende 2020 angestrebt. ISOPA/ALIPA beabsichtigt gebührenpflichtige Trainings, FEICA dagegen bevorzugt kostenfreie Trainings der Kunden.

Darüber hinaus hat die Europäische Kommission (KOM) am 28. Januar 2019 an die ECHA ein Mandat für die Ableitung/Einführung eines harmonisierten Arbeitsplatzgrenzwertes (OEL) für

Diisocyanate gegeben (Zeitplan s. u.). Im *„Scientific Reports for Evaluation of Limit Values at the Workplace"* der ECHA wird für Diisocyanate kein OEL vorgeschlagen. Es wird dem RAC stattdessen ein Ansatz zur Ableitung einer „exposure response" empfohlen. In jedem Fall wird eine deutliche Absenkung in den Bereich zwischen 0,1 und 1 ppb erwartet.

Die hätte einen größerer Messaufwand zur Erzielung niedrigerer Nachweisgrenzen sowie ggf. Investitionen in zusätzliche Absaugvorrichtungen an Anlagen zur Folge.

Ein weiteres REACH-Thema ist die **Polymerregistrierung.** Derzeit sind unter REACH die Monomere zu registrieren – und nicht die Polymere. Gemäß Art. 138 Abs.2 der REACH-Verordnung kann die Europäische Kommission jedoch unter definierten Bedingungen Legislativvorschläge zur Registrierung bestimmter Polymertypen vorlegen. Der nächste REACH-Review ist zum 1. Juni 2022 vorgesehen. Aufgrund der aktuellen Entwicklungen (u. a. Plastikstrategie, Mikroplastik) ist im Vergleich zu früheren Aktivitäten von einem verstärkten Regulierungswillen der EU-Kommission für Polymere auszugehen. Ende 2018 hat die KOM die Consultant Wood und Peter Fisk Associates (PFA) mit der Erstellung einer weiteren Studie beauftragt, die im Juni 2020 publiziert wurde. Danach erfolgt zunächst eine Diskussion im CARACAL und ein anschließendes Impact Assessment durch die Kommission. Die Informationsanforderungen zur Registrierung sollen sich an die Regelung für Stoffe anlehnen.

Die Ansätze der Wood/PFA-Studie sehen insbesondere die Festlegung von Kriterien für Polymere, die eine Registrierung erfordern, sowie die Bildung von Polymergruppen vor. Sobald eines (!) der Kriterien zutrifft, wird eine Polymerregistrierung notwendig. Die Studie beinhaltet:

• Kriterien zur Identifizierung der Polymere, die eine Registrierung erfordern,
• Vorschläge zur Bildung von Gruppen,
• geeignete Informationsanforderungen zur Registrierung sowie
• eine Kosten-Nutzen-Analyse, welche die Kommission bei der Erstellung eines Impact Assessments unterstützt.

Kritische Punkte sind die Definition der Stoffidentität, die Gruppenbildung („sameness") und die notwendige Polymeranalytik sowie die Testanforderungen.

Die FEICA hat in einer eigenen Arbeitsgruppe eine Tabelle erstellt, welche eine Zuordnung von klebstoffrelevanten Polymeren zu den einzelnen Wood/PFA-Kriterien enthält und zeigt, dass viele in Klebstoffen verwendete Polymere einer Registrierung unterliegen würden.

Hinsichtlich des Weiteren strategischen Vorgehens seitens der Klebstoffindustrie stehen als Ziele
• eine Korrektur der PRR-Kriterien und
• eine Reduktion der Registrierungsanforderungen
im Vordergrund.

Der vom IVK eingebrachte Vorschlag, sogenannte „Polymeric Precursor" (also Prepolymere), die in industriellen Anwendungen zu Polymeren weiterreagieren, von der Registrierung auszunehmen, wird innerhalb der VCI Arbeitsgruppe positiv diskutiert und wurde darüber hinaus auch in die FEICA Arbeitsgruppe eingebracht.

Innerhalb des VCI gibt es zwischen den großen Rohstoffherstellern keine Einigkeit bezüglich eines gemeinsamen Konzeptes hinsichtlich der Registrierungsanforderungen für Polymere. Die VCI Arbeitsgruppe erstellt Papiere zu „Polymeric Precursors" und „Polymers with negligible risk".

Die **Verordnung zu harmonisierten Informationen für die gesundheitliche Notversorgung** als Anhang VIII der CLP-Verordnung ist am 23. März 2017 im Amtsblatt der EU erschienen.

Mit dem Anhang VIII der CLP-Verordnung wird eine harmonisierte Meldepflicht für Gemische an die europäischen Giftinformationszentren (GIZ) eingeführt. Über die sogenannten Unique Formula Identifier (UFI) müssen die nahezu vollständigen Rezepturen in sehr engen Konzentrationsbändern gemeldet werden. Nach der ursprünglichen Verordnung galt die Einführung (a) für Gemische für Endverbraucher ab dem 1. Januar 2020, (b) für Gemische zur gewerblichen Nutzung ab dem 1. Januar 2021 und (c) für Gemische, die rein industriell genutzt werden, ab dem 1. Januar 2022.

Nachdem verschiedene europäische Verbände und Dachverbände (u. a. auch die FEICA) mit Schreiben an die zuständigen Behörden und auf nationaler Ebene der VCI, der IVK und weitere Fachverbände in einem Brief an das Umweltministerium und an Wirtschaftsministerium eine Fristenverschiebung eingefordert hatten, wurde der Rechtstext durch einen neuen delegierten Akt der Kommission geändert. Diese 1. Änderungsverordnung beinhaltet neben vier inhaltlichen Klarstellungen eine Verschiebung der 1. Anwendungsfrist (Gemische für Endverbraucher) auf den 1. Januar 2021 und ist am 10. Januar 2020 im Amtsblatt der EU veröffentlicht worden und trat 20 Tage später in Kraft. Während der von der KOM selbst verschuldeten „ungeregelten" Lücke von Jahresbeginn bis Inkrafttreten der Verordnung wurde von den Aufsichtsbehörden der Mitgliedsstaaten auf einen Vollzug verzichtet. Die o. g. vier inhaltlichen Klarstellungen betreffen (a) die Identifizierung des Gemischs und des Mitteilungspflichtigen, (b) die Meldung von MiMs (Mischungen in Mischungen), (c) die Angabe des pH-Wertes und (d) die Anbringung des UFI.

Es gibt nach wie vor noch eine Reihe offener Umsetzungsfragen, welche u. a. die Datensicherheit, den UFI, die „Validation Rules" im Rahmen des elektronischen Meldeverfahrens, die Gebühren, fehlende IT-Werkzeuge und Leitfäden sowie das Problem der Re-Brander / Re-Labeller betrifft.

In der von der KOM in Auftrag gegebenen Machbarkeitsstudie wurden weitere Probleme aufgezeigt. Deshalb haben Kommission und Mitgliedstaaten in der CARACAL sub-group am 15. Januar 2020 weitere Anpassungen des Anhang VIII zur Lösung von Anwendungsproblemen beschlossen, die in einer 2. Änderungsverordnung umgesetzt werden sollen. Dies betrifft u. a. die Probleme, die sich ergeben, wenn gleiche Gemisch-Bestandteilen von mehreren Lieferanten geliefert werden. Die Lösung sollen hier sogenannte „ICGs" – „Interchangeable Component Groups" bringen, die auch nach Industrieeinschätzung eine signifikante Verbesserung mit sich bedeuten würden. Problematisch könnten allerdings noch die Bedingungen/Voraussetzungen werden, unter denen ICGs bei einer Meldung überhaupt benutzt werden dürften. Die Veröffentlichung der 2. Änderungsverordnung ist im November 2020 erwartet.

Die ECHA-Leitlinien zum Annex VIII CLP (Meldung an die Giftinformationszentren) müssen den Änderungsverordnungen entsprechend angepasst werden.

Die ECHA-Leitlinie (Version 3.0) mit den Änderungen aus der 1. Änderungsverordnung ist im Mai 2020 veröffentlich worden.

Die Veröffentlichung der ECHA-Leitlinie, welche auch die Änderungen aus der in Arbeit befindlichen 2. Änderungsverordnung enthält, ist für Januar 2021 geplant, aber derzeit als Entwurf verfügbar.

Handlungsbedarf gab und gibt es auch im Rahmen der europäischen **Biozidverordnung** (EU-Verordnung Nr. 528/2012). Die EU-Kommission erteilt im Rahmen der Überprüfung schon verwendeter Biozidwirkstoffe, u. a. auch für Topfkonservierer, Genehmigungen in Form von Durchführungsverordnungen. Insbesondere bei Wirkstoffen mit sensibilisierenden Eigenschaften findet sich im Anhang der jeweiligen Durchführungsverordnung unter dem Produkttyp 6 (Topfkonservierungsmittel) meist ein Eintrag, der die in Art. 58(3) der Biozidverordnung 528/2012 niedergelegten zusätzliche Anforderungen an die Kennzeichnung verbindlich macht. Entscheidend für die Frist zur Umsetzung der Kennzeichnungsanforderungen ist das Datum der Genehmigung des Wirkstoffes (Date of Approval). Erst dann treten die in der Durchführungsverordnung festgelegten Sonderbestimmungen in Kraft. Der IVK hat seine Mitglieder in mehreren Rundschreiben über die Genehmigung verschiedener Topfkonservierer, sich hieraus resultierender Kennzeichnungsänderungen und die zugehörigen Fristen informiert und als zusätzlichen Service eine Tabelle ins IVK-Intranet gestellt, welche einen aktuellen Überblick über die von der EU-Kommission neu genehmigten Topfkonservierer gibt. Die Tabelle zeigt, ob die Durchführungsverordnung des Wirkstoffs für mit diesem Wirkstoff topfkonservierten Klebstoffe neue Kennzeichnungsanforderungen nach Art. 58(3) der Biozidverordnung 528/2012 enthält und ab wann diese von Ihnen umgesetzt werden müssen.

Der Technische Ausschuss hat auch über das Thema **Restanhaftungen an Klebstoffverpackungen und deren Einfluss auf die Recyclingfähigkeit der Verpackung** diskutiert. Während bei größeren Industrieverpackungen die Wiederverwendung oder das mechanische Recycling gängige Praxis ist, ist das Recycling von kleinvolumigen Verpackungen eine wesentlich größere Herausforderung. Obwohl die Klebstoffindustrie bemüht ist, wo immer technisch möglich, recyclingfähige Verpackungen zu nutzen, ist in einigen Fällen die Verwendung von derzeit als nicht mechanisch recyclingfähig einzustufenden Verpackungen unumgänglich. Um diese Thematik gegenüber Kunden und anderen Interessenten transparent und einheitlich kommunizieren zu können, hat der Technische Ausschuss ein Dokument mit dem Titel „Gemeinsame Position der Klebstoffindustrie zum Einfluss von Restmengenanhaftungen auf die Recyclingfähigkeit von Verpackungen" erarbeitet.

Aufgrund einer Initiative des Bundesumweltministeriums (BMU) zur Reduzierung von VOC im Hinblick auf die Sommersmoggefahr war der VCI zusammen mit weiteren Fachverbänden aufgerufen, die Möglichkeiten zur VOC-Minderung aufzuzeigen. Aus dieser umweltschutzgetriebenen Initiative haben die Klebstoffhersteller in den letzten Jahren ihren Verbrauch an Lösemittel deutlich reduziert, wie die Auswertung der **IVK-Lösemittelstatistik** zeigt. Der

Technische Ausschuss hat sich intensiv mit dem Thema befasst und konnte anhand einer Lösemittelverbrauchsumfrage darlegen, dass das gesteckte Ziel einer VOC-Reduzierung von 70 % bis zum Jahr 2007 (auf Basis des Verbrauchs im Jahr 1988) schon weit früher erreicht wurde. Die Lösemittelstatistik wird in zweijährlichem Abstand weitergeführt und findet Eingang in die Diskussionen mit nationalen und europäischen Behörden und Institutionen z. B. bei der Einführung neuer Gesetzesvorhaben. Die Statistik ist ein sehr wichtiges Instrument zur Kommunikation mit Behörden und unverzichtbar zur Dokumentation des Umweltbewusstseins der deutschen Klebstoffindustrie. Die letzte Erhebung der Lösemittelstatistik für das Jahr 2019 hat gezeigt, dass der Lösemittelverbrauch um 3 % gesunken ist bei gleichzeitiger 12 %-Steigerung der Klebstoffproduktion.

Weitere Themen der Erörterung im Technischen Ausschuss waren:
• Normung
• Arbeits-, Umwelt- und Verbraucherschutz
• Begleitung verschiedener Projekte der EU-Kommission auf nationaler Ebene

Technische Kommission Bauklebstoffe (TKB)

Die Technische Kommission Bauklebstoffe (TKB) im Industrieverband Klebstoffe (IVK) vertritt die Interessen der im IVK zusammengeschlossenen Hersteller von Bauklebstoffen und Trockenmörtelsystemen. Gesprächs- und Verhandlungspartner sind dabei Behörden, Handwerksgremien, Berufsgenossenschaften, andere Industrieorganisationen und Normungsgremien.

Ziele sind das Schaffen von technischen Standards und Normen, die Einflussnahme auf chemikalienrechtliche Regelungen, die Mitbestimmung bei baurechtlichen Themen, die Förderung des technischen Fortschritts sowie des Verarbeiter- und Umweltschutzes, die technische und informative Unterstützung unserer Kunden, des verarbeitenden Bauhandwerks sowie die Förderung des Zuspruchs zu Bauklebstoffen und Mörtelsystemen durch objektive technische Information.

Themenübersicht
Die Aktivitäten der TKB lassen sich in mehrere Kategorien unterteilen:
• Technische Themen zu Bauklebstoffen / Verlegewerkstoffen und deren Anwendungsbereichen.
• Normung von Bodenbelags- und Parkettklebstoffen, Spachtelmassen, Fliesenklebstoffen, Estrichbindemitteln, Grundierungen und Spezialprodukten.
• Technische Informationsveranstaltungen für das boden- und parkettlegende Handwerk und angrenzende Gewerke.
• TKB-Publikationen zu aktuellen anwendungstechnischen und baurechtlichen Themen sowie zu Fragen der Normung und des Umwelt- und Verarbeiterschutzes.
• Baurechtliche Themen wie europäische und nationale Zulassungen.

- Chemikalienrechtliche Themen wie die nationale, europäische und internationale Gefahrstoff-kennzeichnung oder REACH.
- Arbeitsschutz sowie Umwelt- und Verbraucherschutz.

Arbeitsinhalte
Mörtelsysteme
In den internationalen und nationalen Normungsgremien ISO/TC 189/WG3, CEN/TC 67/WG 3, CEN TC 303, WG 2, NA 062-10-01 AA, und NA 005-09-75 AA gestalten TKB-Vertreter die Normung von Boden-/Parkett-Klebstoffen, Fliesenklebstoffen, Spachtelmassen, Verbundabdichtungen und Estrichen mit.

Bei den Fliesenklebstoffen wurde die Anforderungsnorm (EN 12004-1) im April 2017 veröffent-licht. Allerdings wurde sie bisher nicht im EU-Amtsblatt veröffentlicht, womit für die CE-Kenn-zeichnung weiterhin der Anhang ZA der alten Norm gültig ist. Mittlerweile wurde ein neuer Normentwurf erarbeitet, der die juristischen Vorgaben seitens der EU-Kommission streng einhält, auch wenn dies zu Lasten der technischen Relevanz geht. Ob dieser Entwurf letztendlich von der EU-Kommission akzeptiert wird, bleibt abzuwarten.

Ähnlich ist die Situation bei den Verbundabdichtungen. Die überarbeitete DIN EN 14891 wurde 2017 im Beuth-Verlag veröffentlicht, sie wurde allerdings bisher nicht im EU-Amtsblatt veröffent-licht. Somit gilt für die CE-Kennzeichnung auch hier noch der Anhang ZA der alten Norm. Die Entwürfe für die überarbeiteten Prüfgrundsätze für Verbundabdichtungen wurden auf der DIBt-Homepage veröffentlicht. In Kraft treten können diese aufgrund der formalen Abläufe allerdings nicht vor 2022.

Die Abdichtungsnormen der Normenreihe DIN 18531 bis DIN 18535 wurden im Juli 2017 veröf-fentlicht. Die DIN 18195 wird als reine Definitionsnorm weitergeführt. Zum Jahresende 2018 ist für diese Normen im Beuth-Verlag ein Kommentar erschienen, in den die bisherigen Erfahrungen eingeflossen sind. Eine Überarbeitung der Normen selbst ist erst im Rahmen der 5-Jahresrevision geplant.

Produkt- und Anwendungstechnik
Die TKB setzt die umfänglichen Aktivitäten zum Thema Estrichtrocknung und Belegreife sowie Untergrundfeuchtemessmethoden fort. Zum Ringversuch zur praktischen Erprobung der KRL–Methode, bei dem parallel CM- und KRL-Feuchtewerte auf Baustellen ermittelt werden, wurden weitere Daten gesammelt, die in eine Aktualisierung des TKB-Berichts 5 flossen. Die bisher bestehenden TKB-Grenzwerte für die Belegreife von mineralischen Estrichen wurden aufgrund der umfangreichen Praxiserfahrungen und weiterer Laboruntersuchungen, insbesondere durch das Institut für Baustoffprüfung und Fußbodenforschung (Troisdorf) von 75 % r.F. auf 80 % r.F. (unbeheizt) bzw. von 65 % r.F. auf 75 % r.F. (beheizt) erhöht. An der Universität Hamburg-Harburg wurden weitere Untersuchungen zu Scanning-Isothermen von Calciumsulfat-Estrichen (CAF) und Estrichen mit ternären Schnellzementen durchgeführt. Beim CAF konnte dabei kein Hyste-reseverhalten zwischen De- und Adsorption festgestellt werden. An der Universität Wien wurden Neutronenstreuuntersuchungen an mineralischen Estrichen durchgeführt. Anhand der dort ge-messenen Feuchtegradienten in trocknenden Zementestrichen, konnten die bisherigen Annah-

men zum Trocknungsverhalten bestätigt werden. Da es zur KRL-Methode immer wieder Verständnisfragen gibt, wurde ein Katalog von Fragen und zugehörigen Antworten erarbeitet (FAQ) und als eigenständiger TKB-Bericht publiziert. Für die optimale Durchführung der KRL-Messung auf der Baustelle wurde ein 3D-Druck-fähiger Messbecher konstruiert, dessen Druckdaten für jeden Interessierten auf der IVK-Homepage abrufbar sind. Dieser Becher ist vor Allem hinsichtlich geringer Temperaturschwankungen, maximalem Sensorschutz und passender Prüfgutmenge optimiert und hat sich bereits im praktischen Einsatz bewährt. Auf der IVK-Homepage ist ein Video abrufbar, das die praktische Durchführung der KRL-Messung beschreibt. Auf der BEB-Sachverständigen-Tagung 2019 befassten sich 2 Vorträge kritisch mit der KRL-Methode. Der Vortrag von Dr. Wiegrink bestätigte die bisher von der TKB publizierten physikalischen Grundlagen der KRL-Methode. Der Vortrag von Herrn Müller/IBF lieferte hervorragende Labordaten zur vergleichenden Feuchtebestimmung nach der KRL-bzw. der CM-Methode. Die daraus abgeleiteten Schlussfolgerungen sind allerdings aus TKB-Sicht falsch. Im Juni 2020 wurden die Rohdaten zu diesem Vortrag als Prüfbericht durch das IBF publiziert. Die tiefergehende Auswertung dieser Messergebnisse bestätigte eindrücklich die TKB-Feststellungen zur KRL-Methode und lieferte darüber hinaus neue Erkenntnisse, z. B. zur Korrelation von Darr- und CM-Messergebnissen. Diese Untersuchungen wurden als eigenständiger TKB-Bericht 7 publiziert.

Gemeinsam mit dem Heimtex-Verband wurden beim TFI orientierende Brandprüfungen an Bodenbelägen durchgeführt. Ziels ist es, Klebstoffgruppen mit einheitlichem Brandverhalten bilden zu können, so dass zukünftig nicht mehr für jede Klebstoff/Bodenbelag-Kombination eine separate Brandprüfung notwendig ist.

Normung

Die TKB hat über die IVK-Normenkompetenzstelle in der ISO/TC 61/SC 11/WG 5, der CEN/TC 193/WG 4, im NA 062-04-54 AA und NA 005-09-75 AA internationale, europäische und deutsche Normen mitgestaltet.

Die Arbeiten der TKB an EN 14259 (Klebstoffe für textile und elastische Bodenbeläge) und EN 14293 (Parkettklebstoffe) wurde eingestellt. Stattdessen wurden die Bestrebungen verstärkt, diese Normen inhaltsgleich auf ISO-Ebene zu heben (ISO 22636 und ISO 17178). Als Ergänzung wurde ein weiteres ISO-Normungsprojekt zur Ermittlung des Emissionsverhaltens - entsprechend dem GEV-Verfahren - angestoßen. Aktuell laufen die Aktivitäten diese Normen auch als EN ISO Normen einzuführen. Zur ISO-Normung der Spachtelzahnungen wurde ein Normentwurf erstellt, der jetzt in den zuständigen Gremien diskutiert wird.

Auf CEN-Ebene wurde ein Normungsprojekt zur Ermittlung der Feuchte in Verlegeuntergründen angestoßen. Es beschreibt drei unterschiedliche Verfahren, darunter auch die KRL-Methode, die alle anhand der Messung der relativen Luftfeuchte den Feuchtezustand des Untergrunds bestimmen.

Für Spachtelmassen wirken TKB-Vertreter über den NA 005-09-75 AA und CEN/TC 303 an der Überarbeitung der EN 13813 mit. Die deutsche Entwurfsfassung der überarbeiteten Norm wurde im März 2018 veröffentlicht. Für das Schwindverhalten von Estrichen wurde neu die Anforderungsnorm EN 13892-9 in die Norm EN 13813 integriert. Diese Norm wurde in den CEN-Gremien verabschiedet, allerdings nicht durch die EU-Kommission im EU-Amtsblatt veröffentlicht. Der Grund war derselbe wie bei EN 12004 und EN 14891. Auf Basis der Ergebnisse aus Messungen nach EN 13892-9 werden in der überarbeiteten DIN 18560-1 Schwindklassen für mineralische Estriche eingeführt werden. Eine Zusammenarbeit zwischen CEN/TC 193, das die Spachtelmassenprüfnormen erarbeitet hat, und CEN/TC 303 ist über die personelle Besetzung (Liason) gewährleistet. Für die Normenreihe DIN 18560 ist der neue Teil 8 zu Designestrichen, der auch Designspachtelmassen umfassen wird, in Arbeit. Zum Entwurf des Teil 1 der Normenreihe gab es eine Vielzahl von Einsprüchen durch praktisch das gesamte bodenlegende Handwerk und auch durch die entsprechenden Industrieverbände. Hauptkritikpunkt war die Bestimmung der Belegreife durch den Estrichleger mittels Feuchtemessung nach der CM-Methode und dem zugehörigen Grenzwert für beheizte Calciumsulfatestriche. Diese Einsprüche wurden rundweg abgelehnt, was auf völliges Unverständnis durch die Betroffenen traf. Als Konsequenz wurde ein Schlichtungsverfahren durchgeführt, das anregt die strittigen Punkte erneut im Arbeitsausschuss zu beraten. Nachdem die Überarbeitung des Teils 1 der Norm abgeschlossen ist, steht nun die Überarbeitung des Teils 2 der Normenreihe (Estriche auf Dämmschicht) an.

Veranstaltungen/Publikationen

Die für den 18. März 2020 geplante 36. TKB-Fachtagung musste wegen der Corona-Pandemie abgesagt werden. Neutermin ist der 9. Juni 2021. Schwerpunktthema werden Sonderkonstruktionen sein. Dazu sind eine Podiumsdiskussion und ein Vortrag zur juristischen Bewertung von Sonderkonstruktionen geplant. Weitere Themen sind: Maschinen und Werkzeuge zum Abtrag alter Verlegewerkstoffe, Estrichzusatzmittel – Wahrheit und Wirklichkeit, Zonierung – Verlegung moderner modularer Bodenbeläge, Klima auf Baustellen – und dessen Auswirkung auf Verlegewerkstoffe, Nachhaltigkeit durch Stabilität bei Verlegewerkstoffen – Topfkonservierung von wässrigen Dispersionsklebstoffen. Die TKB-Fachtagung wird auch genutzt, um über die Tätigkeiten der TKB im vorangegangenen Jahr zu informieren. Dieser Bericht erfolgte 2020 ersatzweise über eine kurzfristig als Videokonferenz organisierte Pressekonferenz. Trotz des ungewohnten Formats wurde die Veranstaltung von allen Teilnehmern als gelungene Premiere gelobt.

Das traditionell im Herbst stattfindende TKB-Branchengespräch musste ebenfalls Corona-bedingt abgesagt werden. Stattdessen soll eine gemeinsame Pressekonferenz mit Vertretern des Bundesverbands Parkett und Fußbodentechnik und des Bundesverbands Farbe, Gestaltung Bautenschutz im November 2020 durchgeführt werden. Die Revision der TKB-Merkblätter wurde abgeschlossen. Die Inhalte des TKB-Merkblatts 6 werden derzeit in die internationale ISO-Normung eingebracht. Neu erarbeitet wurde das TKB-Merkblatt 19 „Sonderkonstruktionen". Aufgrund der hohen Relevanz für den Verleger von Bodenbelägen wurde dieses Merkblatt gemeinsam mit dem BVPF erarbeitet und publiziert. Die Arbeit am TKB-Merkblatt 20 „Designspachtelmassen" ist beendet und die Verbändeabstimmung wird in Kürze abgeschlossen. Wie das TKB-Merkblatt 8 beschäftigt sich auch das BEB-Hinweisblatt 4.1 mit der Vorbereitung von Untergründen. Hierzu wurde eine gemeinsame Aktivität angestoßen, mit dem Ziel die beiden Merkblätter zusammenzuführen. Der Fachverband Chemische Industrie Österreich (FCIÖ) möchte auf Basis der TKB-Merkblätter den in Österreich geltenden Vorschriften angepasste Merkblätter herausgeben. Als erstes wurde bereits das TKB-Merkblatt 8 inhaltlich mit dem FCIÖ abgestimmt, die Übertragung weiterer Merkblätter ist in Arbeit. Zur KRL-Methode wurde ein Katalog mit häufig gestellten Fragen erstellt und als TKB-Bericht publiziert. Weiterhin wurden die IBF-Daten tiefergehend untersucht und die Ergebnisse als TKB-Bericht 7 publiziert (s. o.).

Stellungnahmen der TKB zu aktuellen Themen u. a. zu den neuen oder überarbeiteten TKB-Merkblättern, wurden unter der Rubrik „TKB informiert ..." in der Fachpresse und auf der IVK-Homepage veröffentlicht.

Zusammenarbeit mit anderen Verbänden / Institutionen
Die TKB stimmt sich mit verschiedenen Verbänden und Organisationen zu technischen und regulatorischen Fragen ab. Zum Bundesverband Estrich und Belag (BEB) wird über die Fördermitgliedschaften einiger TKB-Mitglieder ein informeller Kontakt gepflegt. Ein für Herbst 2020 vereinbartes Gespräch mit Vertretern des Arbeitskreis Sachverständige zum Meinungsaustausch über die KRL-Methode wurde Corona-bedingt verschoben.

Zum Fachverband der Hersteller elastischer Bodenbeläge (FEB) wird über die Fördermitgliedschaft einiger Verlegewerkstoffhersteller ein informeller Kontakt gepflegt.

Die Zusammenarbeit mit dem Bundesverband Parkett- und Fußbodentechnik (BVPF) als wichtigstem Organ der Parkett- und Bodenleger gestaltet sich auch dank der Mitwirkung im BVPF-Sachverständigenbeirat als sehr fruchtbar. Das Handwerk und die Verlegewerkstoffe betreffende, technische und regulatorische Themen werden jetzt regelmäßig neben der TKB-Fachtagung auch in der BVPF-Sachverständigentagung behandelt. Nach dem TKB-Merkblatt 17 „Raumklima" wurde das weitere TKB-Merkblatt 19 „Sonderkonstruktionen" gemeinsam von BVPF und TKB herausgegeben.

Der Bundesverband Flächenheizung hat die überarbeitete Schnittstellenkoordination für Fußbodenheizungen in Neubauten, mit dem IVK als mitragendem Verband, im Mai 2020 veröffentlicht.

Auf europäischer Ebene bestimmen TKB-Vertreter insbesondere in der FEICA Working Group Construction die Umsetzung der Bauproduktenverordnung mit, fördern die europäische Normung von Verlegewerkstoffen und bringen die Übertragung der deutschen Muster-EPDs auf europäische Ebene voran. Über die Mitarbeit in der FEICA ist damit auch der frühzeitige Informationsfluss zu geplanten europäischen Regulierungsmaßnahmen, wie der Revision der Bauproduktenverordnung, der Übermittlungspflicht an die nationalen Giftinformationszentralen, den Verwendungsbeschränkungen für diisocyanathaltige Produkte und der „Circular Economy" (Kreislaufwirtschaft) gewährleistet. Beim Projekt „Smart CE-Labelling", das zukünftig die Informationen zur CE-Kennzeichnung und zusätzliche Produktinformationen über einen QR-Code auf dem Produkt abrufbar macht, wurde ein einheitliches Datenformat über ein sog. CEN-Workshop-Agreement definiert.

Das Projekt „Praxisgerechte Regelwerke im Fußbodenbau" (PRiF) wurde von der Bundesfachgruppe Estrich und Belag initiiert. Die beteiligten Verbände verfolgen das Ziel der gegenseitigen Anerkennung von Merkblättern, um diese im Sinne allgemein anerkannter Regeln der Technik zu etablieren. Die TKB ist aktiver Projektteilnehmer.

Baurechtliche Themen
Die EU-Kommission hat Konsultationen zur Überarbeitung der Bauproduktenverordnung durch-geführt. Obwohl sich die Mehrzahl der Befragten für keine oder nur geringfügige Änderungen ausgesprochen hatte, plant die EU-Kommission offensichtlich eine tiefgreifende Reform. Aus Kommissionsicht ist insbesondere die Zusammenarbeit mit CEN ein Hauptkritikpunkt. Mit einem ersten Entwurf der überarbeiteten Bauproduktenverordnung wird 2021 gerechnet.

Gefahrstoffrechtliche Themen / Arbeitsschutz
Mit der BG Bau wird an einem Ranking-System für Epoxidharz-Produkte gearbeitet (EIS - Epoxid-harz-Informations-System). Danach wird das Gefährdungspotenzial der unterschiedlichen Produkte anhand der Inhaltsstoffe über ein Rechenmodell bewertet. Das zugehörige Rechenpro-gramm ist auf der Homepage der BAuA zugänglich.

Da Silan-Grundierungen aufgrund der unterschiedlichen Anwendungsbedingungen höhere Metha-nol-Emissionen als Silan-Klebstoffe aufweisen können, wird die BG Bau eine neue GISCODE-Klasse „RS 20 - Verlegewerkstoffe, methoxysilanhaltige Grundierungen" einführen.

Die verschärfte Kennzeichnung von Methylisothiazolinon-haltigen Produkten ist in Kraft getreten. Dies hat dazu geführt, dass jetzt aus Verbraucherschutzgründen günstige Dispersionsprodukte teilweise mit Kennzeichnung am Markt angeboten werden.

Die Verwendungsbeschränkung für diisocyanathaltige Produkte trat im August in Kraft. Danach müssen bis 08-2022 alle betroffenen Produkte einen entsprechenden Hinweis aufweisen und bis 08-2023 müssen alle Verwender entsprechend geschult sein.

Umweltschutz-relevante Themen / Verbraucherschutz / Nachhaltigkeit
Die deutschen Muster-EPDs (Environmental Product Declaration) wurden via FEICA auf die europäische Ebene befördert, um diese EPDs auch europaweit zu etablieren. Zukünftig werden Neuzulassungen nur noch für die europäischen EPDs betrieben.

Technische Kommission
Haushalt-, Hobby- und Büroklebstoffe (TKHHB)

Arbeitsgruppe und Technische Kommission Haushalt-, Hobby- und Büroklebstoffe tagen regel-mäßig gemeinsam und begleiten eine Vielzahl von gesetzlichen Aktivitäten auf europäischer und nationaler Ebene. Das Hauptinteresse gilt dabei den Regelungen und Themen, die Klebstoffe in Kleinpackungen betreffen, soweit sie für den privaten Endverbraucher bestimmt sind. Wichtige Themen dieses Kreises sind:
- Kennzeichnung und Verpackung von Klebstoffen, Informationspflichten (CLP-Verordnung)
- Anforderungen aus bestimmten Anwendungsbereichen von Klebstoffen (Geräte-Produkt-sicherheitsgesetz/Spielzeugverordnung/Medizinproduktegesetz)
- Weitere normative/gesetzliche Beschränkungen und Anforderungen an Klebstoffe

Kennzeichnung und Verpackung von Klebstoffen, Informationspflichten (CLP-Verordnung)
Nach Artikel 4 der CLP-Verordnung hat der Hersteller oder Einführer Stoffe und Zubereitung
- vor dem Inverkehrbringen einzustufen
- entsprechend der Einstufung zu verpacken und
- zu kennzeichnen.

In der Technischen Regel für Gefahrstoffe TRGS 200 werden die entsprechenden Vorschriften
zusammengefasst:
- besondere Kennzeichnungsvorschriften für Stoffe und Zubereitung, die für jedermann erhältlich sind, 6.7; 10.2
- Kennzeichnungserleichterungen und Ausnahmen, 7.1
- Ausführung der Kennzeichnung, 9

Am 23. März 2017 wurde die Verordnung (EU) 2017/542 vom 22. März 2017 zur Änderung der
CLP-Verordnung (Verordnung (EG) Nr. 1272/2008 über die Einstufung, Kennzeichnung und
Verpackung von Stoffen und Gemischen) durch Hinzufügung eines Anhangs über die harmonisierten Informationen für die gesundheitliche Notversorgung veröffentlicht. Diese Verordnung
tritt am zwanzigsten Tag nach ihrer Veröffentlichung im Amtsblatt der Europäischen Union in
Kraft.

Der erste einzuhaltende Termin ist der 1. Januar 2020. Er gilt für die Mitteilung von Informationen
zu gefährlichen Gemischen, die für die Verwendung durch Verbraucher in Verkehr gebracht
werden. Weitere zeitlich gestaffelte Termine betreffen die Mitteilungspflichten für Gemische, die
für die gewerbliche und die industrielle Verwendung in Verkehr gebracht werden. Dies sind der
1. Januar 2021 bzw. 2024 (nach früheren Regelungen eingereichte Mitteilungen bleiben jedoch
bis 1. Januar 2025 gültig, wenn keine Änderungen eintreten). Farben- und Lackhersteller werden
ihre IT-Systeme und internen Verfahren anpassen müssen, um die elektronisch einzureichenden
Dateien (XML-Format) rechtzeitig vor dem entsprechenden Termin erstellen zu können. Die
Vorschriften unterscheiden sich von den Vorschriften für die Kennzeichnung oder für Sicherheitsdatenblätter, daher werden zusätzliche Verfahren nötig sein. Zudem müssen die Hersteller
beginnen, auf den Etiketten aller Produkte, die sie in Verkehr bringen und die nach der CLP-Verordnung als gefährlich eingestuft werden, einen UFI-Code (UFI – Unique Formula Identifier –
eindeutiger Rezepturidentifikator) aufzuführen.

UFI wird mit einer Umsatzsteuernummer und einem numerischen Rezepturcode erstellt: auf der
Website der ECHA ist bereits ein Tool zur UFI-Erstellung kostenlos verfügbar. Es wird auch
möglich sein, die UFI-Erstellung in die internen IT-Systeme der Unternehmen zu integrieren. Der
UFI-Code ändert sich wahrscheinlich häufiger als die Produktkennzeichnung, daher werden viele
Unternehmen den Code in der Verpackungsanlage auf dem Etikett anbringen müssen, was zusätzlichen Investitionen nach sich ziehen könnte.

Ziel ist es, auf EU-Ebene Informationen für die gesundheitliche Notversorgung zu harmonisieren,
die die nach Art. 45 CLP-Verordnung von den Mitgliedstaaten benannten Stellen von den Importeuren und nachgeschalteten Anwendern erhalten, sowie ein Format für die Einreichung der Informationen festzulegen.

Aus dem neuen Anhang VIII der CLP-Verordnung zur harmonisierten Informationen für die gesundheitliche Notversorgung und für vorbeugende Maßnahmen ergeben sich u. a. neue Mitteilungspflichten, Kennzeichnungspflichten, Angaben im Sicherheitsdatenblatt; Erstellen von Rezepturidentifikator, etc.

Zahlreiche Informationen zum Anhang VIII CLP-Verordnung können Unternehmen auf folgender Homepage der Europäischen Chemikalienagentur (ECHA) abrufen: https://poisoncentres.echa. europa.eu/de/steps-for-industry .

Anforderungen aus bestimmten Anwendungsbereichen von Klebstoffen –
(Medizinproduktegesetz, Geräte-Produktsicherheitsgesetz/Spielzeugverordnung)
Allgemein gilt: Ein Produkt darf nur in Verkehr gebracht werden, wenn es so beschaffen ist, dass bei bestimmungsgemäßer Verwendung oder vorhersehbarer Anwendung Sicherheit und Gesundheit von Verwendern oder Dritten nicht gefährdet werden.

Betroffen sind Hersteller von verwendungsfertigen Gebrauchsgegenständen. Klebstoffe unterliegen dieser Regelung nicht unmittelbar, sondern sind über das gefertigte Endprodukt nur indirekt beteiligt, wenn die Sicherheit (und Gebrauchstauglichkeit) des Artikels von der Eignung des Klebstoffs abhängt.

Klebstoffe als Spielzeuge bzw. Bestandteile in Spielzeugen im Sinne der Spielzeugverordnung/
Geräte- und Produktsicherheitsgesetzes - Spielzeugrichtlinie - EN 71.
Die EN 71 wurde im Auftrag der EU-Kommission überarbeitet. Grundlage sind die Sicherheitsanforderungen der Spielzeugrichtlinie 88/378/EWG, wonach Spielzeuge, d. h. Erzeugnisse, die zum Spielen für Kinder im Alter bis zu 14 Jahren bestimmt sind, vor dem Inverkehrbringen sicher sein müssen. Die Beachtung der in der EN 71 genannten Anforderungen wird durch die CE-Kennzeichnung dokumentiert. Dabei kann die Prüfung eigenverantwortlich oder durch eine Prüfstelle erfolgen, alternativ kann eine EU-Baumusterprüfung durchgeführt werden, falls anders keine Übereinstimmung mit der EN 71 festgestellt werden kann.

Produktinformationen bei Notfallfragen (DIN EN 15178), Kennzeichnungscheckliste
Sinn der Produktinformationsnorm DIN EN 15178:2007-11 ist es, die Identifizierung der Produkte bei Notfallanfragen zu verbessern. Der Buchstabe „i" in der Nähe des Barcodes auf der Verpackung verweist auf den Handels- oder Produktnamen oder die Nummer, unter der das Produkt registriert oder amtlich zugelassen ist.

Mit der TRGS 200 „Einstufung und Kennzeichnung von Stoffen, Zubereitungen und Erzeugnissen" liegt eine weitere Vorlage für eine Checkliste für Kennzeichnungsfragen vor, die die TKHHB überarbeitet hat.

Neues Verpackungsgesetz

Ferner befasst sich die AGHHB mit dem 2018 verabschiedeten Verpackungsgesetz, das ehrgeizige Recyclingziele verfolgt und die frühere Verpackungsverordnung abgelöst hat. Unverändert bleibt die Pflicht zur Beteiligung an einem Dualen System im Bereich der Verpackungen, die „typischerweise" beim Endverbraucher oder gleichgestellten Bereichen anfallen. Für Branchenlösungen gibt es hier unüberwindliche Hürden, z. B. die Listung aller Kunden. Lediglich für bestehende Branchenlösungen sind Ausnahmen zugelassen, indem diese wie schadstoffhaltige Füllgüter behandelt werden und damit eine getrennte Sammlung ermöglichen. Mit der Einrichtung einer ‚Zentralen Stelle' als ‚Verpackungsregister' verliert die IHK als Meldestelle ihre Bedeutung. Neben der bekannten Vollständigkeitserklärung finden hier Registrierung und Meldung der gebrauchten Verpackungen statt.

Im rein gewerblichen Bereich gibt es keine Systembeteiligungspflicht, hier kann also ein preiswerteres gewerbliches System mit der Rücknahme beauftragt oder die Verpackung durch den Lieferanten zurück genommen werden.

Baurecht

Auch Neuerungen im Baurecht spielen für die Arbeitsgruppe eine Rolle. Nationale Regelungen zu Bauprodukten sowie Kennzeichnungen wie in Frankreich, Belgien oder Zulassungsregelungen über das DIBt in Deutschland sind wichtige Informationen, da sie z.T. auch DIY-Produkte betreffen. Hier wird auf europäischer Ebene über ein VOC-Klassifizierungssystem nachgedacht, das über die harmonisierte Normung Eingang in die Leistungserklärungen (CE) der Produkte finden wird.

In Deutschland werden Bauverträge ab 2018 nicht mehr über das Werksvertragsrecht abgewickelt, sondern in eigenen Bestimmungen (§§ 650a ff BGB) geregelt. Hiernach haben Bauherren zusätzliche Ansprüche und Rechte, z. B. die Angabe des Fertigstellungsdatums und eine 14-tägige Widerrufsfrist. Zudem haben Baufirmen umfassende Informationspflichten, z. B. über Pläne, Genehmigungen und Nachweise. Sollten einzelne Leistungen nicht dem nach in den Auslobungen erwartbaren Niveau entsprechen, geht dies zulasten der Baufirma, falls hierauf nicht eindeutig im Bauvertrag hingewiesen wurde. Auch zur Höhe der Abschlagszahlungen wurden Festlegungen getroffen.

Technische Kommission
Holzklebstoffe (TKH)

Eine der wichtigsten Tätigkeitsbereiche der TKH umfasst die beratende und beobachtende Mitarbeit in vielen Bereichen der holzverarbeitenden Industrie.

Arbeit, Umweltschutz und Verbraucherschutz nehmen hierbei einen nicht unwesentlichen Stellenwert ein, und sind über die Jahre mehr und mehr in den Vordergrund gerückt. Hierzu zählt auch der Bereich der Konservierungsmittel, wo neue Grenzwerte und Regularien greifen, und entsprechend in unseren Mitgliedsbetrieben umgesetzt werden müssen. Gute und intensive

Kontakte zu Verbänden und Instituten im In und Ausland sind dabei sehr wichtig und haben sich über die Jahre als eine wertvolle Hilfe erwiesen.

Die TKH Expertenrunde arbeitet zurzeit an einer neuen Datenblattreihe, welche sich mit der Vermeidung von Fehlverleimungen bei verschiedenen Anwendungen/Klebstofftypen beschäftigt. Zu dem Thema Klebung im Massivholzbereich fanden schon mehrere Treffen statt, in denen die Einfluss Faktoren wie z. B. Herstellprozess, Qualitätskontrolle und Vorbereitung intensiver betrachtet wurden. Die vorhandene Datenblattreihe die sich spezifischen Klebstoffthemen widmet, steht auf der Internetpräsenz des IVK in deutscher und englischer Sprache zum Download zur Verfügung.

Neben ihren internen Arbeiten beteiligt sich die TKH auch an branchenüber-greifenden Arbeitskreisen wie der AG Profilummantelung oder dem Initiativkreis 3D Möbelfronten. Zurzeit wird im Arbeitskreis Profilummantelung der Leitfaden „Prozesssichere Kaschierung von Fensterprofilen" überarbeitet.

Der Entwurf des VDI Merkblatt „VDI-RL 3462-3 Emissionsminderung – Holzbearbeitung und Verarbeitung; Bearbeitung und Veredelung von Holzwerkstoffen" ist als Gründruck im Januar 2020 erschienen. Alle Änderungen die von Seiten der TKH in die Überarbeitung eingebracht wurden, sind hier mit eingeflossen.

Regelmäßig ist die TKH im Normenausschuss CEN TC 193 SC1 Holzklebung sowie deren Unterrerausschüssen vertreten. Die Norm DIN EN 14257: 2019 Klebstoffe – Holzklebstoffe - Bestimmung der Klebfestigkeit von Längsklebungen im Zugversuch in der Wärme (WATT'91) wurde in der CEN TC SC1/WG 12 überarbeitet, und im Dezember 2019 veröffentlicht. Das Normungsprojekt Klassifizierung von Holzklebstoffen für nicht tragende Anwendungen im Außenbereich, wurde nun als PWI draft im August 2020 veröffentlicht, und wird weiterhin durch die Mitarbeit der TKH im Normungsgremium begleitet. Gerade in der Normungsarbeit ist es von großer Wichtigkeit die Normen und Normungsvorschläge in Bezug auf die Praxisrelevanz im Auge zu behalten, um bei Bedarf entsprechend reagieren zu können

Ich möchte an dieser Stelle ein großes Dankeschön an die Mitgliedsfirmen aussprechen, die Ihren Mitarbeitern den entsprechenden Freiraum für die Verbandsarbeit lassen, um dieses gebündelte Fachwissen der Branche innerhalb der TKH zum Nutzen der Anwender einzusetzen.

Technische Kommission Klebebänder (TKK)

Die von der Technischen Kommission Klebebänder (TKK) unterstützten und begleiteten öffentlich geförderten Forschungsprojekte haben gute Fahrt aufgenommen, die Motivation hinter diesen Projekten ist unverändert gültig:

Antrieb sind zum einen Fragestellungen aus den Abnehmer-Industrien, zum anderen aber auch die generelle Erkenntnis, dass es, verglichen z. B. mit dem Bereich der flüssig applizierbaren Klebstoffe, einen sehr beschränkten Stand der öffentlich zugänglichen Forschungsergebnisse gibt. Für eine deutlich breitere Aufstellung in diesem Bereich zu sorgen, ist wiederum eine Voraussetzung für die Verbreitung der Anwendung von Klebebändern in technisch immer anspruchsvolleren Anwendungen.

Zurzeit sind zwei Projekte unterwegs. Das eine Projekt wird vom IFAM im Bremen durchgeführt: „Möglichkeiten und Grenzen der Reaktionsgeschwindigkeitsregelung nach Arrhenius bei der Schnellalterung von Haftklebstoffen." Das Projekt läuft seit Juni 2019 mit einer Gesamtlaufzeit von zwei Jahren. In dem Projekt sollen die Mechanismen der thermooxidativen und der hydrothermalen Alterung von Acrylat-PSA spezifiziert werden. Hierzu gehört eine Methodenentwicklung zur Bestimmung des zuverlässigen Einsatzbereiches der beschleunigten Alterung und die Ermittlung von Grenztemperaturen. Angestrebt wird eine Alterungsprüfungen mit der maximal möglichen Geschwindigkeit, ohne Veränderung des Alterungsverhaltens, welches für den realen Einsatz bestimmend ist. Dabei wird angenommen, dass die Alterungsmechanismen der Acrylat-Haftklebstoffklasse weitgehend unabhängig vom kommerziellen Produkt sind.

Die bisherigen Ergebnisse aus der thermischen Alterung ergeben, dass die lösemittelbasierten Acrylatsysteme auch im Hinblick auf den ausgewählten Norm-Alterungstest (90 °C / 240 h) sowie dessen Beschleunigung durch Temperaturerhöhung auf 120 °C sehr alterungsstabil sind.

Nach den klebtechnischen Prüfungen konnte keine eindeutige Aussage zu einem negativ evaluierten Klebeband getroffen werden. Auch die durchgeführten Charakterisierungsmethoden (IR, DSC, Rheologie; Pyrolyse GC-MS, etc.) bestätigen die hohe Temperaturstabilität der vorliegenden PSA. Letztlich konnte auch durch die Charakterisierung kein PSA mit einem eindeutigen Versagen nach der Alterung ermittelt werden.

Die Untersuchungen zur thermischen Alterung werden deshalb mit dispersionsbasierten Acrylaten weitergeführt.

Auch bei dem zweiten Projekt geht es um Anforderungen aus der Fahrzeugindustrie, vor allem aus dem Bereich des öffentlichen Transportwesens und zwar um die Anforderungen an Klebebänder hinsichtlich des Brandschutzes, also Flammhemmung, Rauchgaseigenschaften etc.: „Vereinfachte Methoden zur Abschätzung des Brandverhaltens von Klebebändern und Haftklebverbindungen". Das Projekt läuft seit dem 1. Dez. 2019 für 24 Monate. Ausführende Forschungsstellen sind das IFAM (Bremen) sowie die BAM (Berlin).

Ziel ist eine Verringerung der Entflammbarkeit (Brandentstehung) und eine Erhöhung des Feuerwiderstandes haftgeklebter Produkte. Dazu soll besser verstanden werden, wie ein Haftklebeband (Masse und Träger) aufgebaut sein muss und wie ein Bauteil konstruiert sein muss, um diese Ziele zu erreichen. Gesucht werden vereinfachte Messmethoden zur Vorprüfung des Brandverhaltens bei der Entwicklung von Haftklebebändern, welche auch KMU in die Lage versetzen sollen, steigende Brandschutzanforderungen zu erfüllen. Personal- und coronabedingte Einschränkungen (u. a. Betretungsverbot der Labore) haben zu einer Verzögerung des Projektes von aktuell einem halben Jahr geführt. Entsprechende Maßnahmen (Mittelumschichtungen, Verlängerung) wurden eingeleitet.

Im Rahmen des Projektes soll untersucht werden, welchen Einfluss das Brandverhalten des Haftklebstoffes, des Klebebandes mit Träger, der geklebten Materialien und der Konstruktion auf das Brandverhalten (Entflammbarkeit, Brandausbreitung und Feuerwiderstand) eines Bauteils hat.

Hierzu wird das Brandverhalten der Haftklebstoffe gezielt variiert, es werden Träger mit unterschiedlichem Brandverhalten und Klebsubstrate mit unterschiedlichem Brandverhalten und unterschiedlicher Wärmeleitfähigkeit eingesetzt sowie verschiedenen Konstruktionsvarianten verwendet (Anlage 6, S. 3 – 6, 9).

Ein weiterer Schwerpunkt der Arbeit der TKK sind normative Fragestellungen. Die TKK hatte eine ad hoc Gruppe installiert, die sich mit den technischen Vorgaben einer allgemeinen Liefervorschrift für Kabelwickelbänder für Automobile beschäftigt hat. Aus Sicht der Klebebandhersteller gab es Bedarf an einer Überarbeitung einiger Punkte dieser Spezifikation sowie eines dazu gehörigen Kommunikationskonzepts zu den deutschen OEMs, bei denen diese Liefervorschrift eine wichtige Rolle spielt. Die Arbeiten sind inzwischen erfolgreich abgeschlossen.

Ein komplett neues Tätigkeitsfeld hat sich aus gesetzgeberischen Vorhaben auf EU-Ebene ergeben. Es geht um eine mögliche Registrierungspflicht für Polymere unter REACH. Derzeit sind unter REACH nur die Monomere zu registrieren – nicht jedoch die Polymere. Gemäß Art. 138 Abs. 2 der REACH-Verordnung kann die Europäische Kommission jedoch unter definierten Bedingungen Legislativvorschläge zur Registrierung bestimmter Polymertypen vorlegen. Der nächste REACH-Review ist zum 1. Juni 2022 vorgesehen. Aufgrund der aktuellen Entwicklungen (u. a. Plastikstrategie, Mikroplastik) ist im Vergleich zu früheren Aktivitäten von einem verstärkten Regulierungswillen der EU-Kommission für Polymere auszugehen, und die Kommission hat bereits entsprechende Aktivitäten zur Evaluierung der Möglichkeiten auf den Weg gebracht.

Die außerordentlich komplexe Materie ist selbstverständlich für die gesamte Polymerindustrie von hoher Relevanz und nicht nur für Klebebandhersteller, aber eben auch und zwar insbesondere für die Hersteller, die selber Polymere für ihre Produkte oder die ihrer Kunden, synthetisieren. Die TKK begleitet intenisv die Diskussionen, die in Industrieverbänden, dem VCI und der FEICA, stattfinden und arbeitet an Konzepten zur sinnvollen Gestaltung des Vorhabens mit. Der Schwerpunkt liegt dabei zurzeit auf technisch-wissenschaftlichen Fragestellungen; durch die enorme Vielfalt von Polymeren werden Fragen zum Beispiel nach Kategorisierung, Gleichheit oder Ähnlichkeit von Substanzen, die bei niedermolekularen Stoffen einfach zu beantworten sind, sehr schnell sehr komplex. Gleichzeitig muss hier sehr gründlich gearbeitet werden, um eine solide Grundlage für die Ausgestaltung von Gesetzestexten und Verordnungen zu haben.

Ein weiterer Schwerpunkt der TKK liegt auf Aktivitäten zu Normungsfragen von Messverfahren auf europäischer bzw. internationaler Ebene

Afera (Europäischer Verband der Klebeband-Hersteller) hat gemeinsam mit PSTC (Amerikanischer Verband der Klebeband-Hersteller) und JATMA (Japanischer Verband der Klebeband-Hersteller) die regional unterschiedlichen Methoden zur Klebkraft-, Scherwiderstands- und Bruchkraft-Messung harmonisiert; über die Afera wurden sie beim ISO-Sekretariat zur weltweiten Übernahme in alle Länder eingereicht. Sowohl im europäischen (CEN) als auch im internationalen Rahmen (ISO 29862, ISO 29863 und ISO 29864) ist die Harmonisierung mittlerweile abgeschlossen. Nach mehreren Anläufen beim CEN sind diese ISO Methoden inzwischen auch als EN und DIN Methoden implementiert worden.

Wie schon früher berichtet, werden neue Testmethoden im Verband des Global Tape Forums (GTF) entwickelt, um dann als GTF Test Methode publiziert zu werden. Im Rahmen des GTMC (Global Test Methods Committee) wurden die ISO Test Methoden als GTF Test Methoden übernommen. Neu entwickelt und als GTF Test Methoden wurden übernommen wurden: Shear Adhesion Failure, GTF 6001; Thickness, GTF6002; Width and Length, GTF 6003; Loop Tack, GTF 6007. Die ISO Test Methoden wurden als GTF 6004 – 6006 eingeordnet.

Der Vollständigkeit halber sollte noch erwähnt werden, dass das GTF und das GTMC aus Mitgliedern der Klebebandverbände von China, Europa, Japan, Taiwan und USA besteht. Somit ist praktisch die gesamte Klebebandwelt vertreten, da keine anderen Verbände von Klebeband-Herstellern bestehen.

Das neue Handbuch für die Klebeband-Testmethoden ist nun weitgehend fertiggestellt. Die Herstellung hat sich verzögert, da das bisherige Handbuch total überarbeitet wurde. Eine Anzahl von alten Testmethoden wurden eliminiert, die noch vorhandenen alten Testmethoden wurden auf den neuesten Stand gebracht und die aktuellen GTF Testmethoden wurden neu aufgenommen. Derzeit wird noch die Bebilderung der Testmethoden fertiggestellt, überwiegend mit neu hergestellten Fotos. Das neue Handbuch wird ausschließlich in digitaler Form publiziert und nicht als Papierversion verfügbar sein.

Die bei JATMA durchgeführte Studie über den Einfluss der Oberflächenbeschaffenheit von Stahltestplatten auf die Klebkraft, hat zu keinen brauchbaren Ergebnissen geführt. Stattdessen hat PSTC inzwischen eine Test Panel Cleaning Study als Ringversuch gestartet, da davon ausgegangen wird, dass unterschiedliche Reinigungsmittel einen großen Einfluss auf die Klebkraft haben können. Gleichzeitig hat PSTC die angedachte Entwicklung einer Dynamic Shear Testmethode zu den Akten gelegt, da die notwendige Unterstützung aus der Mitgliedschaft nicht vorhanden ist. Afera hat daraufhin beschlossen, sich dieser Testmethode anzunehmen, da Umfragen unter den Mitgliedern ein großes Interesse in der Klebebandindustrie ergeben haben.

Die TKK unterstützt durch ihre Arbeiten auch weiterhin den europäischen Verband der Klebebandhersteller (Afera). Mit Berichten über Tagungen und Veranstaltungen der Klebebandindustrie sowie über neue Produkte trägt die TKK auch zur Gestaltung der Broschüre „AFERA-News" bei.

Technische Kommission
Papier- und Verpackungsklebstoffe (TKPV)

Klebstoffe für Lebensmittelbedarfsgegenstände

Das Thema „Klebstoffe für Lebensmittelbedarfsgegenstände" stand auch im Zeitraum 2019/2020 im Mittelpunkt der Aktivitäten der Technischen Kommission Papier- und Verpackungsklebstoffe. Nach wie vor gilt, dass Klebstoffe zur Herstellung von Lebensmittelbedarfsgegenständen in den EU-Verordnungen nicht speziell geregelt sind. Klebstoffe unterliegen als Teil von Bedarfsgegenständen dennoch der Verpflichtung einer lebensmittelrechtlichen Beurteilung (Rahmenverordnung (EG) Nr.1935/2004). Wenn Klebstoffe für Lebensmittelbedarfsgegenstände auf Basis von Stoffen formuliert sind, die zur Herstellung von Kunststoffen für Lebensmittelbedarfsgegenstände Verwendung finden, können für eine auf Artikel 3 der Verordnung (EU) Nr. 1935/2004 basierende Risikobewertung die Informationen aus der entsprechenden EU Regelung herangezogen werden. Seit Januar 2011 gilt hier die Verordnung (EU) Nr. 10/2011, welche die Richtlinie 2002/72/EG vom 6. August 2002 ablöst und alle Stofflisten der Anhänge aller Änderungen und Ergänzungen in einer Verordnung zusammenführte. Diese wird seit Ihrem Erscheinen etwa zweimal pro Jahr ergänzt und/oder korrigiert.

Für Stoffe, die dort nicht genannt werden, können nach wie vor die nationalen europäischen Regelungen, wie z. B. die Empfehlungen des Bundesinstitutes für Risikobewertung (BfR) oder das königliche Dekret RD 847/2011 herangezogen werden. Die Verordnung (EU) Nr. 10/2011 verweist darauf, dass Klebstoffe auch aus Stoffen zusammengesetzt sein dürfen, die nicht in der EU für die Produktion von Kunststoffen zugelassen sind.

Mit der Verordnung (EG) Nr. 2023/2006 „über gute Herstellpraxis für Materialien und Gegenständen" gibt es mittlerweile eine Verordnung, die die Gedanken einer „Good Manufacturing Practice – GMP", wie sie im Artikel 3 der Verordnung (EU) Nr.1935/2004 (EU-Rahmenverordnung für Lebensmittelkontaktmaterialien und Gegenstände) gefordert wird, konkretisiert. Diese Verordnung gilt für alle im Anhang 1 genannten Gegenstände und Materialien, also auch für Klebstoffe. Für Rohstoffe, die in den entsprechenden Klebstoffen eingesetzt werden, gilt die GMP Verordnung streng genommen nicht, sehr wohl müssen diese Rohstoffe Spezifikationen erfüllen, die den Klebstoffhersteller in die Lage versetzen, nach GMP zu arbeiten. Zur Umsetzung der Verordnung in Klebstoff produzierenden Betrieben, steht der Leitfaden „Gute Herstellungspraxis" zur Verfügung.

Der Union Guidance on Regulation (EU) No 10/2011 wurde am 28.11.2013 vom services of the Directorate-General for Health and Consumers veröffentlicht. Die angepasste Version vom 12.01.2016 steht ausschließlich in englischer Sprache zur Verfügung. Er soll bei der Interpretation und Umsetzung von Fragestellungen bezüglich der Konformitätserklärungen, der Konformitätsarbeit und der Informationsweitergabe entlang der Lieferkette „Lebensmittelbedarfsgegenstände" helfen. Klebstoffe zur Herstellung von Lebensmittelbedarfsgegenständen aus Kunststoff/Kunststoffverbunden werden in diesem EU-Leitfaden als "non plastic intermediate material" bezeichnet. Punkt 4.3.2 führt alle relevanten Punkte auf, die ein Hersteller von „non plastic intermediate materials" innerhalb der Lieferkette weitergeben soll. Die TKPV Merkblätter 1 bis 4 wurden diesbezüglich überarbeitet. Inhaltlich deckten die Leitfäden bereits alle Aspekte des Union Guidance on Regulation (EU) No 10/2011 im Hinblick auf Klebstoffe ab. Eine formelle

Überarbeitung unter Einbeziehung des Union Guidance und allen neuen Verordnungen und Richtlinien war dennoch unumgänglich. Auf der Homepage des Verbandes werden jeweils eine deutsche und eine englische Version bereitgestellt.

Das Thema Mineralöle in Lebensmitteln beschäftigt weiterhin den deutschen Gesetzgeber, der Lebensmittelverpackungen aus Recyclingkarton neu regeln möchte. Als Haupteintragsquelle wurden die mineralölbasierenden Druckfarben aus dem Zeitungsdruck identifiziert.

Der vierte Entwurf einer „Mineralölverordnung" des Bundesministeriums für Ernährung, Landwirtschaft und Verbraucherschutz für Recyclingkarton wurde im Juli 2017 fertiggestellt. Das Bundesministerium für Wirtschaft und Energie, Referat E C 2, 11019 Berlin hat den Entwurf mit dem Bearbeitungsstand 14.08.2020 in das europäische Notifizierungsverfahren TRIS am 17.08.2020 eingebracht.

Der Verordnungsentwurf sieht als Kernelement eine Verpflichtung zur Verwendung einer funktionellen Barriere bei der Herstellung / beim Inverkehrbringen von Lebensmittelkontaktmaterialien/ -gegenständen (LKM) aus Altpapierstoff vor. Damit soll der Übergang von aromatischen Mineralölkohlenwasserstoffen (MOAH) verhindert werden, um dem gesundheitlichen Verbraucherschutz in dieser Hinsicht Rechnung zu tragen. Als Nachweisgrenze für den Beleg, dass ein Übergang an MOAH nicht erfolgt, gilt für einen Übergang in das Lebensmittel 0,5 mg MOAH / kg Lebensmittel. Werden entsprechende Prüfungen stattdessen mit Lebensmittelsimulanzien und nicht im Lebensmittel durchgeführt, so kommt eine Nachweisgrenze von 0,15 mg MOAH / kg Lebensmittelsimulanz zur Anwendung.

Das TKPV-Merkblatt 7 „Niedermolekulare Kohlenwasserstoffverbindungen in Papier- und Verpackungs-klebstoffen" informiert umfassend über Einsatzstoffe in Klebstoffen, die bei Migrationsanalysen als MOSH/MOAH detektiert werden könnten, aber für Lebensmittelverpackungen dennoch ausreichend bewertet sind und gibt Hinweise für die Auswahl geeigneter Rohstoffe. Eine Version in englischer Sprache wird aktuell erstellt.

Der Lebensmittelverband Deutschland (ehemals BLL) veröffentlichte Ende 2017 eine „Tool Box" zur Vermeidung von Einträgen unerwünschter Mineralölkohlenwasserstoffe in Lebensmittel. Es werden Minimierungskonzepte zu allen Stufen der Lebensmittelherstellung und auch zu den verwendeten Packmitteln gegeben.

2019 wurden erste MOH Orientierungswerte für Lebensmittel veröffentlicht und im Juni 2020 für weitere Lebensmittel ergänzt. Diese zeigen die Grundbelastung der Lebensmittel auf. Bei einer Überschreitung sollte überprüft werden, ob vermeidbare Eintragsquellen auffindbar sind.

Klebstoffe im Papierrecycling

Die aktuellen Forderungen der EU-Kommission und des Bundesumweltministeriums nach höheren Recyclingquoten im Papierbereich und der Wegfall des Exports von Altpapier „schlechter Qualität" nach China, bedingen neue Anstrengungen, den Recyclingprozess zu verbessern. Die TKPV steht in diesem Zusammenhang in einem intensiven Dialog mit der Papierindustrie und wissenschaftlichen Einrichtungen.

Die internationale Forschungsgemeinschaft Deinking-Technik (INGEDE) hat mit Unterstützung der TKPV die Prüfmethode „INGEDE Methode 12 - Bewertung der Rezyklierbarkeit von Druckerzeugnissen – Prüfung des Fragmentierverhaltens von Klebstoffapplikationen" entwickelt, die Einzug in alle relevanten Öko-Labels auf nationalen und europäischen Ebenen gehalten hat. Diese Testmethode bewertet die Entfernbarkeit einer Klebstoffapplikation mittels eines Siebes aus dem Recyclingprozess. Anwendbar ist die Methode für alle Klebstoffapplikationen unter Verwendung von nicht wasserlöslichen und nicht reemulgierbaren Klebstoffen. Für alle anderen Klebstoffapplikationen liegen noch keine wissenschaftlichen Arbeiten vor, die es erlauben diese hinsichtlich des Recyclingprozesses zu bewerten.

In einem weiteren Schritt hat die TKPV in Zusammenarbeit mit der INGEDE ein Clusterprojekt erfolgreich abgeschlossen. Die Prüfung der Klebstoffapplikation nach INGEDE Methode 12 kann nun entfallen, sofern der Klebstoff einen Mindesterweichungspunkt besitzt und die Applikation eine Mindestfilmstärke und eine horizontale Mindestausdehnung berücksichtigt. Dies wurde im Anhang der Scorecarddes EPRC (European Paper Recycling Council) aufgenommen.

Alle relevanten Umweltzeichen in Europa, werden als Anforderung an Klebstoffapplikationen fordern, dass nicht wasserlösliche und nicht redispergierbare Klebstoffe entweder nach INGEDE Methode 12 zu testen sind oder alternativ die Anforderungen des Anhang der Scorecard zu erfüllen sind. Für redispergierbare oder wasserlösliche Klebstoffe sind keine Nachweise erforderlich. Auch im Mindeststandard für die Bemessung der Recyclingfähigkeit von systembeteiligungspflichtigen Verpackungen gemäß § 21 Abs. 3 VerpackG der Stiftung Zentrale Stelle für Verpackungsregister werden die gleichen Anforderungen an Klebstoffe übernommen und finden somit auch für den Bereich Verpackung Anwendung.

Mit Stand September 2020 hat die TKPV das Merkblatt 8 „Verhalten von Schmelzklebstoffapplikationen im Papierrecycling" in deutscher und englischer Sprache auf der Homepage des IVK's zur Verfügung gestellt. Hier werden die genannten Aspekte ausführlich dargestellt.

REACH/CLP:
Unter REACH (Registrierung, Evaluation und Autorisierung von Chemikalien) werden neben Substanzdaten besonders auch Expositionsdaten benötigt, um einen sicheren Umgang mit den entsprechenden Stoffen zu gewährleisten. Um dies sicherzustellen, müssen nachgeschaltete Verwender von Stoffen ihre Verwendungen den Registranten mitteilen. Um diese Kommunikation sicher zu gewährleisten, wurde von der ECHA ein sogenanntes „Use Discriptoren"-Modell erarbeitet. Basierend auf diesem Modell hat die TKPV Verwendungsszenarien sowohl für die Herstellung als auch für die bekannten Anwendungen von Papier- und Verpackungsklebstoffen erarbeitet. Diese Verwendungsszenarien sind in das FEICA use-mapping für die Klebstoffherstellung und Anwendung aufgenommen worden.

Die Konzentrationsgrenzen zur Gefahrstoffkennzeichnung nach der aktuellen CLP Verordnung für Methylisothiazolinon als Topfkonservierer wurde an die für Chlormethylisothiazolinon / Methylisothiazolinon (3 : 1) bereits geltenden, angepasst. Da die Wirkgrenze von Methylisothiazolinon bei kennzeichnungsfreien Produkten unterschritten wird, wurden- viele wässrige Polymerdispersionen, die als Rohstoffe für wasserbasierende Dispersionsklebstoffe Einsatz finden auf alternative Konservierungsmittel umgestellt.

Vernetzung
Der IVK hat für die TKPV ein BfR Abo abgeschlossen, so dass Änderungen an Empfehlungen für Lebensmittelbedarfsgegenstände direkt an die TKPV gehen. Darüber hinaus ist der IVK nunmehr auf Wunsch der TKPV, Mitglied im Lebensmittelverband Deutschland (ehemals BLL) Dies ermöglicht den schnellen Zugang zu einer Vielzahl an Informationsquellen. Die TKPV ist nunmehr mit einer ständigen Vertretung im BLL Gesprächskreis Lebensmittelbedarfsgegenstände aktiv. Weiterhin stellt die TKPV eine ständige Vertretung im Technischen Beirat Verpackung und Druckweiterverarbeitung der FOGRA München.

FEICA
Der europaweiten Bedeutung wegen werden die Themenkreise „Klebstoffe für Lebensmittelbedarfsgegenstände", „MIGRESIVES", „FACET", „GMP" und „REACH" auf Initiative der TKPV auch weiterhin sehr intensiv mit den europäischen Arbeitsgruppen „Paper and Packaging", „FACET" und den REACH-Workinggroups der FEICA erörtert. Ziel ist es, eine gesamteuropäische Position der Klebstoffindustrie sowie Lösungen zu diesen wichtigen Fragen zu finden. Auch die TWG PP beschäftigt sich mit dem Thema Mineralöle in Lebensmitteln und hat zu dem Thema entsprechende Merkblätter veröffentlicht. Aktuell werden von der Arbeitsgruppe in Zusammenarbeit mit Verbänden der Rohstoffindustrie eine Vielzahl an Rohstoffen aus dem Bereich der Schmelzklebstoffe für die Verpackungsindustrie hinsichtlich des Migrationspotentials von Mineralölkohlenwasserstoffen untersucht.

Weitere Themen der Bearbeitung waren:
• Forschungsforum der PTS
• Arbeiten des IVLV im Hinblick auf Lebensmittelverpackungen
• Mikroplastik

Technische Kommission Schuhklebstoffe (TKS)

Die TKS koordiniert die technische Öffentlichkeitsarbeit der deutschen Schuhklebstoffhersteller, unterstützt nationale und internationale Normungsaktivitäten und ist Ansprechpartner für marktsegmentspezifische technische Bewertungen und Informationen im Rahmen der Aktivitäten von IVK und VCI bzgl. regulativer Angelegenheiten.

Normung
Der wesentliche Schwerpunkt der Arbeit liegt in der Mitarbeit bei der Entwicklung nationaler und europäischer Normen zur Erfassung grundlegender Eigenschaften von Schuhklebstoffen.

Die Aktivitäten umfassen Normen zur
• Mindestanforderung von Schuhklebungen (Anforderung und Werkstoffe)
• Prüfungen zur Festigkeit von Schuhklebungen (Schälfestigkeitsprüfungen)

- Verarbeitung (Bestimmung der optimalen Aktivierbedingungen, Bestimmung des Sohlen-Setz-Tacks)
- Beständigkeit (Farbänderung durch Migration, Wärmebeständigkeit von Zwickklebstoff)

Unabdingbar für die Durchführung einer großen Anzahl von Prüfungen ist die Bereitstellung und Verfügbarkeit standardisierter Referenz-Prüfwerkstoffe und Referenz-Prüfklebstoffe. Entsprechend dem jeweiligen Stand der Technik werden Auswahl und Spezifikation der Referenzprüfwerkstoffe und -klebstoffe einer ständigen Überprüfung und Aktualisierung unterzogen. Die entsprechende Norm wurde im Verlauf der Jahre 2018/2019 überarbeitet und durchläuft nun den Abstimmungsprozeß in den europäischen Gremien.

Hilfestellung und Tipps bei auftretenden Not- und Servicefällen während des Einsatzes von Klebstoffen gibt das von der TKS erarbeitete Merkblatt „Trouble Shooting bei der Schuhherstellung". Dieses kann auf der IVK-Website heruntergeladen werden.

Fortbildung

Die Aus- und Weiterbildung der Mitarbeiter der Schuhindustrie im Bereich des Klebens ist ein weiterer Aufgabenbereich der TKS. Bereits 1990 in Zweibrücken und 1992 in Pirmasens wurden erstmals Veranstaltungen angeboten.

Die TKS möchte das notwendige klebspezifische Know-how vermitteln, um auftretende Probleme in der Praxis schneller zu erkennen, Lösungen zu erarbeiten und in konkrete Maßnahmen umzusetzen, so dass potenzielle Fehlerquellen zukünftig von Anfang an minimiert beziehungsweise ausgeschlossen werden können.

Dazu hat die TKS ein Weiterbildungskonzept gemeinsam mit dem IFAM/Bremen und dem PFI/Pirmasens entwickelt. Das Praxisseminar „Angewandte Klebtechnik in der Schuhindustrie" wurde zum ersten Mal im November 2005 mit über 20 Teilnehmern erfolgreich durchgeführt. Die Teilnehmer erwarben dabei vertieftes Verständnis für die Klebtechnologie und damit zusammenhängender Fragestellungen.

Ein Schwerpunkt der Fortbildung liegt auf den Praxisbeispielen, an denen optimales Kleben sowie typische Fehler gezeigt werden. Die Teilnehmer konnten durch praktische Übungen das vermittelte Fachwissen direkt nachvollziehen. Theoretische Hintergründe werden dadurch auch für den in der Produktion stehenden Anwender verständlich und transparent.

Technische Kommission
Strukturelles Kleben und Dichten (TKSKD)

Der wachsenden Zahl von Klebstoffanwendungen, bei denen Klebverbindungen strukturelle Aufgaben übernehmen Rechnung tragend, beschäftigt sich die Technische Kommission Strukturelles Kleben und Dichten (TKSKD) mit verschiedenen aktuellen technischen Fragestellungen zu strukturellen Kleb- und Dichtstoffen und unterstützt somit die, dem korrespondierenden Arbeitskreis (AKSKD) angehörenden Hersteller struktureller Kleb- und Dichtstoffe, Rohstoffhersteller und in diesem Bereich tätigen Forschungseinrichtungen.

Aufgrund der vielfältigen Anwendungsgebiete von Strukturklebstoffen in den verschiedensten Industrien (z. B. Automobil-, Schienenfahrzeug-, Flugzeug-, Boots- und Schiffbau, Elektro- und Elektronikindustrie, Hausgeräteindustrie, Medizintechnik, optische Industrie, Maschinen-, Anlagen- und Gerätebau und Wind- und Solarenergie), werden neben technische Themen von allgemeinem Interesse auch solche, die sich auf spezielle Marksegmente beziehenden bearbeitet.

Schwerpunkte der bisherigen Arbeiten waren u. a.:
• *Klebtechnische Ausbildung:* Eine gute klebtechnische Ausbildung der Anwender von Klebstoffen und daraus resultierend ein gutes klebtechnisches Verständnis unterstützt eine erfolgreiche, korrekte und bedarfsgerechte Umsetzung der Klebtechnik in die Produktion und liegt somit im Interesse der Klebstoffhersteller. Die Anfang 2016 veröffentlichte DIN 2304-1 unterstreicht dies, indem sie für sicherheitsrelevante, lastübertragende Klebungen entsprechend qualifiziertes Personal, sowohl für die Planung, als auch für die Durchführung von Klebungen fordert. Das dreistufige, auch international etablierte Ausbildungskonzept DVS/EWF wurde genauso wie die Erstellung des auf der IVK-Internetseite aufrufbaren Leitfadens „Kleben – aber richtig" unterstützt.

• *Forschungsförderung:* Die TKSKD versteht sich ebenfalls als Brücke zwischen Industrie und außerindustriellen wissenschaftlichen Aktivitäten und informiert regelmäßig über strukturklebstoffrelevante, im Rahmen einer vorwettbewerblichen Klebstoffforschung geplante und bewilligte Forschungsprojekte. Bei einem entsprechenden Forschungsbedarf werden in enger Zusammenarbeit mit Forschungsstellen neue Projekt beantragt und nach deren Bewilligung aktiv durch eine Mitarbeit in dem jeweiligen Projektbegleitenden Ausschuss unterstützt.

So wurde zum Beispiel das Projekt der TU Braunschweig zur Validierung der Aussagekraft von OIT-Messungen hinsichtlich der thermo-oxidativen Beständigkeit von reaktiven Klebstoffsystemen als kostengünstige Methode zur zeitsparenden Optimierung von Klebstoffformulierungen hinsichtlich ihrer Temperaturbeständigkeit durch das Mitwirken einzelner Mitgliedsunternehmen begleitet und in der AKSKD über den aktuellen Stand der Projektarbeit berichtet.

Aktuell wird in Zusammenarbeit mit dem Fraunhofer IFAM und dem SKZ ein Projektantrag zum Thema „Wetting Envelope" einem unter anderen in der Beschichtungstechnik mit Erfolg angewendeten Verfahren erarbeitet werden. Die Übertragung des Verfahrens auf Klebstoffe lässt eine bessere Vorhersage des Benetzungsverhaltens von Oberflächen (Fügeteile) durch Flüssigkeiten (Klebstoffen) und somit auch der Ausbildung von Adhäsionskräften erwarten. Da sich Klebstoffe jedoch in vielen ihrer Eigenschaften von üblichen Beschichtungsmaterialien unterscheiden müssen die bestehenden Methoden zur Ermittlung der benötigten Kennwerte auf Ihre Anwendbarkeit auf Klebstoffe überprüft und gegebenenfalls angepasst werden. Außerdem soll im Rahmen des Projektes die Eignung des Verfahrens generell überprüft werden.

- *Normungsarbeit:* Die in den verschiedenen nationalen und internationalen Normenausschüssen tätigen Fachleute der IVK-Mitgliedsfirmen berichteten regelmäßig über strukturklebstoffrelevante Aktivitäten aus den folgenden Arbeitsgruppen:
  - CEN/TC 193   „Adhesives"
  - ISO/TC 61/SC 11/WG5   „Polymeric Adhesives"
  - DIN NA 062-10-02 AA   „Prüfmetoden in der konstruktiven Klebtechnik"
  - NA 062-10-03 AA   „Klebstoffe für elektronische Anwendungen"
  - DIN NA 062-10 FBR   „Fachbereichsbeirat Klebstoffe"
  - DIN NA 087-05-06 AA   „Klebtechnik im Schienenfahrzeugbau"
  - DIN/DVS NAS 092-00-28 AA „Arbeitsausschuss Klebtechnik"
  - DVS AG V 8   „Klebtechnik"
  - DVS AG W 4.14   „Fügen von FVK"

- Aktuelle Themen aus den letzten Jahren waren u. a.:
  - Die Information über den aktuellen Stand der Internationalisierung der Schienenfahrzeugnorm DIN 6701 „Kleben von Schienenfahrzeugen und -fahrzeugteilen". Diese Norm regelt verbindlich die Anforderungen an Betriebe, die geklebte Schienenfahrzeuge oder Schienenfahrzeugkomponenten für den Einsatz auf deutschen Eisenbahnstrecken fertigen und wird jetzt aktuell in eine Europäische Norm überführt.
  - Die Informationen über die Arbeiten des Normenausschuss „Qualitätssicherung bei Klebungen". Mitglieder der TKSKD waren in diesem Gremium aktiv an der Erstellung der schon erwähnten DIN 2304-1 Klebtechnik – Qualitätsanforderungen an Klebprozesse – Prozesskette Kleben beteiligt. Zur weiteren Konkretisierung dieser Norm wurden mit der
    - DIN SPEC 2305-1 Klebtechnik - Prozesskette Kleben - Teil 1: Hinweise für die Fertigung die Anforderungen an den Fertigungsprozess,
    - DIN SPEC 2305-2 Klebtechnik - Qualitätsanforderungen an Klebprozesse - Teil 2: Kleben von Faserverbundkunststoffen die Besonderheiten des Klebens von Faserverbundkunststoffen beschrieben und die daraus resultierenden Anforderungen an die Prozesskette Kleben definiert.
    - DIN SPEC 2305-3 Klebtechnik - Qualitätsanforderungen an Klebprozesse - Teil 3: Anforderungen an das klebtechnische Personal ergänzende Hinweise zu den personellen Anforderungen entsprechend Abschnitt 5.2 der DIN 2304-1 für Klebungen der Sicherheitsklassen S1 bis S3 erstellt

Die in dem Normenausschuss tätigen Fachleute aus den Mitgliedsfirmen des IVK informieren die AK/TKSKD-Mitglieder regelmäßig über den jeweiligen Stand.

- *Chemikalienrecht:* Wie schon in den vorherigen Berichtszeiträumen waren weiterhin REACH mit den daraus resultierenden Anforderungen an die Hersteller von Klebstoffen und deren Kunden ein wesentlicher Themenschwerpunkt. Die Mitgliedsfirmen werden regelmäßig über aktuelle Themen informiert. Beispiele sind:

- Neuaufnahmen in die Liste der besonders Besorgnis erregenden Stoffe (Substances of Very High Concern / SVHCs).
- Kennzeichnungsänderung für Diphenylmethandiisocyanat (MDI) sowie dem aktuellen Stand zum Beschränkungsdossier der BAuA für Diisocyanate allgemein. Das Ziel dieser deutschen Initiative ist es, weitergehende Restriktionen, wie sie von einigen EU-Mitgliedsstaaten für monomere Diisocyanate angestrebt werden, zu verhindern.
- Die gefahrstoffrechtliche Einstufung von Gemischen mit zinnorganischen Verbindungen.
- Das geplante Verfahren und dessen Umsetzung zur Meldung der, als gesundheitsgefährlich eingestufte Klebstoffrezepturen Giftinforationszentralen.
- Prüfmethode für die trinkwasserrechtliche Zulassung von anaeroben Klebstoffen: Nachdem die vom UBA erstellte Leitlinie zurückgezogen worden war und es somit für anaerob härtende Klebstoffe, die als Gewindedichtmittel u. a. auch im Trinkwasserbereich eingesetzt werden, keine geeignete Prüfmethode zur Erlangung der notwendigen trinkwasserrechtlichen Zulassung mehr gab, hat eine AdHoc Arbeitsgruppe innerhalb der TKSKD in Zusammenarbeit mit Prüfinstituten und dem Umweltbundesamt (UBA) eine praxisnahe, einheitliche Leitlinie erarbeitet, die den Einsatz von anaeroben Klebstoffen im Trinkwasserbereich weiterhin ermöglicht.
- Auf Initiative der Mitgliedsfirmen Henkel und Sika Automotive wurde ein gemeinsames Positionspapier zur REACH-Einstufung von sog. Baffles als Erzeugnis beschlossen. Baffles werden im automobilen Leichtbau verwendet, um strukturelle Träger zu versteifen. Sie stellen eine Kombination aus einem strukturellen Träger und einem sich bei erhöhter Temperatur ausdehnenden Material dar. Der in seiner Form der jeweiligen Kontur des strukturellen Trägers angepasst Baffle wird im Rohbau in den Träger eingebracht und durch das später im Lackofen expandierende Material fest mit diesem verbunden. Da die spezifische Form die Funktionalität wesentlich bestimmt, kann ein Baffle also gemäß REACH als Erzeugnis eingestuft werden und bedarf somit keiner Klassifizierung gemäß CLP-Verordnung, sodass letztendlich sind keine Sicherheitsdatenblätter erforderlich sind.
- Zukünftig werden Fragestellungen resultierend aus den Forderungen der Europäischen Gesetzgebung zur Kreislaufwirtschaft von hoher Bedeutung sein.

Beirat für Öffentlichkeitsarbeit (BeifÖ)

Die zentrale Aufgabe des Beirats für Öffentlichkeitsarbeit ist, den Industrieverband Klebstoffe und die Schlüsseltechnologie Kleben in seiner großen Vielschichtigkeit bzw. Anwendungstiefe positiv in der Öffentlichkeit und in den Medien darzustellen. Im November 2019 wurde Thorsten Krimphove (Pressesprecher der Firma WEICON) zum neuen Sprecher des Beirats gewählt. Er folgt in diesem Amt auf Ulrich Lipper, (ehem. Geschäftsführer der Firma Cyberbond), der in den Ruhestand getreten ist.

Die kontinuierliche Kommunikation des Industrieverband Klebstoffe ist erfolgreich: Das Thema Kleben hat zwischenzeitlich einen festen Platz in klassischen Print- und in Online-Medien gefunden. Entsprechend hoch ist die Medienresonanz. Im Jahresdurchschnitt generiert die Pressearbeit des Industrieverband Klebstoffe Auflagenzahlen von rund 120 Millionen im Jahr.

Da die alte IVK-Homepage sowohl technisch als auch strukturell für die vielen Inhalte, die in den letzten Jahren stetig angewachsen waren, nicht mehr ausreichend war, wurde sie in der ersten Jahreshälfte 2020 vollständig überarbeitet. Hierbei hat uns der Beirat für Öffentlichkeitsarbeit mit Rat und Tat zur Seite gestanden und unterstützt. Unter www.klebstoffe.com finden Sie nun alle Informationen rund um den Verband und die Welt des Klebens übersichtlich dargestellt. Die optimierte Benutzerführung und die neue Struktur der Inhalte machen den Zugang zu den Informationen jetzt noch intuitiver und schneller und das IVK-Online-Magazin „Kleben fürs Leben" wurde stimmig in die Homepage integriert. Die Website ist für alle aktuellen Browser, Mobilgeräte und auch für Tablets optimiert und entspricht damit den neuesten Standards. Unseren Verbandsmitgliedern stehen weiterhin exklusive Informationen und Downloads in einem geschützten Intranet-Bereich zur Verfügung.

Aber auch in den einschlägigen Social-Media-Kanälen wie Facebook, LinkedIn, Twitter oder YouTube ist der IVK präsent – auf allen Kanälen wird geklebt.

Das Printmagazin „Kleben fürs Leben" hat sich in der PR-Arbeit des Industrieverband Klebstoffe etabliert. Einmal jährlich herausgegeben, ist es ein wichtiger Baustein der Kommunikationsstrategie der deutschen Klebstoffindustrie und ein Multiplikator von großem Wert. Frei von jeder Art von Produkt- bzw. Firmenwerbung zielt das Medium darauf ab, das positive Image der Klebstoffindustrie weiter zu stärken und die vielseitigen Vorteile der Verbindungstechnologie zu dokumentieren. Die diesjährige Ausgabe steht ganz im Zeichen des Themas „Nachhaltigkeit", in dessen Licht Klebstoffanwendungen aus den verschiedensten Bereichen unseres täglichen Lebens beleuchtet werden – abgesehen davon, dass das Magazin selbst im Hinblick auf das Recyclingpapier, das Druckverfahren, den Klebstoff sowie die biobasierte Versand-Folierung nachhaltig gestaltet und produziert wurde. „Kleben fürs Leben" erscheint 2020 zum 12. Mal.

Dass Klebstoffe in Haushalt, Handwerk und Industrie unverzichtbar sind und warum viele Zukunftstechnologien und die Produktion von Alltagsgegenständen nur mit Klebstoffen möglich sind, zeigt der IVK-Imagefilm „Faszination Kleben". In fünf Minuten erfährt der Zuschauer nicht nur Wissenswertes über die Chemie von Klebstoffen und wie sie funktionieren, sondern auch in welchen unterschiedlichen Bereichen Klebstoffe erfolgreich eingesetzt werden. Von der

Automobil- über die Elektro- bis hin zur Textil- und Bekleidungsbranche – nahezu jeder Industriezweig setzt heute auf die Klebtechnik, um Produkte zu verbessern und Innovationen zu entwickeln. In Kooperation mit dem europäischen Kleb- und Dichtstoffverband (FEICA) wurde darüber hinaus der Videofilm „Was die Welt zusammenhält" produziert. Beide Imagefilme sind auf der IVK-Internetseite www.klebstoffe.com online gestellt und können von dort aus – in deutscher und englischer Sprache – angeschaut oder heruntergeladen werden. Des Weiteren präsentiert der Industrieverband Klebstoffe die Imagefilme auf seinem YouTube-Kanal „klebstoffe" der interessierten Öffentlichkeit.

Vor dem Hintergrund der Digitalisierungsstrategie der deutschen Bundesregierung entwickelt der Verband gemeinsam mit dem Fond der Chemischen Industrie digitale Unterrichtsmaterialien. Diverse interaktive Tafelbilder, die speziell für den Einsatz an Schulen auf Whiteboard, PC und Tablet konzipiert sind, sollen den Schülern das Thema Klebstoffe zeitgemäß mit modernen Lernmethoden vermitteln. Zusätzlich ist das Institut der Didaktik der Chemie der Universität Frankfurt damit beauftragt, ein Lehrerfortbildungsprogramm zum Thema „Kleben im Unterricht" zu entwickeln, um vertiefende Einblicke in die Klebchemie zu geben und Anknüpfungspunkte zum Lehrplan aufzuzeigen. Das neue Material wurde zum Schuljahresbeginn 2018 / 2019 fertiggestellt und es steht Lehrkräften in ganz Deutschland kostenfrei zur Verfügung.

Über die wirtschaftliche Entwicklung der deutschen Klebstoffindustrie informiert der Industrieverband Klebstoffe regelmäßig im Rahmen seines Jahrespressegesprächs, zu dem Journalisten der Wirtschafts-, Fach- und Tagespresse eingeladen werden.

Geschäftsführung

Die Mitarbeiterinnen und Mitarbeiter der Geschäftsstelle des Industrieverband Klebstoffe stellen innerhalb der Organisation die Koordinierung, die Bearbeitung und die Nachverfolgung der sich aus den verschiedenen Gremiensitzungen resultierenden vielfältigen Aufgaben sicher. Die Geschäftsstelle garantiert einen zeitnahen Informationsfluss im Hinblick auf die für die Industrie und seine Fachgremien wichtigen Themen. Die Geschäftsstelle dient u. a. als Informationsbörse und Ansprechpartner für die Mitglieder des Verbands in Bezug auf technische bzw. rechtlich relevante Informationen u. a. in den Bereichen Arbeits-, Umwelt- und Verbraucherschutz, Wettbewerbs-, Chemikalien-, Umwelt- und Lebensmittelrecht sowie Nachhaltigkeit.

Nach außen versteht sich die Geschäftsführung des IVK als Repräsentant und kompetenter Partner der Klebstoffindustrie. Im Rahmen ihres Aufgabenprofils vertritt die Geschäftsführung die technischen und wirtschaftspolitischen Interessen der Industrie gegenüber nationalen, europäischen und internationalen Institutionen. Darüber hinaus stehen die Mitarbeiterinnen und Mitarbeiter des Verbandes im engen und pro-aktiven Dialog mit Kunden-, Handwerker- & Verbraucherverbänden, Systempartnern, wissenschaftlichen Einrichtungen und der Öffentlichkeit. Durch eine aktive Mitarbeit in Beiräten wichtiger Leitmessen und Fachmagazinen sowie Fachgremien verschiedener Bundes- und EU-Ministerien stellt die Geschäftsführung eine fachlich und inhaltlich adäquate Begleitung von klebstoffrelevanten Themen und Projekten auf allen Ebenen und entlang der Wertschöpfungskette „Kleben" sicher.

Dies gilt für auch für den Bereich der Forschung: als Mitglied des Kuratoriums des Fraunhofer IFAM und des Beirats der ProcessNet-Fachgruppe Klebtechnik bzw. des Gemeinschaftsausschuss Kleben (GAK) begleitet die Geschäftsführung den wissenschaftlichen Forschungsbedarf sowie die Koordinierung öffentlich geförderter wissenschaftlicher Forschungsprojekte im Bereich der Klebtechnik.

In zahlreichen Publikationen, in Gesprächen mit fachinteressierten Kreisen und durch Fachvorträge kommuniziert die Geschäftsführung das hohe Leistungsspektrum und Innovationspotenzial der Klebstoffindustrie sowie das vorbildliche arbeits-, umwelt- und verbraucherschutzorientierte Bewusstsein seiner Mitglieder.

Mit Wirkung zum 1. Januar 2021 hat der IVK-Vorstand Dr. Vera Haye zur neuen Hauptgeschäftsführerin berufen und ihr die Gesamtverantwortung für den Industrieverband Klebstoffe übertragen. Die 41jährige promovierte Mikrobiologin folgt in dieser Position Ansgar van Halteren, der nach 38jähriger Tätigkeit für den Industrieverband Klebstoffe in den Ruhestand eintritt.

PERSONALIA

Ehrenmitgliedschaften & Ehrenvorsitz

Arnd Picker wurde im Rahmen der Mitgliederversammlung 2012 zum Ehrenmitglied und gleichzeitig zum Ehrenvorsitzenden des Industrieverband Klebstoffe ernannt. Der Verband und seine Mitglieder würdigten damit die Verdienste von Arnd Picker um eine erfolgreiche Positionierung des Industrieverband Klebstoffe während seiner 16-jährigen Amtszeit als Vorsitzender des Vorstandes. Der Industrieverband Klebstoffe ist heute der weltweit größte und im Hinblick auf das für seine Mitglieder angebotene Service-Portfolio ebenfalls der weltweit führende nationale Verband im Bereich Klebtechnik.

Ehrenmitglieder
Arnd Picker, Ehrenvorsitzender
Dr. Johannes Dahs
Dr. Hannes Frank
Dr. Rainer Vogel
Heinz Zoller

Verdienstmedaille der deutschen Klebstoffindustrie

Personen, die sich im besonderen Maße um die Klebstoffindustrie und die Klebtechnik verdient gemacht haben, werden vom Industrieverband Klebstoffe mit der Verdienstmedaille der deutschen Klebstoffindustrie ausgezeichnet.

Verliehen wurde diese Auszeichnung an

Peter Rambusch - Mai 2018
für seinen maßgeblichen Beitrag, dass die bis in die 1990er Jahre hinein bestehende organisatorische Trennung zwischen Klebstoffherstellern und Herstellern von Selbstklebebändern überwunden wurde. Auf seine Initiative hin wurden 1995 die deutschen Klebebandhersteller mit einer eigenen kaufmännischen und technischen Repräsentanz in den Industrieverband Klebstoffe aufgenommen. Bis zum heutigen Tag hat Peter Rambusch die Interessen der Klebebandindustrie kompetent, nachhaltig und stets engagiert im Vorstand des Industrieverband Klebstoffe vertreten. Peter Rambusch hat sich damit nicht nur um die Förderung der Zusammenarbeit zweier eng miteinander verwandter Industrien verdient gemacht, sondern gleichzeitig das Kompetenzprofil des Industrieverband Klebstoffe in Fragen aller klebtechnischen Angelegenheiten maßgeblich erweitert.

Marlene Doobe - Juni 2017
für ihren jahrzehntelangen Einsatz für die deutsche Klebstoffindustrie. Als Chefredakteurin der Zeitschrift adhäsion KLEBEN + DICHTEN hat sie über 20 Jahre lang diese für die Klebstoffindustrie wichtige Fachzeitschrift mit Professionalität, höchstem persönlichen Engagement und sehr viel Herzblut erfolgreich geleitet und gemeinsam mit dem Industrieverband Klebstoffe zu einer interdisziplinären 360°-Kommunikationsplattform der Klebtechnik ausgebaut. Marlene Doobe hat sich damit um die Förderung einer engen Zusammenarbeit von Forschung und Industrie auf dem Gebiet der Klebtechnik sehr verdient gemacht und das Image der Klebstoffindustrie in entscheidenden Dimensionen gefördert und geprägt.

Dr. Manfred Dollhausen – Mai 2010

für sein erfolgreiches Engagement im Bereich Normung, mit dem er im erheblichen Maße dazu beigetragen hat, Klebstofftechnologie „made in Germany" in nationalen, europäischen und internationalen Standards zu dokumentieren und zu manifestieren. Darüber hinaus hat Dr. Dollhausen bereits in den 60er-Jahren des 20. Jahrhunderts den unschätzbaren Wert der technischen Zusammenarbeit zwischen der Klebstoffindustrie und der Rohstoffindustrie erkannt, diese aktiv forciert und damit das Fundament für die bis heute gültige erfolgreiche Systempartnerschaft beider Industrien gelegt.

Dr. Hannes Frank – September 2007

für sein jahrzehntelanges Engagement für die deutsche Klebstoffindustrie. Als Mitglied des Technischen Ausschusses hat er sowohl die Klebtechnik als auch das Image der Klebstoffindustrie in entscheidenden Dimensionen gefördert und geprägt. Hierzu zählt insbesondere sein Engagement für den Mittelstand und dessen – für die technische und wirtschaftliche Entwicklung – unverzichtbaren Innovationspotenzials. Auf dem Gebiet der Polyurethanklebstoff-Technologie gilt Dr. Frank als erfolgreicher Pionier. Darüber hinaus hat er als Forderer und Förderer einer branchenübergreifenden Kommunikations- und Ausbildungsstrategie maßgeblich dazu beigetragen, die Klebtechnik als Schlüsseltechnologie des 21. Jahrhunderts zu positionieren.

Prof. Dr. Otto-Diedrich Hennemann – Mai 2007

für seine wissenschaftlichen Arbeiten, durch die er vor allem das „System Kleben" in entscheidenden Dimensionen gefördert und geprägt hat. Hierzu zählen insbesondere die Erforschung der Langzeitbeständigkeit von Klebverbindungen und die Implementierung geeigneter Simulationsprozesse in der Automobil- und Luftfahrtindustrie. Die konkrete Anwendungsorientierung und Nutzenentwicklung bei den Systempartnern stand dabei stets im Mittelpunkt seiner Arbeiten.

Gremien des
Industrieverband Klebstoffe e. V. (IVK)

Aktueller Hinweis:

Aufgrund der COVID-19-Pandemie mussten die Wahlen zu den verschiedenen Gremien des IVK auf dem Schriftweg bzw. im Rahmen von Videokonferenzen – die zum Teil erst nach Drucklegung dieses Handbuchs stattfinden können – durchgeführt werden. Aufgrund dieser Ausnahmesituation haben sich die Herausgeber dazu entschlossen, neben den bereits gewählten und kooptierten Gremiumsmitgliedern auch die noch zur Wahl stehenden Kandidaten in den nachstehenden Übersichten zu nennen.

Die jeweils aktuelle Zusammensetzung der Gremien finden Sie unter www.klebstoffe. com/organisation-und-struktur/

Vorstand

Vorsitzender: Dr. Boris Tasche	Henkel AG & Co. KGaA D-40191 Düsseldorf
Stellvertretender Vorsitzender: Dr. René Rambusch	certoplast Technische Klebebänder GmbH D-42285 Wuppertal
Weitere Mitglieder:	
Dirk Brandenburger	Sika Automotive Hamburg GmbH D-22525 Hamburg
Mark Eslamlooy	ARDEX GmbH D-58453 Witten
Stephan Frischmuth	tesa SE D-22848 Norderstedt
Dr. Gert Heckmann	Kömmerling Chemische Fabrik GmbH D-66954 Pirmasens
Dr. Georg Kinzelmann	Henkel AG & Co. KGaA D-40191 Düsseldorf
Timm Koepchen	EUKALIN Spezial-Klebstoff Fabrik GmbH D-52249 Eschweiler

Klaus Kullmann	Jowat SE D-32758 Detmold
Olaf Memmen	Bostik GmbH D-33829 Borgholzhausen
Dr. Thomas Pfeiffer	Türmerleim GmbH D-67061 Ludwigshafen
Dr. Christoph Riemer	Wacker Chemie AG D-81737 München
Leonhard Ritzhaupt	Kleiberit Klebchemie M. G. Becker GmbH & Co. KG D-76356 Weingarten
Philipp Utz	UZIN UTZ Aktiengesellschaft D-89079 Ulm

Technischer Ausschuss

Vorsitzender: Dr. Georg Kinzelmann	Henkel AG & Co. KGaA D-40191 Düsseldorf
Weitere Mitglieder:	
Dr. Norbert Arnold	UZIN UTZ Aktiengesellschaft D-89079 Ulm
Dr. Rainer Buchholz	RENIA Ges. mbH chemische Fabrik D-51076 Köln
Dr. Torsten Funk	Sika Technology AG CH – 8048 Zürich
Prof. Dr. Andreas Groß	Fraunhofer-Institut für Fertigungstechnik und Angewandte Materialforschung (IFAM) D-28359 Bremen
Daniela Hardt	Celanese Services Germany GmbH D-65844 Sulzbach (Taunus)

Christoph Küsters	3M Deutschland GmbH D-41453 Neuss
Dr. Dirk Lamm	tesa SE D-22848 Norderstedt
Dr. Annett Linemann	H.B. Fuller Deutschland GmbH D-21335 Lüneburg
Dr. Hartwig Lohse	Klebtechnik Dr. Hartwig Lohse e. K. D-25524 Itzehoe
Dr. Michael Nitsche	Bostik GmbH D-33829 Borgholzhausen
Matthias Pfeiffer	Türmerleim GmbH D-67061 Ludwigshafen
Arno Prumbach	EUKALIN Spezial-Klebstoff Fabrik GmbH D-52249 Eschweiler
Leonhard Ritzhaupt	Kleiberit Klebchemie M. G. Becker GmbH & Co. KG D-76356 Weingarten
Dr. Karsten Seitz	tesa SE D-22848 Norderstedt
Dr. Christian Terfloth	Jowat SE D-32758 Detmold
Dr. Christoph Thiebes	Covestro Deutschland AG D-51365 Leverkusen
Dr. Axel Weiss	BASF SE D-67063 Ludwigshafen

Technische Kommission Bauklebstoffe

Vorsitzender: Dr. Norbert Arnold	UZIN UTZ Aktiengesellschaft D-89079 Ulm

Weitere Mitglieder:

Dr. Thomas Brokamp	Bona GmbH Deutschland D-65549 Limburg
Dr. Michael Erberich	WULFF GmbH & Co. KG D-49504 Lotte
Manfred Friedrich	Sika Deutschland GmbH D-48720 Rosendahl
Dr. Frank Gahlmann	Stauf Klebstoffwerk GmbH D-57234 Wilnsdorf
Stefan Großmann	Sopro Bauchemie GmbH D-65203 Wiesbaden
Dr. Matthias Hirsch	Kiesel Bauchemie GmbH u. Co. KG D-73730 Esslingen
Michael Illing	Forbo Eurocol Deutschland GmbH D-99091 Erfurt
Christopher Kupka	Celanese Services Germany GmbH D-65843 Sulzbach
Bernd Lesker	Mapei GmbH D-46236 Bottrop
Dr. Michael Müller	Bostik GmbH D-33829 Borgholzhausen
Dr. Maximilian Rüllmann	BASF SE D-67063 Ludwigshafen
Dr. Martin Schäfer	Wakol GmbH D-66954 Pirmasens

Michael Schäfer	BCD Chemie GmbH D-21079 Hamburg
Dr. Jörg Sieksmeier	ARDEX GmbH D-58453 Witten
Hartmut Urbath	PCI Augsburg GmbH D-59071 Hamm
Dr. Steffen Wunderlich	Kleiberit Klebstoffe Klebchemie M. G. Becker GmbH & Co. KG D-76356 Weingarten

Technische Kommission Holzklebstoffe

Vorsitzende: Daniela Hardt	Celanese Services Germany GmbH D-65844 Sulzbach (Taunus)

Weitere Mitglieder:

Wolfgang Arndt	Covestro Deutschland AG D-51365 Leverkusen
Holger Brandt	Follmann & Co. GmbH & Co. KG D-32423 Minden
Christoph Funke	Jowat SE D-32758 Detmold
Oliver Hartz	BASF SE D-67063 Ludwigshafen
Dr. Thomas Kotre	Planatol GmbH D-83101 Rohrdorf-Thansau
Jürgen Lotz	Henkel AG & Co. KGaA D-73442 Bopfingen
Dr. Marcel Ruppert	Wacker Chemie AG D-84489 Burghausen
Martin Sauerland	H.B. Fuller Deutschland GmbH D-21335 Lüneburg

Holger Scherrenbacher	Kleiberit Klebstoffe Klebchemie M. G. Becker GmbH & Co. KG D-76356 Weingarten

Technische Kommission Haushalt-, Hobby- & Büroklebstoffe

Vorsitzender: Dr. Dirk Lamm	tesa SE D-22848 Norderstedt

Weitere Mitglieder:

Frank Avemaria	3M Deutschland GmbH D-41453 Neuss
Seda Gellings	UHU GmbH & Co. KG D-77815 Bühl
Dr. Nils Hellwig	Henkel AG & Co. KGaA D-40191 Düsseldorf
Dr. Florian Kopp	RUDERER KLEBETECHNIK GMBH NL-85604 Zorneding
Henning Voß	WEICON GmbH & Co. KG D-48157 Münster

Technische Kommission Klebebänder

Vorsitzender: Dr. Karsten Seitz	tesa SE D-22848 Norderstedt

Weitere Mitglieder:

Dr. Achim Böhme	3M Deutschland GmbH D-41453 Neuss
Dr. Thomas Christ	BASF SE D-67063 Ludwigshafen
Dr. Ruben Friedland	Lohmann GmbH & Co. KG D-56567 Neuwied

Dr. Thomas Hanhörster	Sika Automotive GmbH D-22525 Hamburg
Prof. Dr. Andreas Hartwig	Fraunhofer-Institut für Fertigungstechnik und Angewandte Materialforschung (IFAM) D-28359 Bremen
Lutz Jacob	RJ Consulting GbR D-87527 Altstaedten
Dr. Thorsten Meier	certoplast Technische Klebebänder GmbH D-42285 Wuppertal
Melanie Ott	H.B. Fuller Deutschland GmbH D-21335 Lüneburg
Dr. Ralf Rönisch	COROPLAST Fritz Müller GmbH & Co. KG D-42279 Wuppertal
Dr. Jürgen K. L. Schneider	TSRC (Lux.) Corporation S.a.r.l. L-1931 Luxemburg
Michael Schürmann	Henkel AG & Co. KGaA D-40191 Düsseldorf

Technische Kommission Papier-/Verpackungsklebstoffe

Vorsitzender: Arno Prumbach	EUKALIN Spezial-Klebstoff Fabrik GmbH D-52249 Eschweiler

Weitere Mitglieder:

Dr. Elke Andresen	Bostik GmbH D-33829 Borgholzhausen
Dr. Olga Dulachyk	Gludan (Deutschland) GmbH D-21514 Büchen
Holger Hartmann	Celanese Services Germany GmbH D-65843 Sulzbach
Dr. Gerhard Koegler	Wacker Chemie AG D-84489 Burghausen

Dr. Thomas Kotre	Planatol GmbH D-83101 Rohrdorf-Thansau
Matthias Pfeiffer	Türmerleim GmbH D-67061 Ludwigshafen
Dr. Peter Preishuber-Pflügl	BASF SE D-67063 Ludwigshafen
Alexandra Roß	H.B. Fuller Deutschland GmbH D-21335 Lüneburg
Michael Schäfer	BCD Chemie GmbH D-21079 Hamburg
Dr. Christian Schmidt	Jowat SE D-32758 Detmold
Julia Szincsak	Follmann Chemie GmbH D-32423 Minden
Dr. Monika Toenniessen	Henkel AG & Co. KGaA D-40191 Düsseldorf

Technische Kommission Schuhklebstoffe

Vorsitzender: Dr. Rainer Buchholz	RENIA Ges. mbH chemische Fabrik D-51076 Köln

Weitere Mitglieder:

Wolfgang Arndt	Covestro Deutschland AG D-51368 Leverkusen
Martin Breiner	Kömmerling Chemische Fabrik GmbH D-66929 Pirmasens
Andreas Ecker	H.B. FULLER Austria GmbH A-4600 Wels
Dr. Martin Schneider	ARLANXEO Deutschland GmbH D-41538 Dormagen

Technische Kommission Strukturelles Kleben & Dichten

Vorsitzender: Dr. Hartwig Lohse	Klebtechnik Dr. Hartwig Lohse e. K. D-25524 Itzehoe

Weitere Mitglieder:

Dr. Beate Baumbach	Covestro Deutschland AG D-51368 Leverkusen
Jürgen Fritz	Evonik Resource Efficiency GmbH D-79618 Rheinfelden
Dr. Oliver Glosch	Weiss Chemie + Technik GmbH & Co. KG D-35703 Haiger
Rosto Iosif	3M Deutschland GmbH D-41453 Neuss
Dr. Stefan Kreiling	Henkel AG & Co. KGaA Standort Heidelberg D-69112 Heidelberg
Dr. Erik Meiß	IFAM Fraunhofer-Institut für Fertigungstechnik und Angewandte Materialforschung D-28359 Bremen
Michael Schäfer	BCD Chemie GmbH D-21079 Hamburg
Bernhard Schuck	Bostik GmbH D-33829 Borgholzhausen
Frank Steegmanns	Stockmeier Urethanes GmbH & Co. KG D-32657 Lemgo
Artur Zanotti	Sika Deutschland GmbH D-72574 Bad Urach

Beirat für Nachhaltigkeit

Sprecher: Jürgen Germann	3M Deutschland GmbH D-41453 Neuss
stellvertretender Sprecher: Dr. Peter Krüger	Covestro Deutschland AG D-51373 Leverkusen

Weitere Mitglieder:

Dr. Norbert Arnold	UZIN UTZ Aktiengesellschaft D-89079 Ulm
Dr. Jörg Dietrich	POLY-CHEM GmbH D-06766 Bitterfeld-Wolfen
Uwe Düsterwald	BASF SE D-67063 Ludwigshafen
Dr. Ruben Friedland	Lohmann GmbH & Co. KG D-56567 Neuwied
Prof. Dr. Andreas Hartwig	Fraunhofer-Institut für Fertigungstechnik und Angewandte Materialforschung (IFAM) D-28359 Bremen
Ulla Hüppe	Henkel AG & Co. KGaA D-40191 Düsseldorf
Michael Lang	tesa SE D-22848 Norderstedt
Linn Mehnert	Wacker Chemie AG D-84489 Burghausen
Timm Schulze	Jowat SE D-32758 Detmold

Beirat für Öffentlichkeitsarbeit

Sprecher: Thorsten Krimphove	WEICON GmbH & Co. KG D-48157 Münster

Weitere Mitglieder:

Tamara Beiler	Innotech Marketing und Konfektion Rot GmbH D-69242 Rettigheim
Holger Bleich	Cyberbond Europe GmbH A H.B. Fuller Company D-31515 Wunstorf
Qiyong (James) Cui	Wacker Chemie AG D-81737 München
Sebastian Hinz	Henkel AG & Co. KGaA D-40191 Düsseldorf
Oliver Jüntgen	Henkel AG & Co. KGaA D-40191 Düsseldorf
Jens Ruderer	RUDERER KLEBETECHNIK GMBH D-85600 Zorneding
Jan Schulz-Wachler	EUKALIN Spezial-Klebstoff Fabrik GmbH D-52249 Eschweiler
Dr. Christine Wagner	Wacker Chemie AG D-84489 Burghausen

Arbeitskreis Bauklebstoffe

Vorsitzender:
Olaf Memmen

Bostik GmbH
D-33829 Borgholzhausen

Arbeitskreis Holzklebstoffe

Vorsitzender:
Klaus Kullmann

Jowat SE
D-32758 Detmold

Arbeitskreis Industrieklebstoffe

Vorsitzender:
Dr. Boris Tasche

Henkel AG & Co. KGaA
D-40191 Düsseldorf

Arbeitskreis Klebebänder

Vorsitzender:
Dr. René Rambusch

certoplast Technische Klebebänder GmbH
D-42285 Wuppertal

Arbeitskreis Papier-/Verpackungsklebstoffe

Vorsitzender:
Dr. Thomas Pfeiffer

Türmerleim GmbH
D-67014 Ludwigshafen

Arbeitskreis Rohstoffe

Vorsitzender:
Dr. Christoph Riemer

Wacker Chemie AG
D-81737 München

Arbeitskreis Strukturelles Kleben & Dichten

Vorsitzender:
Dirk Brandenburger

Sika Automotive Hamburg GmbH
D-22525 Hamburg

Arbeitskreis Haushalt-, Hobby- & Büroklebstoffe

Vorsitzender:	tesa SE
Dr. Dirk Lamm	D-22848 Norderstedt

Arbeitskreis Schaumklebstoffe

Vorsitzender:	Bostik GmbH
Norbert Uniatowsky	D-33829 Borgholzhausen

Arbeitsgruppe Schuhklebstoffe

Vorsitzender:	RENIA Ges. mbH chemische Fabrik
Dr. Rainer Buchholz	D-51076 Köln

Geschäftsführung

Dr. Vera Haye	Hauptgeschäftsführerin
Dr. Axel Heßland	Geschäftsführer „Technik"
Klaus Winkels	Geschäftsführer „Recht"
Michaela Szkudlarek	Assistentin der Hauptgeschäftsführung/Finanzen
Danuta Dworaczek	Referentin Technik & Recherche
Nathalie Schlößer	PR-Redakteurin
Martina Weinberg	Veranstaltungsmanagerin
Natascha Zapolowski	Referentin Umwelt & Technik

Ehrenvorsitzender

Arnd Picker	Rommerskirchen

Ehrenmitglieder

Dr. Johannes Dahs	Königswinter
Dr. Hannes Frank	Detmold
Arnd Picker	Rommerskirchen
Dr. Rainer Vogel	Langenfeld
Heinz Zoller	Pirmasens

Träger der Verdienstmedaille der deutschen Klebstoffindustrie

Peter Rambusch	Wuppertal
Marlene Doobe	Eltville
Dr. Manfred Dollhausen	Odenthal
Dr. Hannes Frank	Detmold
Prof. Dr. Otto-D. Hennemann	Osterholz-Scharmbeck

BERUFSGRUPPE
BAUKLEBSTOFFE

REPORT 2019/2020

FCIO – Österreich

FCIO – Österreich

Die Berufsgruppe Bauklebstoffe im Fachverband der Chemischen Industrie wurde 2008 als Nachfolger des aufgelösten Vereins „VÖK – Vereinigung österreichischer Klebstoffhersteller" gegründet. Die Berufsgruppe Bauklebstoffe arbeitet im Rahmen des Fachverbands der Chemischen Industrie – FCIO – als selbstständige Berufsgruppe.

Die Berufsgruppe Bauklebstoffe hat derzeit 10 Mitglieder.

Mission und Service-Leistungen

Die FCIO-Berufsgruppe Bauklebstoffe mit ihren 10 Mitgliedern ist eine auf dem Wirtschaftskammergesetz basierende Berufsgruppe innerhalb des Fachverbands der Chemischen Industrie. Hauptaufgabe der Berufsgruppe ist die Interessensvertretung und Mitgestaltung der wirtschaftspolitischen Rahmenbedingungen für unsere Industrie in Österreich. Als Körperschaft öffentlichen Rechts hat die Berufsgruppe Bauklebstoffe den gesetzlichen Auftrag, die Interessen der Industrie in allen Bereichen zu wahren und die Mitgliedsunternehmen in allen rechtlichen Belangen, insbesondere Umwelt- und Arbeitsrecht zu beraten. Die Berufsgruppe steht in permanentem Kontakt mit den zuständigen Behörden und auch den Gewerkschaften und arbeitet in vielen Arbeitsgruppen von wissenschaftlichen Institutionen und Ministerien, sowie nationalen Normen-Komitees mit. Aufgabe der Berufsgruppe ist es, die Mitgliedsunternehmen bei der Erfüllung der gesetzlich vorgeschriebenen Verpflichtungen, insbesondere im Bereich Sicherheit, Gesundheit und Umweltschutz zu beraten und zu unterstützen. Weiter engagiert sich die Berufsgruppe bei Ausbildungsprogrammen für Lehrlinge für das Fliesenleger- und Bodenleger-Handwerk in Österreich.

Organisation und Struktur

Die Berufsgruppe Bauklebstoffe ist Teil des Fachverbands der Chemischen Industrie – FCIO, der wiederum unter dem Dach der Wirtschaftskammer-Organisation – WKO organisiert ist.

Präsident: Mag. Bernhard Mucherl / Murexin AG
Geschäftsführer: Dr. Klaus Schaubmayr / FCIO

REPORT 2019/2020

FKS – Schweiz

FKS – Schweiz

Unsere Aufgabe

Der Verband fördert die Mitglieder bezüglich der Kleb- und Dichtstoff-Herstellung, insbesondere durch:

- Vertretung der Interessen der schweizerischen Kleb- und Dichtstoff-Industrie bei Behörden und Verbänden, einschließlich der Mitwirkung bei gesetzgeberischen Aufgaben
- Mitarbeit in Fachgremien, um die Zusammenarbeit mit Behörden, nationalen und internationalen Verbänden zu stärken
- Statistiken und Basisinformationen zum Klebstoffmarkt Schweiz, welche den Schweizer und europäischen Behörden für ihre Entscheidungsprozesse Grundlageninformationen liefern
- Technische Abklärungen und Expertisen, um das Vertrauen der Kunden zu Mitgliedern des Fachverbandes zu fördern
- Regelmässiger Informations- und Erfahrungsaustausch der Mitglieder, mit dem Ziel, die Qualität der Produkte weiterzuentwickeln
- Organisieren von fachspezifischen Vorträgen

Marktentwicklungen, Richtlinien und Maßnahmen

Die Beobachtung von Marktentwicklungen und die bestehenden Richtlinien sind die Basis für die Umsetzung von Maßnahmen bezüglich Umweltschutz und Sicherheit bei der Herstellung, Verpackung, Transport, Anwendung und Entsorgung. Die Maßnahmen tragen dazu bei, mit den erbrachten Dienstleistungen jederzeit den höchsten Ansprüchen des Marktes zu genügen.

Mitglied der FEICA

(Féderation Européenne des Industries de Colles et Adhésifs)
Der Fachverband ist Mitglied der FEICA. FEICA vertritt auf internationaler Ebene in Zusammenarbeit mit internationalen Organisationen die Interessen ihrer Landesverbände. Informationen über die Entwicklung im europäischen Raum werden durch FEICA regelmässig den Landesverbänden zur Verfügung gestellt.

Dienstleistungen
- Statistiken und Basisinformationen
- Nationale Normen
- Technische Abklärungen und Expertisen
- Informations- und Erfahrungsaustausch
- Informationen über regulatorische Entwicklungen
- Frühling- und Herbsttagung
- Zugang zu FKS-Informationen im Internet Memberbereich

Organisation & Struktur
- Präsident
  Heinz Leibundgut
- Vize-Präsident
  Dr. Christian Lehringer
- Sekretär
  Andreas Mosimann

Mitglieder

Alfa Klebstoffe AG	GYSO AG
APM Technica AG	H.B. Fuller Europe GmbH
Artimelt AG	Henkel & Cie. AG
ASTORtec AG	Jowat Swiss AG
Avery Dennison Materials Europe GmbH	Kisling AG
BFH Architektur, Holz und Bau	merz+benteli ag
Collano AG	nolax AG
Distona AG	Pontacol AG
DuPont Transportation & Industrial	Sika (Schweiz) AG
Emerell AG	Türmerleim AG
EMS-Griltech	Uzin Utz Schweiz AG
ETH Zürich	Wakol GmbH
FHNW University of Applied Sciences Northwestern Switzerland	ZHAW – Zurich University of Applied Sciences

Kontaktinformationen

Präsident	Vize-Präsident	Sekretär	Sekretariat
Heinz Leibundgut	Dr. Christian Lehringer	Andreas Mosimann	Fachverband Klebstoff-
Uzin Utz Schweiz AG	Henkel & Cie. AG	Sika Schweiz AG	Industrie Schweiz
Ennetbürgerstrasse 47	Industriestrasse 17a	Tüffenwies 16	Silvia Fasel
6374 Buochs	6203 Sempach Station	8048 Zürich	Bahnhofplatz 2a
Tel.: +41 (0) 41 922 21 31	Tel.: +41 (0) 41 469 68 61	Tel.: +41 (0)58 436 40 40	5400 Baden
Fax: +41 (0) 41 922 21 35	Fax: +41 (0)41 469 68 70	E-Mail: mosimann.andreas@	Telefon: +41 (0) 56 221 51 00
E-Mail: heinz.leibundgut@	E-Mail: christian.lehringer@	ch.sika.com	Fax: +41 (0) 56 221 51 41
uzin-utz.com	henkel.com		E-Mail: info@fks.ch
			www.fks.ch

REPORT 2019/2020

VLK – Niederlande

VLK – Niederlande

Industrielle Organisation

Die Vereinigung Lijmen en Kitten (VLK) vertritt die Kleb- und Dichtstoffindustrie in den Niederlanden und ist dank ihrer technischen und wirtschaftlichen Interessen als wichtiger Spieler im europäischen level *playing field* bekannt.

Die Kleb- und Dichtstoffindustrie der Niederlande geht vor allem dem Business-to-Business-Ansatz nach. Kleb- und Dichtstoffe werden vor allem im industriellen Sektor und für den Bau genutzt. Nach Schätzungen der VLK werden ca. 75 % der Kleb- und Dichtstoffe in den Niederlanden verkauft.

Für die verbundenen Betriebe ist die VLK:
* *Ansprechpartner* für die Öffentlichkeit und öffentliche Einrichtungen, wie beispielsweise Inspektionen, Organisationen der Zivilgesellschaft, Verbraucher des Marktes und andere Beteiligte;
* *Sprecher* der Industrie für eine umsetzbare Gesetzgebung auf europäischer Ebene;
* *Quelle für Informationen* und Help-Desk für Rechtsvorschriften über Stoffe, wie beispielsweise REACH und CLP sowie Bauangelegenheiten, wie beispielsweise CPR und die CE-Kennzeichnung;
* *Schützer* des Images der Kleb- und Dichtstoffe, sowie der Kleb- und Dichtstoffindustrie;
* *Facilitator* von Wissensaustausch und Networking.

Die VLK ist Mitglied der FEICA (Association of the European Adhesive & Sealant Industry), die die Anliegen des Sektors auf europäischem Level vertritt.

Leistungen

Was können Mitglieder der VLK erwarten?

* Lobby
Die VLK strebt nach praktischen und realistischen Gesetz- und Regelgebungen bezüglich der Entwicklung, Produktion und des Verkaufs von Kleb- und Dichtstoffen in den Niederlanden. Die industrielle Organisation vertritt die Anliegen des Sektors durch die Kontakte mit der Öffentlichkeit und soziale Organisationen. Viele neue Entwicklungen kommen von europäischen Zusammenschlüssen aus Brüssel. Hierfür ist die VLK Mitglied der FEICA.

* Netzwerk
Als Spinne im Netz von VLK haben Sie eine wichtige Netzwerkfunktion und bringen Betriebe miteinander in Kontakt. Dies geht über die Kleb- und Dichtstoffindustrie hinaus. Die VLK stimuliert auch den Kontakt mit anderen Gliedern in der Kette sowie Wissenseinrichtungen.

* Wissen teilen
Die VLK filtert relevante Informationen und verbreitet diese unter den Mitgliedern via der Web-

seite und digitalen Newslettern. Mitgliedsbetriebe können auch handgefertigte Tutorials auf der Mitgliederseite nutzen. Die VLK besteht des Weiteren aus drei Abteilungen und zwei technischen Arbeitsgruppen, auf denen Mitglieder Informationen austauschen können. Mitgliedsbetriebe tauschen hier Informationen über Entwicklungen auf dem Gebiet der Gesetz- und Regelgebungen aus, der Gesundheit, der Sicherheit und der Umwelt sowie der Normen.

• Einsicht in die Marktentwicklung
Die Bereiche Bodenkleber und Fliesenkleber haben eine Benchmark für die Entwicklungen in den verschiedenen Märkten, in denen diese aktiv sind, gesetzt. Für jedes Quartal erhalten Sie einen Bericht über die Marktentwicklungen.

• Helpdesk
Die VLK verfügt über ein Helpdesk für die Gesetz- und Regelgebung bezüglich Kleb- und Dichtstoffen. Beispiele hierfür wären Fragen über REACH, CLP und die CE-Markierung. Hier werden nicht nur europäische Gesetz- und Regelgebungen besprochen, auch werden Fragen über die niederländische Gesetzgebung beantwortet.

• Positives Image und Vertrauen
Durch ihre verbindende Position ist die VLK ein Organ um Informationen über die Kleb- und Dichtstoffindustrie zu verbreiten. Die VLK trägt zur Konformität im Bereich der Kleb- und Dichtstoffindustrie bei.

Mitglieder

Die Mitglieder sind es, die die VLK ausmachen. Die industrielle Organisation besteht aus Direktoren, Managern und Experten, die Arbeiten im Namen des VLK-Büros ausführen. Die Kontaktdaten von allen Mitgliedern können auf der Webseite www.vlk.nu/leden aufgerufen werden. Die VLK ist nicht an kommerziellen Aktivitäten von individuellen Betrieben beteiligt.

Organisation

Die Verwaltung der VLK besteht aus:
• Wybren de Zwart (Saba Dinxperlo BV) – Vorsitzender
• Rob de Kruijff (Sika Nederland BV)
• Gertjan van Dinther (Soudal BV)
• Gerrit Jonker (Omnicol BV)
• Dirk Breeuwer (Forbo Eurocol)

Die VLK besteht aus den folgenden Abteilungen:
• Abteilung Bodenkleber und Spachtelmassen
• Abteilung Fliesenkleber
• Abteilung Dichtstoffe

Die VLK besteht aus den folgenden Arbeitsgruppen:
• Kommission gefährliche Stoffe
• Technische Kommission Dichtstoffe
• Technische Kommission Fliesenkleber

Büro

Genau wie Lack- und Druckfarben sind Kleb- und Dichtstoffe Mischungen. Die VLK arbeitet auch eng mit der niederländischen Gesellschaft für die Lack- und Druckfarbenindustrie (VVVF) zusammen. Die VLK hat die Filialleitung in der VVVF untergebracht und nimmt an branchenweiten Arbeitsgruppen und Sitzungen der VVVF teil.

Weitere Informationen?

Nehmen Sie für weitere Informationen mit der VLK unter www.vlk.nu Kontakt auf.

VLK

Loire 150 2491 AK Den Haag Niederlande
Telefon: + 31 70 444 06 80
E-Mail: info@vlk.nu
www.vlk.nu

GEV

Gemeinschaft Emissionskontrollierte
Verlegewerkstoffe

EMICODE®

Sicherheit vor Raumluftbelastungen

Das Thema „Sicherheit vor Raumluftbelastungen" und die Forderungen kritischer Verbraucher emissionsarme Produkte bereitzustellen, haben im Februar 1997 zur Gründung der Gemeinschaft Emissionskontrollierte Verlegewerkstoffe, Klebstoffe und Bauprodukte e.V. (GEV) und zur Einrichtung des Kennzeichnungssystems EMICODE® geführt. Getragen wurde diese Initiative von den führenden Herstellern von Verlegewerkstoffen des Industrieverband Klebstoffe.

Zunächst entwickelte die deutsche Klebstoffindustrie Anfang der 90er-Jahre gemeinsam mit den Bauberufsgenossenschaften den sog. GISCODE, um Verarbeiter in der Auswahl des Verlegewerkstoffes zu unterstützen. Mit dem Kennzeichnungssystem GISCODE wird dem Verarbeiter der schnelle Überblick über arbeitsschutzrechtlich geeignete Produkte gegeben.

Nach dem Gefahrstoffrecht dürfen sich Parkett- und Fußbodenleger heute nur noch in Ausnahmefällen und unter Beachtung besonderer Schutzmaßnahmen hohen Konzentrationen flüchtiger Lösemittel aussetzen (TRGS 610). Die Verwendung von Ersatzstoffen mit weit geringerem Gefährdungspotential ist die Regel geworden. Dies trug zu einem erheblichen Rückzug lösemittelhaltiger Produkte in den vergangenen Jahren bei.

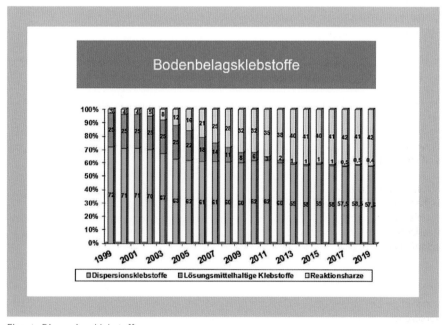

Einsatz Dispersionsklebstoffe

Neben Lösemitteln gibt es noch weitere organische Verbindungen. Es handelt sich dabei einerseits um technisch bedingte Verunreinigungen von Rohstoffen und andererseits um schwerflüchtige Verbindungen. Diese werden zwar nur in geringer Konzentration, dafür jedoch über längere Zeiträume aus den Produkten an die Raumluft abgegeben.

Eine neue Generation lösemittelfreier und sehr emissionsarmer Verlegewerkstoffe wurde deshalb entwickelt, die aus raumlufthygienischer Sicht besonders empfehlenswert sind. Mittlerweile hat die GEV über 150 Mitglieder aus 22 Ländern und wächst stetig - vor allem im europäischen Ausland.

Um in der Vielzahl unterschiedlicher Messverfahren Verarbeitern und Verbrauchern eine verlässliche Orientierung zu geben, wurde das wettbewerbsneutrale Prüf- und Kennzeichnungssystem **EMICODE®** entwickelt. Durch EMICODE® wurde die Möglichkeit geschaffen, Verlegewerkstoffe und andere chemische Bauprodukte nach ihrem Emissionsverhalten vergleichend zu bewerten. Zugleich wurde ein starker Anreiz dafür gegeben, die Produkte ständig weiter zu verbessern.

Der Klasseneinteilung nach dem System EMICODE® liegen eine exakt definierte Prüfkammeruntersuchung und anspruchsvolle Einstufungskriterien zugrunde. Klebstoffe, Spachtelmassen, Vorstriche, Untergründe, Dichtstoffe, Schnellestriche und andere Bauprodukte, die mit dem GEV-Zeichen EMICODE® EC 1 als „sehr emissionsarm" gekennzeichnet sind, bieten dabei die größtmögliche Sicherheit vor Raumluftbelastungen. Im Unterschied zu anderen Systemen erfolgt die Kennzeichnung eigenverantwortlich durch den Hersteller, während die GEV zur Kontrolle Stichproben am Markt durch unabhängige Institute durchführen lässt. Ein weiterer Unterschied ist, dass die GEV keine Qualitätskompromisse zulässt; technisch fragwürdige Öko-Kriterien werden im Sinne der Nachhaltigkeit nicht zugelassen.

Diese freiwillige Initiative ist eine konsequente Fortführung der Bemühungen um den Gesundheitsschutz von Verarbeitern und Verbrauchern. EMICODE® gibt ausschreibenden Stellen, Architekten, Planern, Handwerkern, Bauherren und Endverbrauchern eine transparente, wettbewerbsneutrale Orientierungshilfe bei der Auswahl „emissionsarmer" Verlegewerkstoffe. Videos in 13 Sprachen, Broschüren, Ausschreibungsvorlagen und technische Dokumente sowie die Satzung sind unter der Homepage *www.emicode.com* einsehbar.

Mit der Erweiterung der EMICODE®-Produkte um den Produktbereich der Fugendichtstoffe, Parkettlacke und -öle, Montageschäume, Estriche, reaktive Beschichtungen und Fensterfolien, etc. hat die GEV auf Marktanforderungen reagiert, weitere Produkte zu klassifizieren, die nicht den klassischen Verlegewerkstoffen zugehören. Hierdurch wird auf weitere Markt- und Industrieanforderungen reagiert, Produkte ökologisch zu differenzieren.

Vorsitzender des Vorstands   Stefan Neuberger, Pallmann GmbH
Vorsitzender des Technischen Beirats   Hartmut Urbath, PCI GmbH
Geschäftsführer GEV   RA Klaus Winkels

Gemeinschaft Emissionskontrollierte Verlegewerkstoffe, Klebstoffe und Bauprodukte (GEV)
RWI4-Haus
Völklinger Straße 4
D-40219 Düsseldorf
Telefon +49 (0) 2 11-6 79 31-20
Telefax +49 (0) 2 11-6 79 31-33
E-Mail: info@emicode.com
www.emicode.com

Seit 1972 vertritt die FEICA - **F**édération **E**uropéenne des **I**ndustries de **C**olles et **A**dhésifs - die Interessen der europäischen Kleb- und Dichtstoffindustrie. Sie ist der Dachverband für 15 nationale Klebstoffverbände in Europa und sie repräsentiert darüber hinaus die Interessen von derzeit 25 Einzelunternehmen – im wesentlichen multinational operierende Klebstoffhersteller bzw. Produzenten von Montageschäumen.

Die Geschäftsstelle der FEICA operierte bis Ende 2006 in Bürogemeinschaft und Personalunion mit dem Industrieverband Klebstoffe e.V. mit Sitz in Düsseldorf. Seit Januar 2007 hat die FEICA ihren Sitz in Brüssel.

Die Leitung des europäischen Verbandes obliegt Kristel Ons.

Die Ziele der FEICA

In Zusammenarbeit mit ihren Mitgliedern nimmt die FEICA die gemeinsamen europäischen Interessen der Klebstoffindustrie wahr. Ihr obliegt die Vertretung der Interessen ihrer Mitglieder gegenüber den Institutionen der Europäischen Union.

Außenkontakte

Um auf schnellstmöglichem Wege Informationen über die Vorhaben und Erlässe der Europäischen Institutionen (Europäisches Parlament, Europäischer Rat, Europäische Kommission, Generaldirektorate) zu erhalten, unterhält die FEICA u. a. einen engen Kontakt zur **CEFIC** (Europäischer Chemieverband) und zu anderen europäischen Verbänden, von denen sich viele der sogenannten DUCC-Gruppe (**D**ownstream **U**ser of **C**hemicals **C**o-ordination Group) angeschlossen haben.

Service für IVK-Mitglieder

Als größtes Mitglied der FEICA vertritt der Industrieverband Klebstoffe die Interessen der deutschen Klebstoffhersteller im Direktorium, im technischen Vorstand sowie in zahlreichen Fachgremien des europäischen Verbandes. Diese Konstellation sichert den Mitgliedern des Industrieverband Klebstoffe einen entsprechenden, kostenfreien Service sowie alle notwendigen Informationen und regelmäßige Kontakte auf europäischer Ebene.

Kontaktadresse

FEICA – Avenue E. van Nieuwenhuyse, 2 – BE 1160 Brussels – www.feica.eu

DEUTSCHE UND EUROPÄISCHE GESETZGEBUNG UND VORSCHRIFTEN

Klebstoffrelevante Auflistung

Gefahrstoffrecht

Nationale Gesetze, Verordnungen und Verwaltungsvorschriften

- **Chemikaliengesetz** (ChemG) - Gesetz zum Schutz vor gefährlichen Stoffen
- **Gefahrstoffverordnung** (GefStoffV) - Verordnung zum Schutz vor Gefahrstoffen
- **Chemikalien-Verbotsverordnung** (ChemVerbotsV) - Verordnung über Verbote und Beschränkungen des Inverkehrbringens gefährlicher Stoffe, Zubereitungen und Erzeugnisse nach dem Chemikaliengesetz
- **Chemikalien-Kostenverordnung** (ChemKostV) - Verordnung über Kosten für Amtshandlungen der Bundesbehörden nach dem Chemikaliengesetz
- **Chemikalien-Sanktionsverordnung** (ChemSanktionsV) - Verordnung zur Sanktionsbewehrung gemeinschafts- oder unionsrechtlicher Verordnungen auf dem Gebiet der Chemikaliensicherheit
- **Giftinformationsverordnung** (ChemGiftinfoV) - Verordnung über die Mitteilungspflichten nach § 16 e des Chemikaliengesetzes zur Vorbeugung und Information bei Vergiftungen
- **Chemikalien-Klimaschutzverordnung** (ChemKlimaschutzV) - Verordnung zum Schutz des Klimas vor Veränderungen durch den Eintrag bestimmter fluorierter Treibhausgase
- **Chemikalien-Ozonschichtverordnung** - (ChemOzonSchichtV) - Verordnung über Stoffe, die die Ozonschicht schädigen
- **Lösemittelhaltige Farben- und Lack-Verordnung** (ChemVOCFarbV) – Chemikalienrechtliche Verordnung zur Begrenzung der Emissionen flüchtiger organischer Verbindungen (VOC) durch Beschränkung des Inverkehrbringens lösemittelhaltiger Farben und Lacke
- **Biozid-Zulassungsverordnung** (ChemBiozidZulV) Verordnung über die Zulassung von Biozid-Produkten und sonstige chemikalienrechtliche Verfahren zu Biozid-Produkten und Biozid-Wirkstoffen
- **Biozid-Meldeverordnung** (ChemBiozidMeldeV) - Verordnung über die Meldung von Biozid-Produkten nach dem Chemikaliengesetz
- **Betriebssicherheitsverordnung** (BetrSichV) - Verordnung über Sicherheit und Gesundheitsschutz bei der Verwendung von Arbeitsmitteln

- **Technische Regeln für Gefahrstoffe TGRS**
  - ▸ BekGS 408, Bekanntmachung zu Gefahrstoffen - Anwendung der GefStoffV und TRGS mit dem Inkrafttreten der CLP-Verordnung
  - ▸ BekGS 409, Bekanntmachungen zu Gefahrstoffen - Nutzung der REACH-Informationen für den Arbeitsschutz
  - ▸ BekGS 901, Bekanntmachung zu Gefahrstoffen - Kriterien zur Ableitung von Arbeitsplatzgrenzwerten
  - ▸ TRGS 201, Einstufung und Kennzeichnung von Abfällen zur Beseitigung beim Umgang
  - ▸ TRGS 220, Nationale Aspekte beim Erstellen von Sicherheitsdatenblättern
  - ▸ TRGS 400, Gefährdungsbeurteilung für Tätigkeiten mit Gefahrstoffen
  - ▸ TRGS 401, Gefährdung durch Hautkontakt - Ermittlung, Beurteilung, Maßnahmen
  - ▸ TRGS 402, Ermitteln und Beurteilen der Gefährdungen bei Tätigkeiten mit Gefahrstoffen: Inhalative Exposition
  - ▸ TRBA/TRGS 406, Sensibilisierende Stoffe für die Atemwege

- TRGS 410, Expositionsverzeichnis bei Gefährdung gegenüber krebserzeugenden oder keimzellmutagenen Gefahrstoffen der Kategorien 1A oder 1B
- TRGS 420, Verfahrens- und stoffspezifische Kriterien (VSK) für die Ermittlung und Beurteilung der inhalativen Exposition
- TRGS 430, Isocyanate – Exposition und Überwachung
- TRGS 460, Handlungsempfehlung zur Ermittlung des Standes der Technik
- TRGS 500, Schutzmaßnahmen
- TRGS 507, Oberflächenbehandlung in Räumen und Behältern
- TRGS 509 Lagern von flüssigen und festen Gefahrstoffen in ortsfesten Behältern sowie Füll- und Entleerstellen für ortsbewegliche Behälter
- TRGS 510, Lagerung von Gefahrstoffen in ortsbeweglichen Behältern
- TRGS 519, Asbest: Abbruch-, Sanierungs- oder Instandhaltungsarbeiten
- TRGS 520, Errichtung und Betrieb von Sammelstellen und zugehörigen Zwischenlagern für Kleinmengen gefährlicher Abfälle
- TRGS 526, Laboratorien
- TRGS 527 Tätigkeiten mit Nanomaterialien
- TRGS 555, Betriebsanweisung und Information der Beschäftigten
- TRGS 559, Quarzhaltiger Staub
- TRGS 600, Substitution
- TRGS 610, Ersatzstoffe und Ersatzverfahren für stark lösemittelhaltige Vorstriche und Klebstoffe für den Bodenbereich
- TRGS 617, Ersatzstoffe und Ersatzverfahren für stark lösemittelhaltige Oberflächenbehandlungsmittel für Parkett und andere Holzfußböden
- TRGS 800, Brandschutzmaßnahmen
- TRGS 900, Arbeitsplatzgrenzwerte
- BekGS 901 Kriterien zur Ableitung von Arbeitsplatzgrenzwerten
- TRGS 903, Biologische Grenzwerte
- TRGS 905, Verzeichnis krebserzeugender, erbgutverändernder und fortpflanzungsgefährdender Stoffe
- TRGS 906, Verzeichnis krebserzeugender Tätigkeiten oder Verfahren nach § 3 Abs. 2 Nr. 3 GefStoffV
- TRGS 907, Verzeichnis sensibilisierender Stoffe und von Tätigkeiten mit sensibilisierenden Stoffen
- TRGS 910, Risikobezogenes Maßnahmenkonzept für Tätigkeiten mit krebserzeugenden Gefahrstoffen

- **Merkblätter der Berufsgenossenschaften**
  - A 002 – Gefahrgutbeauftragte
  - A 004 – Sicherheitsbeauftragte in der chemischen Industrie
  - A 004 - Informationen für Sicherheitsbeauftragte
  - A 005 - Sicher arbeiten - Leitfaden für neue Mitarbeiter und Mitarbeiterinnen
  - A 006 - Verantwortung im Arbeitsschutz – Rechtspflichten, Rechtsfolgen, Rechtsgrundlagen
  - A 008 – Persönliche Schutzausrüstungen
  - A 008-1 – Chemikalienschutzhandschuhe
  - A 008-2 – Gehörschutz
  - A 010 – Betriebsanweisungen für Tätigkeiten mit Gefahrstoffen

- A 013 – Beförderung gefährlicher Güter
- A 014 – Gefahrgutbeförderung im PKW und in Kleintransportern
- A 016 – Gefährdungsbeurteilung
- A 017 – Gefährdungsbeurteilung – Gefährdungskatalog
- A 023 – Hand- und Hautschutz
- A 038 – Wegweiser Corona-Pandemie
- M 004 – Säuren und Laugen
- M 017 – Lösemittel
- M 044 – Polyurethane / Isocyanate
- M 050 – Tätigkeiten mit Gefahrstoffen
- M 053 – Arbeitsschutzmaßnahmen bei Tätigkeiten mit Gefahrstoffen
- M 054 – Styrol - Polyesterharze und andere styrolhaltige Gemische
- M 060 – Gefahrstoffe mit GHS-Kennzeichnung
- M 062 – Lagerung von Gefahrstoffen
- T 025 – Umfüllen von Flüssigkeiten – vom Kleingebinde bis zum Container
- T 053 – Entzündbare Flüssigkeiten
- BGI/GUV-I 790-15 – Verwendung von reaktiven PUR-Schmelzklebstoffen bei der Verarbeitung von Holz, Papier und Leder

Europäisches Gemeinschaftsrecht

- **REACH-Verordnung** (EG) Nr. 1907/2006 des Europäischen Parlaments und des Rates vom 18. Dezember 2006 zur Registrierung, Zulassung und Beschränkung chemischer Stoffe (REACH), zur Schaffung einer Europäischen Agentur für chemische Stoffe, zur Änderung der RL 1999/45/EG und zur Aufhebung der Verordnung (EWG) Nr. 793/93 des Rates, der Verordnung (EG) Nr. 1488/94 der Kommission, der RL 76/769/EWG des Rates sowie der Richtlinien 91/155/EWG, 93/67/EWG, 93/105/EWG und 2000/21/EG der Kommission
- **CLP-Verordnung** - Verordnung (EG) Nr. 1272/2008 des Europäischen Parlaments und des Rates vom 16. Dezember 2008 über die Einstufung, Kennzeichnung und Verpackung von Stoffen und Gemischen, zur Änderung und Aufhebung der Richtlinien 67/548/EWG und 1999/45/EG und zur Änderung der Verordnung (EG) Nr. 1907/2006
- **ECHA-Gebührenverordnung REACH** - Verordnung (EG) Nr. 340/2008 der Kommission vom 16. April 2008 über die an die Europäische Chemikalienagentur zu entrichtenden Gebühren und Entgelte gemäß der Verordnung (EG) Nr. 1907/2006 des Europäischen Parlaments und des Rates zur Registrierung, Bewertung, Zulassung und Beschränkung chemischer Stoffe (REACH)
- **ECHA-Gebührenverordnung CLP** - Verordnung (EU) Nr. 440/2010 der Kommission vom 21. Mai 2010 über die an die Europäische Chemikalienagentur zu entrichtenden Gebühren gemäß der Verordnung (EG) Nr. 1272/2008 des Europäischen Parlaments und des Rates über die Einstufung, Kennzeichnung und Verpackung von Stoffen und Gemischen
- **Chemikalien-Prüfmethodenverordnung Verordnung** (EG) Nr. 440/2008 der Kommission vom 30. Mai 2008 zur Festlegung von Prüfmethoden gemäß der Verordnung (EG) Nr. 1907/2006 des Europäischen Parlaments und des Rates zur Registrierung, Bewertung, Zulassung und Beschränkung chemischer Stoffe (REACH)
- **Biozidverordnung** (EU) Nr. 528/2012 (...) über die Bereitstellung auf dem Markt und die Verwendung von Biozidprodukten

- **Gebührenverordnung Biozide** - (EU) Nr. 564/2013 (...) über die an die Europäische Chemikalienagentur zu entrichtenden Gebühren und Abgaben gemäß der Verordnung (EU) Nr. 528/2012 des Europäischen Parlaments und des Rates über die Bereitstellung auf dem Markt und die Verwendung von Biozidprodukten
- **PIC-Verordnung** - Verordnung (EG) Nr. 649/2012 des Europäischen Parlaments und des Rates über die Aus- und Einfuhr gefährlicher Chemikalien
- **POP-Verordnung** - Verordnung (EU) 2019/1021 des Europäischen Parlaments und des Rates vom 20. Juni 2019 über persistente organische Schadstoffe

Abfallrecht

Nationale Gesetze, Verordnungen und Verwaltungsvorschriften

- **Kreislaufwirtschafts- und Abfallgesetz** – (KrW-/AbfG) Gesetz zur Förderung der Kreislaufwirtschaft und Sicherung der umweltverträglichen Beseitigung von Abfällen
- **Abfallbeauftragter** (AbfBetrBV) Verordnung über Betriebsbeauftragte für Abfall
- **Verpackungsgesetz** (VerpackG) – Gesetz über das Inverkehrbringen, die Rücknahme und die hochwertige Verwertung von Verpackungen
- **Gewerbeabfallverordnung** - (GewAbfV) Verordnung über die Entsorgung von gewerblichen Siedlungsabfällen und von bestimmten Bau- und Abbruchabfällen
- **Gewinnungsabfallverordnung** (GewinnungsAbfV) Verordnung zur Umsetzung der Richtlinie 2006/21/EG des Europäischen Parlaments und des Rates vom 15. März 2006 über die Bewirtschaftung von Abfällen aus der mineralgewinnenden Industrie und zur Änderung der Richtlinie 2004/35/EG
- **Nachweisverordnung** - (NachwV) - Verordnung über Verwertungs- und Beseitigungsnachweise
- **Abfallverzeichnis-Verordnung** (AVV) Verordnung über das Europäische Abfallverzeichnis
- **Altholzverordnung** - (AltholzV) Verordnung über Anforderungen an die Verwertung und Beseitigung von Altholz
- **Technische Regeln** für Gefahrstoffe
  - ▸ TRGS 520 Errichtung und Betrieb von Sammelstellen und zugehörigen Zwischenlagern für Kleinmengen gefährlicher Abfälle

Europäisches Gemeinschaftsrecht

- **Abfallrahmenrichtlinie** – Richtlinie 2008/98/EG des Europäischen Parlaments und des Rates vom 19. November 2008 über Abfälle und zur Aufhebung bestimmter Richtlinien
- **Abfallverzeichnis** – Entscheidung 2000/532/EG der Kommission vom 3. Mai 2000 zur Ersetzung der Entscheidung 94/3/EG über ein Abfallverzeichnis gemäß Artikel 1 Buchstabe a) der Richtlinie 75/442/EWG des Rates über Abfälle und der Entscheidung 94/904/EG des Rates über ein Verzeichnis gefährlicher Abfälle im Sinne von Artikel 1 Absatz 4 der Richtlinie 91/689/EWG über gefährliche Abfälle
- **Verpackungs-Richtlinie** Richtlinie 94/62/EG des Europäischen Parlaments und des Rates vom 20. Dezember 1994 über Verpackungen und Verpackungsabfälle

Immissionsschutzrecht

Nationale Gesetze, Verordnungen und Verwaltungsvorschriften

- **Bundes-Immissionsschutzgesetz** (BImSchG) Gesetz zum Schutz vor schädlichen Umwelteinwirkungen durch Luftverunreinigungen, Geräusche, Erschütterungen und ähnliche Vorgänge
  - ▸ 1. BImSchV - Erste Verordnung zur Durchführung des Bundes-Immissionsschutzgesetzes (Verordnung über kleine und mittlere Feuerungsanlagen)
  - ▸ 2. BImSchV - Zweite Verordnung zur Durchführung des Bundes-Immissionsschutzgesetzes, (Verordnung zur Emissionsbegrenzung von leichtflüchtigen halogenierten organischen Verbindungen)
  - ▸ 4. BImSchV - Vierte Verordnung zur Durchführung des Bundes-Immissionsschutzgesetzes (Verordnung über genehmigungsbedürftige Anlagen)
  - ▸ 5. BImSchV - Fünfte Verordnung zur Durchführung des Bundes-Immissionsschutzgesetzes (Verordnung über Immissionsschutz- und Störfallbeauftragte)
  - ▸ 9. BImSchV - Neunte Verordnung zur Durchführung des Bundes-Immissionsschutzgesetzes (Verordnung über das Genehmigungsverfahren).
  - ▸ 11. BImSchV - Elfte Verordnung zur Durchführung des Bundes-Immissionsschutzgesetzes (Emissionserklärungsverordnung)
  - ▸ 12. BImSchV - Zwölfte Verordnung zur Durchführung des Bundes-Immissionsschutzgesetzes (Störfallverordnung)
  - ▸ 13. BImSchV - Dreizehnte Verordnung zur Durchführung des Bundes-Immissionsschutzgesetzes (Verordnung über Großfeuerungs-, Gasturbinen- und Verbrennungsmotoranlagen)
  - ▸ 17. BImSchV - Siebzehnte Verordnung zur Durchführung des Bundes-Immissionsschutzgesetzes (Verordnung über Verbrennungsanlagen für Abfälle und ähnliche brennbare Stoffe)
  - ▸ 31. BImSchV - Einunddreißigste Verordnung zur Durchführung des Bundes-Immissionsschutzgesetzes (Verordnung zur Begrenzung der Emissionen flüchtiger organischer Verbindungen bei der Verwendung organischer Lösemittel in bestimmten Anlagen)
  - ▸ 39. BImSchV - Neununddreißigste Verordnung zur Durchführung des Bundes-Immissionsschutzgesetzes (Verordnung über Luftqualitätsstandards und Emissionshöchstmengen)
  - ▸ 42. BImSchV – Zweiundvierzigste Verordnung zur Durchführung des Bundes-Immissionsschutzgesetzes (Verordnung über Verdunstungskühlanlagen, Kühltürme und Nassabscheider)
- **Lösemittelhaltige Farben- und Lack-Verordnung** – (ChemVOCFarbV) Chemikalienrechtliche Verordnung zur Begrenzung der Emissionen flüchtiger organischer Verbindungen (VOC) durch Beschränkung des Inverkehrbringens lösemittelhaltiger Farben und Lacke
- **TA Luft** - Technische Anleitung zur Reinhaltung der Luft - Erste Allgemeine Verwaltungsvorschrift zum Bundes-Immissionsschutzgesetz

Europäisches Gemeinschaftsrecht

- **Luftqualitätsrichtlinie** – Richtlinie 2008/50/EG des Europäischen Parlaments und des Rates vom 21. Mai 2008 über Luftqualität und saubere Luft für Europa
- **Industrieemissionen-Richtlinie** – Richtlinie 2010/75/EU des Europäischen Parlaments und des Rates vom 24. November 2010 über Industrieemissionen (integrierte Vermeidung und Verminderung der Umweltverschmutzung)
- **VOC-Emissionen, Farben und Lacke** - Richtlinie 2004/42/EG des Europäischen Par-

laments und des Rates vom 21. April 2004 über die Begrenzung der Emissionen flüchtiger organischer Verbindungen aufgrund Verwendung organischer Lösemittel in bestimmten Farben und Lacken und in Produkten der Fahrzeugreparaturlackierung sowie zur Änderung der Richtlinie 1999/13/EG

- **Emissionshandelsrichtlinie** - Richtlinie 2003/87/EG des Europäischen Parlaments und des Rates vom 13. Oktober 2003 über ein System für den Handel mit Treibhausgasemissionszertifikaten in der Gemeinschaft und zur Änderung der Richtlinie 96/61/EG des Rates
- **PRTR-Verordnung** - Verordnung (EG) Nr. 166/2006 des Europäischen Parlaments und des Rates vom 18. Januar 2006 über die Schaffung eines Europäischen Schadstofffreisetzungs- und -verbringungsregisters und zur Änderung der Richtlinien 91/689/EWG und 96/61/EG des Rates
- **F-Gase-Verordnung** - Verordnung (EU) Nr. 517/2014 des Europäischen Parlaments und des Rates vom 16. April 2014 über fluorierte Treibhausgase und zur Aufhebung der Verordnung (EG) Nr. 842/2006

Wasserrecht

Nationale Gesetze, Verordnungen und Verwaltungsvorschriften

- **Wasserhaushaltsgesetz** (WHG) – Gesetz zur Ordnung des Wasserhaushalts
- **Abwasserabgabengesetz** (AbwAG) – Gesetz über Abgaben für das Einleiten von Abwasser in Gewässer
- **Wassergefährdende Stoffe** (AwSV) - Verordnung über Anlagen zum Umgang mit wassergefährdenden Stoffen (AwSV)
- **Abwasserverordnung** (AbwV) – Verordnung über Anforderungen an das Einleiten von Abwasser in Gewässer
  - ► Anhang 15 – Herstellung von Hautleim, Gelatine und Knochenleim
  - ► Anhang 22 – Chemische Industrie

Europäisches Gemeinschaftsrecht

- **Wasser-Rahmenrichtlinie** Richtlinie 2000/60/EG des Europäischen Parlaments und des Rates vom 23. Oktober 2000 zur Schaffung eines Ordnungsrahmens für Maßnahmen der Gemeinschaft im Bereich der Wasserpolitik
- **Industrieemissionen-Richtlinie** – Richtlinie 2010/75/EU des Europäischen Parlaments und des Rates vom 24. November 2010 über Industrieemissionen (integrierte Vermeidung und Verminderung der Umweltverschmutzung)

Produktsicherheitsrecht

Nationale Gesetze, Verordnungen und Verwaltungsvorschriften

- **Produktsicherheitsgesetz** (ProdSG) – Gesetz über die Bereitstellung von Produkten auf dem Markt
- **Verordnung über die Sicherheit von Spielzeug** (2. ProdSV) – Zweite Verordnung zum Produktsicherheitsgesetz
- **Betriebssicherheitsverordnung** (BetrSichV) – Verordnung über Sicherheit und Gesundheitsschutz bei der Verwendung von Arbeitsmitteln
- **Produkthaftungsgesetz** (ProdHaftG) – Gesetz über die Haftung für fehlerhafte Produkte
- **Arbeitsstättenverordnung** (ArbStättV) – Verordnung über Arbeitsstätten
- **TRGS 509** „Lagern von flüssigen und festen Gefahrstoffen in ortsfesten Behältern sowie Füll- und Entleerstellen für ortsbewegliche Behälter"

Europäisches Gemeinschaftsrecht

- **Richtlinie 2001/95/EG** des Europäischen Parlaments und des Rates über die allgemeine Produktsicherheit
- **Verordnung (EU) 2016/426** des Europäischen Parlaments und des Rates über Geräte zur Verbrennung gasförmiger Brennstoffe und zur Aufhebung der Richtlinie 2009/142/EG
- **Verordnung (EU) 2016/425** des Europäischen Parlaments und des Rates über persönliche Schutzausrüstungen und zur Aufhebung der Richtlinie 89/686/EWG des Rates

Gefahrgut-Transportrecht

Nationale Gesetze, Verordnungen und Verwaltungsvorschriften

- **Gefahrgutbeförderungsgesetz** (GGbefG) – Gesetz über die Beförderung gefährlicher Güter
- **Gefahrgutverordnung See** (GGVSee) – Verordnung über die Beförderung gefährlicher Güter mit Seeschiffen
- **Gefahrgut-Kostenverordnung** (GGKostV) – Kostenverordnung für Maßnahmen bei der Beförderung gefährlicher Güter
- **Gefahrgutbeauftragtenverordnung** (GbV) – Verordnung über die Bestellung von Gefahrgutbeauftragten in Unternehmen
- **Gefahrgutverordnung Straße, Eisenbahn und Binnenschifffahrt** – (GGVSEB) Verordnung über die innerstaatliche und grenzüberschreitende Beförderung gefährlicher Güter auf der Straße, mit Eisenbahnen und auf Binnengewässern
- **Gefahrgut-Ausnahmeverordnung** (GGAV) – Verordnung über Ausnahmen von den Vorschriften über die Beförderung gefährlicher Güter

Europäisches Gemeinschaftsrecht

- **Verordnung (EU) Nr. 530/2012** des Europäischen Parlaments und des Rates vom 13. Juni 2012 zur beschleunigten Einführung von Doppelhüllen oder gleichwertigen Konstruktionsanforderungen für Einhüllen-Öltankschiffe
- **Richtlinie 2008/68/EG** des Europäischen Parlaments und des Rates vom 24. September 2008 über die Beförderung gefährlicher Güter im Binnenland
- **Richtlinie 2014/103/EU** der Kommission vom 21. November 2014 zur dritten Anpassung der Anhänge der Richtlinie 2008/68/EG des Europäischen Parlaments und des Rates über die Beförderung gefährlicher Güter im Binnenland an den wissenschaftlichen und technischen Fortschritt

Internationale Übereinkommen

- **GHS** – Globally Harmonized System of Classification and Labelling of Chemicals
- **ADR** – Gesetz – Europäisches Übereinkommen über die internationale Beförderung gefährlicher Güter auf der Straße
- **ADN** – Gesetz – Europäisches Übereinkommen über die Beförderung gefährlicher Güter auf Binnenwasserstraßen
- **RID** – Ordnung für die internationale Eisenbahnbeförderung gefährlicher Güter

Sonstige Rechtsbereiche

- **Bauproduktenverordnung** - Die Verordnung (EU) Nr. 305/2011 des Europäischen Parlaments und des Rates vom 9. März 2011 zur Festlegung harmonisierter Bedingungen für die Vermarktung von Bauprodukten (EU-BauPVO)
- **Lebensmittel-, Bedarfsgegenstände- und Futtermittelgesetzbuch** (Lebensmittel- und Futtermittelgesetzbuch – LFGB)
- **Verordnung über Fertigpackungen** (Fertigpackungsverordnung - FertigPackV)
- **Gesetz über die Umwelthaftung** (UmweltHG)
- **Strafgesetzbuch** (StGB) - Neunundzwanzigster Abschnitt. Straftaten gegen die Umwelt
- **Gesetz zur Regelung des Rechts der Allgemeinen Geschäftsbedingungen** (AGB-Gesetz)
- **Bürgerliches Gesetzbuch** (BGB)
- **Handelsgesetzbuch** (HGB)
- **Gesetz über das Mess- und Eichwesen** (Eichgesetz)
- **Gesetz gegen Wettbewerbsbeschränkungen**
- **Warenzeichengesetz** (WZG)
- **Gesetz gegen den unlauteren Wettbewerb** (UWG)

STATISTISCHE ÜBERSICHTEN

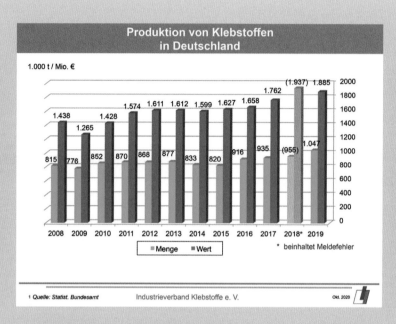

Produktion von Klebstoffen in Deutschland

1.000 t / Mio. €

¹ Quelle: Statist. Bundesamt   Industrieverband Klebstoffe e. V.   Okt. 2020

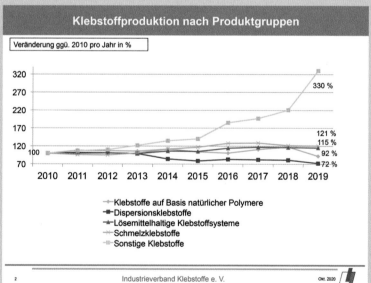

Klebstoffproduktion nach Produktgruppen

Veränderung ggü. 2010 pro Jahr in %

Industrieverband Klebstoffe e. V.   Okt. 2020

Die deutsche Klebstoffindustrie 2020
Covid-19 Pandemie stürzt Weltwirtschaft in eine schwere Rezession

Geopolitische Risiken

> Gestörte Lieferketten
> Hohe Verschuldungs-Tendenzen
> Handelskonflikte
> Brexit - Komplikationen
> Arbeitslosigkeit

Historischer Einbruch bei der Industrieproduktion

> Rückgang der Wirtschaftsleistung aller fortgeschrittenen Volkswirtschaften
> Globalen Industrieproduktion (IPX) schrumpft deutlich
> Langsame Erholung in Sicht

Wechselkurse

> Entwicklung unvorhersehbar, belastet durch die Corona Auswirkungen

Rohstoffe

> Steigender Ölpreis noch auf moderatem Niveau
> Trotz Covid-19 Auswirkungen nach wie vor gesicherte Rohstoff Lage

→ Die deutsche Wirtschaft erfährt schärfste Rezession seit der Nachkriegsgeschichte. Viele Segmente jedoch erstaunlich robust - weitere Erholung in Sicht, in Service-Bereichen aber langsamer und nur über mehrere Jahre

Quellen: IHS World Economic Service August 2020; DIW Berlin August 2020

3   Industrieverband Klebstoffe e. V.   Okt. 2020

Wirtschaft in der Rezession – Abhängig vom Verlauf der Covid-19 Pandemie nur langsame Erholung erwartet

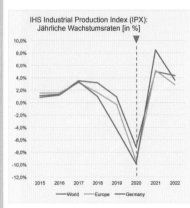

IHS Industrial Production Index (IPX):
Jährliche Wachstumsraten [in %]

> Globale Wirtschaft bricht in 2020 ein Anhaltender Nachfragerückgang und Lieferketten-Störungen; Trotz erster Anzeichen leichter Erholung, besteht wegen steigender Infektionszahlen die Gefahr eines erneuten Lock-Downs.

> Starker Rückgang der Wirtschaft im Euroraum für 2020, Italien und Spanien besonders stark betroffen. Steigende öffentliche Defizite und Schulden sind ein mögliches langfristiges Problem.

> Drastischer Einbruch der deutschen Wirtschaft in 2020, als Folge der Lock-Down Maßnahmen. Verunsicherung führt zu Zurückhaltung in der Anschaffung von Investitions- und Konsumgütern.

Quellen: IHS World Economic Service August 2020; DIW Berlin August 2020

4   Industrieverband Klebstoffe e. V.   Okt. 2020

Die deutsche Klebstoffindustrie
– Entwicklung der Abnehmerbranchen –

Entwicklung ausgewählter Branchen in Deutschland
(Veränderung zum Vorjahr in %)

	Anteil der Produktion in %	2018	Prognose 2019	Prognose 2020
Verarbeitendes Gewerbe	**100**	**1,1**	**-4,6**	**-8,1**
Transportmittel	24,1	-0,7	-9,4	-15,8
Lebensmittel, Getränke & Tabak	9,2	-0,2	-0,5	2,8
Papier (inkl. Druck)	3,0	-1,0	-3,4	-3,1
Metalle & Metall-Produkte	12,7	0,9	-2,8	-6,5
Maschinen & Anlagen	13,1	2,1	-3,8	-11,7
Elektronische, Elektrische & Optische Anlagen	10,8	1,6	-9,0	-11,9
Chemie	7,3	-2,1	-3,9	-2,9
Holz (ohne Möbel)	1,3	2,0	-1,6	-3,2
Bauhauptgewerbe	**--**	**0,2**	**3,4**	**-1,3**

Quellen: IHS World Industry Service April 2020

Die deutsche Klebstoffindustrie
- Stimmungsbarometer -

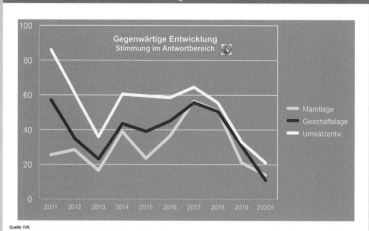

Quelle: IVK

Die deutsche Klebstoffindustrie
- Stimmungsbarometer -

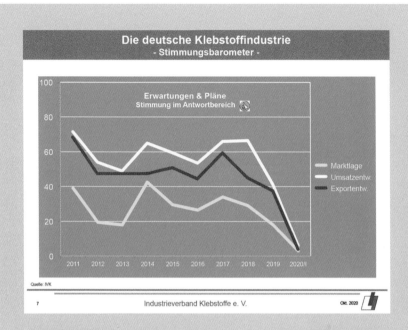

Erwartungen & Pläne
Stimmung im Antwortbereich

Marktlage
Umsatzentw.
Exportentw.

2011 2012 2013 2014 2015 2016 2017 2018 2019 2020/I

Quelle: IVK

7   Industrieverband Klebstoffe e. V.   Okt. 2020

Klebstoff-Rohstoffe 1. Halbjahr 2020
- Verfügbarkeit und Preisentwicklung -

niedriger*	stabil *	höher*	deutlich höher*
PO HM			MEK
	Balsamharz		
Vinylacetat			Aceton
	SBS		
MDI			
	SIS		
TDI			
	Terpenharz		
Acrylester			
	PVOH		
Silikone			
	C9 Harze		
Polyole			
	BIT**		
EVA HM			
	Ethylacetat		

Preisentwicklung H1 -2020 *   Verfügbarkeit: Aktuell   Trend

** Benzisothiazolinon

8   Industrieverband Klebstoffe e. V.   Okt. 2020

NORMEN

Standards/Normen

Anfang der 50er-Jahre wurde in Deutschland mit der Klebstoffnormung auf nationaler Ebene begonnen und diese Arbeit in der Folgezeit mit der Ausgabe einer Terminologie-Norm und weiterer Normen auf einigen Fachgebieten (Holz-, Schuh- und Bodenbelagklebstoffe) fortgeführt. Die in dieser Zeit vom „DEUTSCHEN INSTITUT FÜR NORMUNG" (DIN) ausgegebenen DIN-Normen besitzen, soweit sie nicht zurückgezogen oder durch Europäische Normen ersetzt wurden, weiterhin nationale Geltung. Am 23. Januar 2013 wurde im Hause des DIN der neue Arbeitsausschuss "Klebstoffe; Prüfverfahren und Anforderungen" gegründet, der zukünftig als Dachgremium für die mit Klebstoffen befassten Arbeitsausschüsse des DIN fungieren soll. Der Grund dafür ist, dass der Großteil der benötigten Normen inzwischen als DIN EN-Normen vorliegt und nationale Arbeitsausschüsse daher ruhend gesetzt wurden. Dies hatte zur Folge, dass in den Fällen, in denen auf europäischer Ebene eine Überarbeitung beschlossen wurde, auf nationaler Ebene kein aktives Spiegelgremium vorhanden und damit keine Beteiligungsmöglichkeit vorhanden war. Die Gründung des Arbeitsausschusses "Klebstoffe; Prüfverfahren und Anforderungen" markiert damit einen Meilenstein bei der Umorganisation der Klebstoffausschüsse des DIN. Es ist nun möglich, relativ schnell neue untergeordnete Ausschüsse auszugründen und so schneller als bisher auf neue Anforderungen zu reagieren. Dadurch und durch die Einbeziehung der anderen mit Klebstoffen befassten Ausschüsse des DIN sieht sich der NMP (Normenausschuss Materialprüfung) gut gerüstet für die Zukunft.

Im Jahre 1961 wurde das „COMITÉ EUROPÉEN DE NORMALISATION" (CEN) gegründet. In der Folgezeit bildete das CEN mehrere technische Gremien (Technisches Komitee 52 „Sicherheit von Spielzeug", Technisches Komitee 67 "Klebstoffe für Fliesen", Technisches Komitee 193 "Klebstoffe", Technisches Komitee 261 „Verpackung" und Technisches Komitee 264 „Qualität Innenluft") zur Erstellung und Betreuung von Normen für das Klebstoffgebiet. Damit bot sich erstmals die Möglichkeit, für Klebstoffhersteller und -verbraucher ein eigenes, umfassendes, in sich geschlossenes, europaweit geltendes Normenwerk zu schaffen mit der Möglichkeit, die eigenen wirtschaftlichen und technischen Interessen besser wahrnehmen zu können. Verträge des CEN mit der „INTERNATIONAL ORGANIZATION FOR STANDARDIZATION" (ISO) erlauben eine Übernahme von weltweit geltenden ISO-Normen als Europäische Normen sowie eine gemeinsame Erarbeitung und Ausgabe von Normen.

Europäische Normen werden grundsätzlich in den drei offiziellen Sprachen der EU (Deutsch, Englisch und Französisch) technisch konform publiziert. Die Europäische Normung dient der Erleichterung des Handelsverkehrs in der EU durch Abbau von Handelshemmnissen im Rahmen der der Bemühungen um eine technische Harmonisierung. Die Europäische Normung erfährt die Unterstützung und Förderung des Industrieverbandes Klebstoffe e.V. Europäische Normen (EN) sind im Gegensatz zu allen anderen Normen, einschließlich internationaler ISO-Normen, in Europa rechtsverbindlich. Sowohl der Europäische Gerichtshof als auch die nationalen Gerichte in der EU sind gehalten, bei ihrer Rechtsprechung Europäische Normen zu Grunde zu legen.

Die fachgerechte Prüfung von Klebstoffen und Klebverbindungen ist eine wichtige Voraussetzung für erfolgreiche Klebungen. Um Anwender dabei zu unterstützen, hat der Industrieverband Klebstoffe e. V. (IVK) ein Online-Tool entwickelt, das auf www. klebstoffe.com zur Verfügung steht.

Bei dem Tool handelt es sich um eine Datenbank, die erstmalig klebtechnisch relevante Normen, Richtlinien und weitere wichtige Bestimmungen auf einen Blick zusammenfasst. Die Liste besteht derzeit aus mehr als 800 einzelnen Dokumenten. Aufgeführt werden nicht nur die einschlägigen deutschen, europäischen und internationalen Normen (DIN, EN, ISO), sondern auch solche, die nicht oder nicht allein für die Verwendung im Bereich Kleben erstellt wurden, sich aber mittlerweile hierfür etabliert haben.

Sämtliche Dokumente werden hinsichtlich der jeweiligen Klebstoffart, dem Anwendungsgebiet und der Aussage der Dokumente kategorisiert. Praktisch: Über Suchfunktionen können Anwender gezielt nach für sie relevanten Themen recherchieren. Eine Kurzbeschreibung des Dokumenteninhalts gibt erste wertvolle Hinweise zu der Relevanz für die jeweilige Fragestellung bzw. den konkreten Prüfanforderungen. Soweit das Dokument frei verfügbar ist, verweist ein Link zum Originaldokument. Bei kostenpflichtigen Dokumenten ist ein Link zu der entsprechenden Bezugsquelle angegeben.

Damit die Normentabelle stets auf dem neuesten Stand bleibt, wird sie vom IVK in Zusammenarbeit mit der DIN Software GmbH und dem Beratungsunternehmen KLEBTECHNIK Dr. Hartwig Lohse e.K. kontinuierlich aktualisiert. So haben Anwender jederzeit im Blick, welche Methoden zur Prüfung von Klebstoffen und Klebverbindungen für sie infrage kommen.
http://www.klebstoffe.com/start-normentabelle.html

BEZUGSQUELLEN

- Rohstoffe
- Klebstoffe nach Typen
- Dichtstoffe
- Klebstoffe nach Abnehmerbranchen
- Geräte, Anlagen und Komponenten
- Klebtechnische Beratungsunternehmen
- Forschung und Entwicklung

Rohstoffe

3M
Alberdingk Boley
ARLANXEO
Arakawa Europe
ASTORtec
Avebe Adhesives
BASF
BCD Chemie
Biesterfeld Spezialchemie
Bodo Möller
Brenntag
BYK
Chemische Fabrik Budenheim
CHT Germany
CnP Polymer
Coim
Collall
Collano
Covestro
CSC JÄKLECHEMIE
CTA GmbH
DKSH GmbH
EMS-Chemie
Evonik
Gustav Grolman
Hansetack
IMCD
KANEKA Belgium
Keyser & Mackay
Krahn Chemie
LANXESS
Morchem
Nordmann, Rassmann
Möller Chemie
Münzing
Omya Hamburg GmbH
ORGANIK KIMYA
Poly-Chem
Rain Carbon
Schill+Seilacher
SKZ - KFE
Synthomer Deutschland GmbH
Synthopol Chemie
Ter Hell

versalis S.p.A.
Wacker Chemie
Worlée-Chemie

Klebstoffe

Schmelzklebstoffe
3M
Adtracon
ALFA Klebstoffe AG
ARDEX
Artimelt
ASTORtec
BCD Chemie
Beardow Adams
Biesterfeld Spezialchemie
Bilgram Chemie
Bodo Möller
Bostik
BÜHNEN
BYLA
CHT Germany
Collano
CSC JÄKLECHEMIE
Dupont
Drei Bond
Eluid Adhesive
EMS-Chemie
EUKALIN
Evonik
Fenos AG
Follmann
Forbo Eurocol
GLUDAN
Gyso
H.B. Fuller
Fritz Häcker
Henkel
Jowat
Kleiberit
Kömmerling
L&L Products Europe
Morchem
Paramelt
Planatol

BEZUGSQUELLEN ▶ KLEBSTOFFE NACH TYPEN | 319

Poly-Chem
PRHO-CHEM
Rampf
Rhenocoll
Ruderer Klebtechnik
SABA Dinxperlo
Sika Automotive
Sika Deutschland
SKZ - KFE
Tremco illbruck
TSRC (Lux.) Corporation
Türmerleim
versalis S.p.A.
VITO Irmen
Weiss Chemie + Technik
Zelu

Reaktionsklebstoffe
3M
Adtracon
ARDEX
ASTORtec
BCD Chemie
Berger-Seidle Siegeltechnik
Biesterfeld Spezialchemie
Bona
Bodo Möller
Bostik
BÜHNEN
BYLA
Chemetall
COIM Deutschland
Collano
CSC JÄKLECHEMIE
Cyberbond
DEKA
DELO
Drei Bond
Dupont
Dymax Europe
Fenos AG
fischerwerke
Forbo Eurocol
Gößl + Pfaff
H.B. Fuller

Henkel
Jowat
Kiesel Bauchemie
Kleiberit
Kömmerling
L&L Products Europe
Morchem
LORD
LOOP
LUGATO CHEMIE
merz+benteli
Otto-Chemie
Panacol-Elosol
Paramelt
PCI
Planatol
Rampf
Ramsauer GmbH
Ruderer Klebtechnik
SABA Dinxperlo
Schlüter
Schomburg
Sika Automotive
Sika Deutschland
SKZ - KFE
Sonderhoff
STAUF
Stockmeier
Synthopol Chemie
Tremco illbruck
Unitech
Uzin Tyro
Uzin Utz
Vinavil
Wakol
Weicon
Weiss Chemie + Technik
Wöllner
ZELU CHEMIE

Dispersionsklebstoffe
3M
ALFA Klebstoffe AG
ASTORtec
BCD Chemie

Beardow Adams
Berger-Seidle Siegeltechnik
Biesterfeld Spezialchemie
Bilgram Chemie
Bison International
Bodo Möller
Bona
Bostik
BÜHNEN
CHT Germany
Coim
Collall
Collano
CSC JÄKLECHEMIE
CTA GmbH
DEKA
ekp Coatings
Drei Bond
Eluid Adhesive
EUKALIN
Fenos AG
fischerwerke
Follmann
Forbo Eurocol
H.B. Fuller
GLUDAN
Grünig KG
Gyso
Fritz Häcker
Henkel
IMCD
Jowat
Kiesel Bauchemie
Klebstoffwerk COLLODIN
Kleiberit
Kömmerling
LORD
LUGATO CHEMIE
Morchem
Murexin
ORGANIK KIMYA
Paramelt
PCI
Planatol
PRHO-CHEM

Ramsauer GmbH
Renia-Gesellschaft
Rhenocoll
Ruderer Klebtechnik
Schlüter
Schomburg
Sika Automotive
SKZ - KFE
Sopro Bauchemie
STAUF
Synthopol Chemie
Tremco illbruck
Türmerleim
UHU
VITO Irmen
Wakol
Weiss Chemie & Technik
Wulff
ZELU CHEMIE

Pflanzliche Klebstoffe,
Dextrin- und Stärkeklebstoffe
BCD Chemie
Beardow Adams
Biesterfeld Spezialchemie
Bodo Möller
Collall
Distona AG
Eluid
EUKALIN
Grünig KG
H.B. Fuller
Henkel
Paramelt
Planatol
PRHO-CHEM
Ruderer Klebtechnik
SKZ - KFE
Türmerleim
Wöllner

Glutinleime
H.B. Fuller
Henkel
PRHO-CHEM

Lösemittelhaltige Klebstoffe
3M
Adtracon
ASTORtec
BCD Chemie
Berger-Seidle Siegeltechnik
Biesterfeld Spezialchemie
Bilgram Chemie
Bison International
Bodo Möller
Bona
Bostik
CHT Germany
COIM Deutschland
Collall
CSC JÄKLECHEMIE
CTA GmbH
DEKA
ekp Coatings
Distona AG
Fenos AG
Fermit
fischerwerke
Forbo Eurocol
Gyso
H.B. Fuller
IMCD
Jowat
Kiesel Bauchemie
Kleiberit
Kömmerling
LANXESS
LORD
Otto-Chemie
Paramelt
Planatol
Poly-Chem
Ramsauer GmbH
Renia-Gesellschaft
Rhenocoll
Ruderer Klebtechnik
SABA Dinxperlo
Sika Automotive

STAUF
Synthopol Chemie
Tremco illbruck
TSRC (Lux.) Corporation
UHU
versalis S.p.A.
VITO Irmen
Wakol
Weiss Chemie + Technik
ZELU CHEMIE

Haftklebstoffe
3M
ALFA Klebstoffe AG
ASTORtec
BCD Chemie
Beardow Adams
Biesterfeld Spezialchemie
Bostik
BÜHNEN
Collano
CSC JÄKLECHEMIE
CTA GmbH
DEKA
Dymax Europe
Eluid Adhesive
EUKALIN
H.B. Fuller
GLUDAN
Fenos AG
Fritz Häcker
Henkel
IMCD
Kleiberit
L&L Products Europe
LANXESS
ORGANIK KIMYA
Paramelt
Planatol
Poly-Chem
PRHO-CHEM
Rhenocoll
Ruderer Klebtechnik

Dichtstoffe

ARDEX
Berger-Seidle Siegeltechnik
Bodo Möller
Bison International
Bostik
Botament
CTA GmbH
Drei Bond
EMS-Chemie
Fermit
fischerwerke
Henkel
L&L Products Europe
merz+benteli
Murexin
ORGANIK KIMYA
OTTO-Chemie
Paramelt
PCI
Rampf
Ramsauer GmbH
Ruderer Klebtechnik
Schomburg
SKZ - KFE
Sonderhoff
Stockmeier
Synthopol Chemie
Tremco illbruck
Unitech
UHU
Wulff

Abnehmerbranchen

Klebebänder
3M
Alberdingk Boley
artimelt
Avebe Adhesives
Bodo Möller
BYK
certoplast Technische Klebebänder
CNP-Polymer
Coroplast

DKSH GmbH
Eluid Adhesive
Fritz Häcker
IMCD
LANXESS
Lohmann
Planatol
Schlüter
Synthopol Chemie
Tesa

Papier/Verpackung
Adtracon
Alberdingk Boley
ALFA Klebstoffe AG
Arakawa Europe
artimelt
Avebe Adhesives
BCD Chemie
Beardow Adams
Biesterfeld Spezialchemie
Bilgram Chemie
Bison International
Bodo Möller
Bostik
Brenntag
BÜHNEN
BYK
certoplast Technische Klebebänder
CNP-Polymer
COIM Deutschland
Collano
Coroplast
CSC JÄKLECHEMIE
CTA GmbH
DEKA
DKSH GmbH
ekp Coatings
Eluid Adhesive
EMS-Chemie
EUKALIN
Evonik
Fenos AG
Follmann
Forbo Eurocol

Gustav Grolman
Gyso
H.B. Fuller
GLUDAN
Grünig KG
Fritz Häcker
Hansetack
Henkel
IMCD
Jowat
LANXESS
Lohmann
Morchem
Möller Chemie
MÜNZING
Nordmann, Rassmann
Nynas
Omya Hamburg GmbH
ORGANIK KIMYA
Paramelt
Planatol
Poly-Chem
PRHO-CHEM
Rhenocoll
Ruderer Klebtechnik
Synthopol Chemie
tesa
TSRC (Lux.) Corporation
Türmerleim
UHU
versalis S.p.A.
Wakol
Weicon
Weiss Chemie + Technik
Wöllner

Buchbinderei / Graphisches Gewerbe
3M
ALFA Klebstoffe AG
Arakawa Europe
BCD Chemie
Biesterfeld Spezialchemie
Bodo Möller
Brenntag
BÜHNEN

BYK
CNP -Polymer
Coim
Collall
CSC JÄKLECHEMIE
DKSH GmbH
Eluid Adhesive
EUKALIN
Evonik
Gustav Grolman
H. B. Fuller
Fritz Häcker
Hansetack
Henkel
IMCD
Jowat
LANXESS
Lohmann
Möller Chemie
MÜNZING
Nordmann, Rassmann
Omya Hamburg GmbH
ORGANIK KIMYA
Planatol
PRHO-CHEM
Sika Automotive
tesa
TSRC (Lux.) Corporation
Türmerleim
UHU
versalis S.p.A.
Vinavil

Holz-/Möbelindustrie
3M
Adtracon
ALFA Klebstoffe AG
Arakawa Europe
BCD Chemie
Berger-Seidle Siegeltechnik
Biesterfeld Spezialchemie
Bilgram Chemie
Bison International
Bodo Möller
Bostik

Brenntag
BÜHNEN
BYK
BYLA
Chemische Fabrik Budenheim
CNP-Polymer
Collall
Collano
Coroplast
CSC JÄKLECHEMIE
CTA GmbH
Cyberbond
DEKA
DKSH GmbH
Eluid Adhesive
EMS-Chemie
Evonik
Fenos AG
fischerwerke
Follmann
Gößl + Pfaff
Gustav Grolman
Grünig KG
Gyso
Hansetack
H.B. Fuller
Henkel
Jowat
KANEKA Belgium
Kleiberit
Kömmerling
LANXESS
Lohmann
Möller Chemie
Morchem
MÜNZING
Nordmann
Omya Hamburg GmbH
ORGANIK KIMYA
Otto-Chemie
Panacol-Elosol
Rampf
Ramsauer GmbH
Rhenocoll
Ruderer Klebtechnik

SABA Dinxperlo
Sika Automotive
SKZ - KFE
STAUF
Stockmeier
Synthopol Chemie
tesa
Tremco illbruck
TSRC (Lux.) Corporation
Türmerleim
versalis S.p.A.
Vinavil
VITO Irmen
Wakol
Weicon
Weiss Chemie + Technik
Wöllner
ZELU CHEMIE

Baugewerbe, inkl. Fußboden, Wand u. Decke
ARDEX
artimelt
ASTORtec
BCD Chemie
Berger-Seidle Siegeltechnik
Biesterfeld Spezialchemie
Bilgram Chemie
Bodo Möller
Bona
Bostik
Botament
Brenntag
BÜHNEN
BYLA
BYK
certoplast Technische Klebebänder
Chemische Fabrik Budenheim
CnP Polymer
Collano
Coroplast
CSC JÄKLECHEMIE
CTA GmbH
DEKA
DELO
DKSH GmbH

Emerell
EMS-Chemie
Evonik
Fenos AG
Fermit
fischerwerke
Forbo Eurocol
Gößl + Pfaff
Gustav Grolman
Gyso
H. B. Fuller
GLUDAN
Gyso
Hansetack
Henkel
IMCD
Kiesel Bauchemie
Kleiberit
Kömmerling
Lohmann
LUGATO CHEMIE
Mapei
Möller Chemie
Murexin
MÜNZING
Nordmann, Rassmann
ORGANIK KIMYA
Otto-Chemie
Paramelt
PCI
Planatol
Poly-Chem
Rampf
Ramsauer GmbH
Rhenocoll
Schlüter
Schomburg
Sika Automotive
Sika Deutschland
SKZ - KFE
Sopro Bauchemie
STAUF
Synthopol Chemie
tesa
Tremco illbruck

TSRC (Lux.) Corporation
Uzin Tyro
Uzin Utz
Vinavil
Wakol
Weicon
Weiss Chemie + Technik
Wöllner
Wulff

Fahrzeug- und Luftfahrtindustrie
ALFA Klebstoffe AG
APM Technica
Arakawa Europe
ASTORtec
Beardow Adams
Bison International
Bodo Möller
Brenntag
BÜHNEN
BYLA
certoplast Technische Klebebänder
Chemetall
Chemische Fabrik Budenheim
CHT Germany
CNP-Polymer
Coroplast
CSC JÄKLECHEMIE
Cyberbond
DEKA
DELO
Drei Bond
Dupont
Dymax Europe
Emerell
EMS-Chemie
Evonik
Fenos AG
Gößl + Pfaff
Gustav Grolman
H.B. Fuller
Hansetack
Henkel
Kleiberit
Kömmerling

L&L Products Europe
Lohmann
LORD
Möller Chemie
MÜNZING
Nordmann, Rassmann
Otto-Chemie
Panacol-Elosol
Planatol
Polytec
Rampf
Ramsauer GmbH
Ruderer Klebtechnik
Sika Automotive
Sika Deutschland
Sonderhoff
Synthopol Chemie
Tremco illbruck
tesa
TSRC (Lux.) Corporation
VITO Irmen
Wakol
Weicon
Weiss Chemie + Technik
ZELU CHEMIE

Elektronik
APM Technica
ASTORtec
Bison International
Bodo Möller
Brenntag
BÜHNEN
BYLA
certoplast Technische Klebebänder
Chemetall
CHT Germany
Collano
Coroplast
CSC JÄKLECHEMIE
CTA GmbH
Cyberbond
DELO
DKSH GmbH
Drei Bond

Dymax Europe
Emerell
EMS-Chemie
Evonik
Gößl + Pfaff
Gustav Grolman
H.B. Fuller
Hansetack
Henkel
KANEKA Belgium
Kömmerling
L&L Products Europe
Lohmann
LORD
Möller Chemie
Morchem
MÜNZING
Nordmann, Rassmann
Otto-Chemie
Panacol-Elosol
Polytec
Rampf
Ruderer Klebtechnik
Sika Automotive
Sika Deutschland
SKZ - KFE
tesa
Tremco illbruck
Unitech
UHU
Weicon
Weiss Chemie + Technik

Hygienebereich
APM Technica
Arakawa Europe
Bilgram Chemie
CSC JÄKLECHEMIE
H.B. Fuller
GLUDAN
Gustav Grolman
Henkel
Jowat
Kömmerling
LANXESS

Lohmann
Nordmann, Rassmann
Prho-Chem
Sika Automotive
Türmerleim
Vito Irmen

Maschinen- und Apparatebau
ASTORtec
BCD Chemie
Biesterfeld Spezialchemie
Bodo Möller
BÜHNEN
BYLA
certoplast Technische Klebebänder
Chemetall
CHT Germany
Coroplast
CSC JÄKLECHEMIE
Cyberbond
DEKA
DELO
Drei Bond
Dupont
Gößl + Pfaff
Henkel
KANEKA Belgium
Kleiberit
Kömmerling
L&L Products Europe
Lohmann
Otto-Chemie
Panacol-Elosol
Paramelt
Renia-Gesellschaft
Ruderer Klebtechnik
SABA Dinxperlo
Schomburg
SKZ - KFE
Synthopol Chemie
tesa
Weicon

Textilindustrie
Adtracon
ASTORtec
BCD Chemie
Biesterfeld Spezialchemie
Bodo Möller
Bostik
Brenntag
BÜHNEN
Chemische Fabrik Budenheim
CHT Germany
CNP-Polymer
Collano
CSC JÄKLECHEMIE
DEKA
Emerell
EMS-Chemie
EUKALIN
Evonik
Gustav Grolman
Hansetack
H.B. Fuller
Henkel
Jowat
Kleiberit
LANXESS
Möller Chemie
Morchem
MÜNZING
Nordmann, Rassmann
Omya Hamburg GmbH
SABA Dinxperlo
Sika Automotive
Synthopol Chemie
tesa
Vito Irmen
Wakol
Wulff
Zelu

Klebebänder, Etiketten
artimelt
Arakawa Europe
ASTORtec
BCD Chemie

Biesterfeld Spezialchemie
Bodo Möller
Bostik
Brenntag
CNP-Polymer
Coim
Collano
EMS-Chemie
EUKALIN
Fenos AG
Gustav Grolman
Gyso
Hansetack
H.B. Fuller
Henkel
IMCD
Jowat
KANEKA Belgium
LANXESS
Möller Chemie
MÜNZING
Nordmann, Rassmann
Nynas
ORGANIK KIMYA
Paramelt
Planatol
PRHO-CHEM
Stauf
Sika Automotive
SKZ - KFE
Synthopol Chemie
TSRC (Lux.) Corporation
Türmerleim
versalis S.p.A.
Vito Irmen

Haushalt, Hobby und Büro
Arakawa Europe
Bodo Möller
Bison International
certoplast Technische Klebebänder
CNP-Polymer
Collall
Coroplast

CSC JÄKLECHEMIE
CTA GmbH
Cyberbond
EMS-Chemie
Fenos AG
Fermit
fischerwerke
GLUDAN
Gustav Grolman
Gyso
Hansetack
Henkel
KANEKA Belgium
LUGATO Chemie
Möller Chemie
Nordmann, Rassmann
Nynas
Omya Hamburg GmbH
Panacol-Elosol
Rampf
Ramsauer GmbH
Renia-Gesellschaft
Rhenocoll
tesa
Tremco illbruck
TSRC (Lux.) Corporation
UHU
versalis S.p.A.
Weicon
Weiss Chemie + Technik

Schuh- und Lederindustrie
Adtracon
BÜHNEN
Cyberbond
H.B. Fuller
Henkel
Kömmerling
Renia-Gesellschaft
Ruderer Klebtechnik
Sika Automotive
Wakol
Zelu

Geräte, Anlagen und Komponenten

zum Fördern, Mischen, Dosieren und Klebstoffauftrag

Baumer hhs
bdtronic
BÜHNEN
Drei Bond
Hardo
Hönle
Hilger u. Kern
Innotech
IST Metz
Nordson
Plasmatreat
Reinhardt-Technik
Reka Klebetechnik
Robatech
Rocholl
Walther

Klebtechnische Beratung

ChemQuest Europe INC.
Hinterwaldner Consulting
Klebtechnik Dr. Hartwig Lohse

Forschung und Entwicklung

IFAM
SKZ – KFE
ZHAW